ANSYS Fluent

流体分析
完全自学教程

实战案例版

李大勇　周 宝　编著

化学工业出版社

·北京·

内容简介

《ANSYS Fluent 流体分析完全自学教程（实战案例版）》基于作者丰富的教学与工程经验，通过大量典型实例系统介绍了 Fluent 软件的使用方法及其在流体工程中的应用，主要内容包括：流体力学基础和 CFD 理论、几何模型前处理、网格划分、稳态与瞬态流场仿真、热流场分析、动网格技术、DPM 及多相流仿真、组分输运与燃烧仿真以及凝固、熔化及多孔介质仿真。本书从实际应用出发，介绍了详细的操作流程与参数设置方法，理论与实际相结合。为方便读者学习，随书配套案例源文件及重点案例的视频讲解。

本书可以作为高等院校机电、力学类相关专业本科生和研究生的教科书，也可作为工程技术人员和培训机构学习 Fluent 软件的参考书。

图书在版编目（CIP）数据

ANSYS Fluent 流体分析完全自学教程 : 实战案例版 / 李大勇，周宝编著. -- 北京 : 化学工业出版社，2024. 5. -- ISBN 978-7-122-44957-3

Ⅰ. TB126-39

中国国家版本馆 CIP 数据核字第 20249KV666 号

责任编辑：曾　越　　　　　　　装帧设计：王晓宇
责任校对：宋　玮

出版发行：化学工业出版社
　　　　　（北京市东城区青年湖南街 13 号　邮政编码 100011）
印　　装：高教社（天津）印务有限公司
787mm×1092mm　1/16　印张 21½　字数 537 千字
2024 年 11 月北京第 1 版第 1 次印刷

购书咨询：010-64518888　　　　　售后服务：010-64518899
网　　址：http://www.cip.com.cn
凡购买本书，如有缺损质量问题，本社销售中心负责调换。

定　　价：109.00 元　　　　　　　版权所有　违者必究

ANSYS Fluent 软件是大型通用计算流体仿真分析软件，是世界范围内最主流的大型商用 CFD 仿真分析软件，能进行流体流动、传热、多相流、化学反应、燃烧仿真，具有丰富的二次开发接口，功能强大，学习资源丰富，在石油化工、航空航天、机械制造、能源、船舶海洋、国防军工等领域有着广泛的应用。Fluent 功能强大，操作简单方便，有大量活跃用户，便于资源共享及经验交流。

笔者长期从事机械、电磁、流体及控制等领域的设计、研发及教学工作，有丰富的工程经验及教学经验。写作本书的目的是传播 Fluent 软件工程实际应用知识。写作本书，笔者查阅了大量的资料，收获良多。

本书特色

目前市场上的 Fluent 软件相关书籍大多偏重软件操作，较少结合工程实际，难以解决工程实际应用问题。本书基于全新的机电工程实际应用案例，以基础理论、分析思路、标准操作流程、结果判读等为主线，将多年工程分析教学经验与 Fluent 软件完美结合，给出了工程分析的最佳仿真方案。本书提供全部模型文件，重点案例配有视频讲解，读者可访问化工社官网>服务>资源下载页面：http://www.cip.com/Service/Download 搜索本书并获取配套资源的下载链接。

本书内容

本书共 11 章，各章内容介绍如下。

第 1 章介绍流体力学基础及 CFD 软件，包括计算流体常用算法、CFD 行业软件现状。

第 2 章介绍几何建模功能，包括 DesignModeler 几何建模概述、实用工具、DesignModeler 参数化功能、SpaceClaim 几何建模概述、SpaceClaim 参数化建模、材料数据的传递、综合实例讲解。

第 3 章介绍网格划分基础，包括网格介绍、Fluent Meshing 流体网格划分工具、Mesh 多物理场网格工具及综合实例讲解。

第 4 章介绍稳态流场仿真分析，包括 Fluent 仿真一般流程、材料设置、单元区域设置与边界条件类型、内置后处理模块功能，并介绍了湍流相关理论、Fluent 中的湍流模型用法和选择原则及综合实例讲解。

第 5 章介绍求解器设置及结果后处理，包括求解器类型、参数含义及设置方法，专业结果后处理模块 CFD-Post 的用法，及综合实例讲解。

第 6 章介绍热流场仿真，包括传热相关理论，热传导仿真、热对流仿真及热辐射仿真，综合实例讲解。

第 7 章介绍瞬态场仿真，包括瞬态仿真参数设置、瞬态仿真一般流场、常见问题处理方法。

第 8 章介绍动网格仿真，包括动参考系及 MPM 方法，常用动网格类型及参数设置，综合实例讲解。

第 9 章介绍 DPM 及多相流仿真，包括 DPM 模型、VOF 模型、欧拉模型及混合模型，综合实例讲解。

第 10 章介绍组分输运与燃烧，包括燃烧理论、化学反应、污染物传播仿真、燃烧模型及实例讲解。

第 11 章介绍凝固、熔化及多孔介质仿真，包括凝固、熔化相变理论及仿真分析方法，多孔介质理论及分析方法，仿真实例讲解。

本书第 2~10 章由李大勇编著，第 1、11 章由周宝编著。全书由李大勇统稿。感谢家人、行业同仁及热心网友的支持。

由于时间仓促，书中难免存在不妥之处，请读者见谅，并提宝贵意见，共同促进本书下一版本的质量提升。

李大勇

目录 Contents

ANSYS
Fluent

第 1 章

流体力学基础与 CFD 简介

1.1 流体力学的基本概念

1.1.1 连续介质模型

流体力学是从宏观上研究流体运动和作用力规律的学科，其研究的对象是以流体质点组成的介质。

流体力学连续介质假设认为：流体由无数个质点组成，它们在任何情况下均无空隙地充满着所占据的空间。也就是说，要求流体质点和空间点在任何情况下（运动和静止），均必须满足一对一的关系，即每一个流体质点在任一时刻只能占据一个空间点，而不能占据两个以上空间点，确保流体质点的物理量在空间上不出现间断；每一个空间点在任一时刻只能被一个流体质点所占据，而不能被两个以上质点占据，确保流体质点物理量在空间上不出现多值。这样人们就自然把单值连续可微函数的微积分知识引入分析流体质点运动的物理量变化中。

1.1.2 流体的性质

（1）密度

流体具有质量，单位体积内流体的质量称为密度，以 ρ 表示。流体的平均密度计算公式为

$$\rho = \frac{\Delta m}{\Delta V} \tag{1.1}$$

式中　ΔV——流体内任意点取一微小体积，m³；

　　　Δm——对应体积内包含的流体质量，kg。

其任意点的密度，可通过取极限得到

$$\rho = \lim_{\Delta V \to 0} \frac{\Delta m}{\Delta V} = \frac{dm}{dV}$$ （1.2）

（2）边界层

当流体在大雷诺数条件下运动时，可把流体的黏性和导热看成集中作用在流体表面的薄层即边界层内。根据边界层的这一特点，简化纳维-斯托克斯方程，并加以求解，即可得到阻力和传热规律。这一理论是德国物理学家 L.普朗特于 1904 年提出的，它为黏性不可压缩流体动力学的发展创造了条件。

边界层流体在大雷诺数下做绕流流动时，在离固体壁面较远处，黏性力比惯性力小得多，可以忽略；但在固体壁面附近的薄层中，黏性力的影响则不能忽略，沿壁面法线方向存在相当大的速度梯度，这一薄层叫作边界层。流体的雷诺数越大，边界层越薄。从边界层内的流动过渡到外部流动是渐变的，所以边界层的厚度 δ 通常定义为从物面到约等于 99%的外部流动速度处的垂直距离，它随着离物体前缘的距离增加而增大。根据雷诺数的大小，边界层内的流动有层流与湍流两种形态。一般上游为层流边界层，下游从某处以后转变为湍流，且边界层急剧增厚。层流和湍流之间有一过渡区。当所绕流的物体被加热（或冷却）或高速气流掠过物体时，在邻近物面的薄层区域有很大的温度梯度，这一薄层称为热边界层。

（3）压缩性

在一定的温度下，流体的体积随压强升高而缩小的性质称为流体的压缩性。流体压缩性的大小用体积压缩系数 κ 来表示。它表示当温度保持不变时，单位压强增量引起流体体积的相对缩小量，即

$$\kappa = -\frac{1}{dp}\frac{dV}{V}$$ （1.3）

式中　κ——流体的体积压缩系数，m³/N；

　　　dp——流体压强的增量，Pa；

　　　V——原有流体的体积，m³；

　　　dV——流体体积的增加量，m³。

压缩性是流体的基本属性。任何流体都是可以压缩的，只不过可压缩的程度不同而已。液体的压缩性都很小，随着压强和温度的变化，液体的密度仅有微小的变化，在大多数情况下，可以忽略压缩性的影响，认为液体密度为常数的流体称为不可压缩流体。气体的压缩性都很大，我们把密度随着压强和温度变化的流体称为可压缩流体。

（4）流体的压强

水头指单位重量的流体所具有的能量，包括位置水头、压强水头、流速水头，位置水头与压强水头之和为测压管水头，三者之和为总水头，总水头指单位重量的流体所具有的机械能。

根据伯努利方程，对理想不可压缩流动，有如下公式

$$H = h + \frac{p}{\rho g} + \frac{v^2}{2g}$$ （1.4）

式中　$\dfrac{p}{\rho g}$ ——压强水头;

　　　$\dfrac{v^2}{2g}$ ——流速水头;

　　　H——位置水头;

　　　h——总水头。

水头用高度表示,常用单位为"m"。

对于静止的流体,只有静压;而对于流动的流体,则有静压、动压和总压。

1.1.3　流体力学的基本方程

(1) 守恒原理

守恒原理可以从给定控制物质的外在特性导出,如质量、动量和能量的守恒。在研究流体力学时,处理给定空间区域的流动更为方便。

设 φ 为任意内在的守恒量,相应的外在特性 ϕ 为

$$\phi = \int_{\Omega_{cm}} \rho \varphi \mathrm{d}\Omega \tag{1.5}$$

Ω_{cm} 为控制物质的体积,根据迁移定理

$$\frac{\mathrm{d}}{\mathrm{d}t} \int_{\Omega_{cm}} \rho \varphi \mathrm{d}\Omega = \frac{\mathrm{d}}{\mathrm{d}t} \int_{\Omega_{cv}} \rho \varphi \mathrm{d}\Omega + \int_{S_{cv}} \rho \varphi (v - v_b) \cdot n \mathrm{d}S \tag{1.6}$$

式中　Ω_{cV} ——控制体(cV)体积;

　　　S_{cV} ——控制体表面;

　　　n——控制体表面的外法线方向;

　　　v——控制体表面的流体运动速度;

　　　v_b——控制体表面的运动速度,多数情况下 $v_b = 0$。

(2) 质量守恒方程

在方程 (1.6) 中,取 $\varphi = 1$,可得质量守恒方程

$$\frac{\mathrm{d}}{\mathrm{d}t} \int_{\Omega_{cm}} \rho \mathrm{d}\Omega = \frac{\mathrm{d}}{\mathrm{d}t} \int_{\Omega_{cv}} \rho \mathrm{d}\Omega + \int_{S_{cv}} \rho v \cdot n \mathrm{d}S = 0 \tag{1.7}$$

写成微分形式为

$$\frac{\partial \rho}{\partial t} + \nabla \cdot (\rho v) = 0 \tag{1.8}$$

(3) 动量守恒方程

在方程 (1.6) 中,取 $\varphi = v$,可得质量守恒方程

$$\frac{\mathrm{d}}{\mathrm{d}t} \int_{\Omega_{cm}} \rho v \mathrm{d}\Omega = \frac{\mathrm{d}}{\mathrm{d}t} \int_{\Omega_{cv}} \rho v \mathrm{d}\Omega + \int_{S_{cv}} \rho v v \cdot n \mathrm{d}S = \sum f \tag{1.9}$$

作用在控制体上的外力包括:表面力(如压力、表面张力、应力等),体积力(重力、科氏力、电磁力等)。

从微观的角度来讲,压力和应力来源于通过表面的微观量交换。

对于牛顿流体，剪应力张量为

$$T = -\left(p + \frac{2}{3}\mu\nabla\cdot v\right)I + 2\mu D \tag{1.10}$$

式中　μ——动力黏度；

　　　p——静压力；

　　　I——单位张量；

　　　D——应变张量。

$$I_{ij} = \delta_{ij} \tag{1.11}$$

$$D = (\nabla v + (\nabla v)^T)/2 \tag{1.12}$$

写成直角坐标系下的标量形式为

$$T_{ij} = -\left(p + \frac{2}{3}\mu\frac{\partial\mu_j}{\partial x_j}\right)\delta_{ij} + 2\mu D_{ij} \tag{1.13}$$

$$D_{ij} = \frac{1}{2}\left(\frac{\partial\mu_i}{\partial x_j} + \frac{\partial\mu_j}{\partial x_i}\right) \tag{1.14}$$

注意，所有的公式都采用了 Einstein 求和约定，即所有的下标如果在一项中出现两次表示对所有的下标进行求和，如 $\dfrac{\partial\mu_i}{\partial x_i} = \dfrac{\partial\mu_1}{\partial x_1} + \dfrac{\partial\mu_2}{\partial x_2} + \dfrac{\partial\mu_3}{\partial x_3}$。

由黏性引起的黏性应力可表示为

$$\tau_{ij} = 2\mu D_{ij} - \frac{2}{3}\mu\delta_{ij}\nabla\cdot v \tag{1.15}$$

如果用 b 表示体积力，则动量方程可写成如下形式：

$$\frac{\mathrm{d}}{\mathrm{d}t}\int_{\Omega_{cm}}\rho v\mathrm{d}\Omega + \int_{S_{cV}}\rho vv\cdot n\mathrm{d}S = \int_{S_{cV}}T\cdot n\mathrm{d}S + \int_{\Omega_{cV}}\rho b\mathrm{d}\Omega \tag{1.16}$$

（4）能量守恒方程

$$\frac{\partial}{\partial t}\int_{\Omega_{cV}}\rho h\mathrm{d}\Omega + \int_{S_{cV}}\rho hv\cdot n\mathrm{d}S = \int_{S_{cV}}k\nabla T\cdot n\mathrm{d}S + \int_{\Omega_{cV}}(v\cdot\nabla p + S:\nabla v)\mathrm{d}\Omega + \frac{\partial}{\partial t}\int_{\Omega_{cV}}\rho\mathrm{d}\Omega \tag{1.17}$$

式中　h——焓；

　　　T——温度；

　　　k——热导率；

　　　S——黏性剪应力张量。

1.1.4　初始条件和边界条件

在流体动力学计算中，正确设置初始条件和边界条件十分关键。现有的 CFD 软件都提供了已知的各种类型的边界条件。现对有关的初始条件和边界条件作简单介绍。

（1）初始条件

初始条件是计算初始给定的参数，即 $t = t_0$ 时给出各未知量的函数分布，如

$$\begin{cases} u = u(x,y,z,t_0) = u_0(x,y,z) \\ v = v(x,y,z,t_0) = v_0(x,y,z) \\ \omega = \omega(x,y,z,t_0) = \omega_0(x,y,z) \\ p = p(x,y,z,t_0) = p_0(x,y,z) \\ \rho = \rho(x,y,z,t_0) = \rho_0(x,y,z) \\ T = T(x,y,z,t_0) = T_0(x,y,z) \end{cases} \tag{1.18}$$

当流体运动定常时，无初始条件问题。

（2）边界条件

边界条件是流体力学方程组在求解域的边界上，流体物理量应满足的条件。例如，流体被固壁所限，流体就不应有穿过固壁的速度分量；在水面这个边界上，大气压强认为是常数，一般在距离不大的范围内可如此；在流体与外界无热传导的边界上，流体与边界之间无温差等。由于各种具体问题不同，边界条件一般要保持恰当：①保持在物理上是正确的；②要在数学上不多不少，刚好能用来确定积分微分方程中的积分常数，而不是矛盾的或有随意性的。

通常流体边界分为液-液分界面、液-气分界面和流-固分界面。

① 液-液分界面边界条件　如果是密度不同的两种液体的分界面就属于这一类。一般而言，对分界面两侧的液体情况经常给出的条件是

$$v_1 = v_2 , \quad T_1 = T_2 , \quad p_1 = p_2 \tag{1.19}$$

对应力及传导热情况给出的条件是

$$\tau = \mu_1 \frac{\partial u}{\partial n}\bigg|_1 = \mu_2 \frac{\partial u}{\partial n}\bigg|_2 \tag{1.20}$$

$$q = k_1 \frac{\partial T}{\partial n}\bigg|_1 = k_2 \frac{\partial T}{\partial n}\bigg|_2 \tag{1.21}$$

② 液-气分界面边界条件　液-气分界面最典型的是水与大气的分界面，即自由面，由于自由面本身是运动和变形的，而且它的形状常常也是一个需要求解的未知函数。因此就有一个自由面的运动学条件问题。设自由面方程为

$$F(x,y,z,t) = 0 \tag{1.22}$$

并假定在自由面上的流体质点始终保持在自由面上，则流体质点在自由面上一点的法向速度，应该等于自由面本身在这一点的法向速度。经过推导，得到自由液面运动学条件

$$\frac{\partial F}{\partial t} + v \cdot \nabla F = 0 \tag{1.23}$$

如果要考虑液气边界上的表面张力，则在界面两侧，两种介质的压强差与表面张力有如下关系

$$p_2 - p_1 = \sigma \left(\frac{1}{R_1} + \frac{1}{R_2} \right) \tag{1.24}$$

这就是自由面上的动力学条件，当不考虑长面张力时，有

$$p = p_a \tag{1.25}$$

式中　p_a——大气压强。

③ 流-固分界面边界条件　飞机、船舶在空气或水中运动时的流-固分界面，水在岸边及底部的流-固分界面，均属这一类。一般而言，流体在固体边界上的速度依流体有无黏性而定，对于黏性流体，流体将黏附于固体表面（无滑移）

$$v|_F = v|_S \tag{1.26}$$

式中　$v|_F$——流体速度；

　　　$v|_S$——固壁面相应点的速度。

上式表明，在流-固边界面上，流体在一点的速度等于固体在该点的速度。对于无黏性流体，流体可沿界面滑移，即有速度的切向分量，但不能离开界面，也就是流体的法向速度分量 $v_n|_F$ 等于固体的法向速度分量 $v_n|_S$。

$$v_n|_F = v_n|_S \tag{1.27}$$

另外，也可视所给条件，给出无温差条件

$$T|_F = T|_S \tag{1.28}$$

式中　$T|_F$——流体温度；

　　　$T|_S$——固壁面相应点的温度。

④ 无限远的条件　流体力学中的很多问题，流体域是无限远的。例如，飞机在空中飞行时，流体是无界的。

如果将坐标系取在运动物体上，这时无限远处的边界条件为

$$当\ x \to \infty\ 时，\ u = u_\infty，\ p = p_\infty \tag{1.29}$$

其中下标 ∞ 表示无穷远处的值。

1.2　计算流体力学简介

1.2.1　计算流体力学

计算流体力学（Computational Fluid Dynamics，CFD）是近代流体力学、数值数学和计算机科学结合的产物，是一门具有强大生命力的交叉科学。它是将流体力学的控制方程中积分、微分项近似地表示为离散的代数形式，使其成为代数方程组，然后通过计算机求解这些离散的代数方程组，获得离散的时间/空间点上的数值解，求解精度取决于离散的质量。

1.2.2　有限体积法基本原理

有限体积法离散的是积分形式的流体力学基本方程：

$$\int_S \rho \varphi v \cdot n \mathrm{d}S = \int_S \Gamma n \cdot \nabla \varphi \mathrm{d}S + \int_\Omega q_\varphi \mathrm{d}\Omega \tag{1.30}$$

　　计算域用数值网格划分成若干小控制体。和有限差分法不同的是，有限体积法的网格定义了控制体的边界，而不是计算节点。有限体积法的计算节点定义在小控制体内部。一般有限体积法的计算节点有两种定义方法，一种是将网格节点定义在控制体的中心，另一种方法中，相邻两个控制体的计算节点到公共边界的距离相等。第一种方法的优点在于用计算节点的值作为控制体上物理量的平均值具有二阶的精度；第二种方法的好处是在控制体边界上的中心差分格式具有较高的精度。

　　积分形式的守恒方程在小控制体和计算域上都是成立的。为了获得每一个控制体上的代数方程，面积分和体积分需要用求面积公式来近似。

1.2.3　SIMPLE 方法

　　考虑定常不可压流动问题，控制方程为：

连续性方程

$$\int_{SV} \rho v \cdot n \mathrm{d}S = 0 \tag{1.31}$$

动量方程

$$\int_{SV} \rho vv \cdot n \mathrm{d}S = \int_{SV} \mu n \cdot \nabla v \mathrm{d}S - \int_{SV} pn \mathrm{d}S + \int_{CV} \rho b \mathrm{d}\Omega \tag{1.32}$$

不可压缩问题求解的困难在于压力场的求解。主要原因在于压力 p 没有独立的方程组。

先考虑一维问题：

对于动量方程

$$(\rho uu)_{\mathrm{e}} - (\rho uu)_{\mathrm{w}} = \left(\mu \frac{\partial u}{\partial x}\right)_{\mathrm{e}} - \left(\mu \frac{\partial u}{\partial x}\right)_{\mathrm{w}} - p_{\mathrm{e}} + p_{\mathrm{w}} \tag{1.33}$$

若采用 CDS 格式

$$\frac{(\rho uu)_{\mathrm{P}} + (\rho uu)_{\mathrm{e}}}{2} - \frac{(\rho uu)_{\mathrm{P}} + (\rho uu)_{\mathrm{w}}}{2} = \mu \frac{u_{\mathrm{e}} - u_{\mathrm{P}}}{\Delta x} - \mu \frac{u_{\mathrm{P}} - u_{\mathrm{w}}}{\Delta x} - \frac{p_{\mathrm{P}} + p_{\mathrm{e}}}{2} + \frac{p_{\mathrm{P}} + p_{\mathrm{w}}}{2}$$

简化后得

$$\frac{(\rho uu)_{\mathrm{e}} - (\rho uu)_{\mathrm{w}}}{2} = \mu \frac{u_{\mathrm{e}} + u_{\mathrm{w}} - 2u_{\mathrm{P}}}{\Delta x} - \frac{p_{\mathrm{e}} + p_{\mathrm{w}}}{2} \tag{1.34}$$

　　根据连续性方程，$u_{i+1} = u_i = u_{i-1} = c$，则有 $p_{i-1} = p_{i+1}$，由于相邻节点之间的压力没有联系方程，容易造成压力交错现象。

　　为了解决这一问题，可采用交错网络技术，即速度场和压力场采用不同的网格。

　　以二维问题为例,交错网络的布置如图 1.1 所示。

　　主控制体为压力控制体（实线网格），u 的控制体（虚线网格）的计算节点在主控制体的 e 边，控制体的 e、w 边界通过主控制体的计算节点，v 控制体(双点划线网格)的计算节点在 u 控制体的 n 边。该控制体的 n、s 面经过主控制体的计算节点。

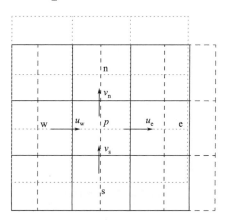

图 1.1　二维问题交错网络的布置

在 u 的控制体中，采用有限体积法离散可得 u 的代数方程：

$$a_e u_e = \sum a_{nb} u_{nb} + Q + (p_p - p_E) A_e$$
$$a_n v_n = \sum a_{nb} v_{nb} + Q + (p_p - p_N) A_e$$

（1.35）

压力场的求解采用压力校正方法。即采用预告的压力场求速度，再用连续性方程校正压力场。当连续性方程得到满足时，压力场就是真实的压力场。

步骤 1 预测压力场 $\bar{p}$。

步骤 2 将预测压力场代入动量方程，分别求解速度场 $\bar{u}$、$\bar{v}$。

$$a_e \bar{u}_e = \sum a_{nb} \overline{u_{nb}} + Q + (\overline{p_p} - \overline{p_E}) A_e$$
$$a_n \overline{v_n} = \sum a_{nb} \overline{v_{nb}} + Q + (\overline{p_p} - \overline{p_N}) A_e$$

（1.36）

步骤 3 用连续性方程校正压力。设方程的精确解为 u, v, p

$$u = \bar{u} + u'; \quad v = \bar{v} + v'; \quad p = \bar{p} + p'$$

（1.37）

其中 u', v', p' 为校正量。则校正量满足方程

$$a_e u'_e = \sum a_{nb} u'_{nb} + Q + (p'_p - p'_E) A_e$$
$$a_n v'_n = \sum a_{nb} v'_{nb} + Q + (p'_p - p'_N) A_e$$

（1.38）

略去相邻节点速度校正量的影响，可得：

$$\left. \begin{array}{l} u'_e = \dfrac{A_e}{a_e}(P'_p - P'_E) \equiv d_e(p'_p - p'_E) \\[2mm] v'_n = \dfrac{A_n}{a_n}(P'_p - P'_N) \equiv d_n(p'_p - p'_N) \end{array} \right\}$$

（1.39）

代入连续性方程：

$$(\overline{u_e} + u'_e)A_e - (\overline{u_w} + u'_w)A_w + (\overline{v_n} + v'_n)A_n - (\overline{v_s} + v'_s)A_s = 0$$

（1.40）

整理得：

$$\begin{aligned} &d_{e,P}A_{e,P}(P'_p - P'_E) - d_{e,W}A_{e,W}(P'_W - P'_P) + d_{n,P}A_{e,P}(P'_p - P'_N) - d_{n,S}A_{n,S}(P'_S - P'_P) \\ &= -(\overline{u_e}A_{e,P} - \overline{u_w}A_{w,P} + \overline{v_n}A_{n,P} - \overline{v_s}A_{s,P}) \\ &\quad - d_{e,P}A_{e,P}P'_E - d_{e,W}A_{e,W}P'_W - d_{n,P}A_{e,P}P'_N - d_{n,S}A_{n,S}P'_S \\ &\quad + (d_{e,P}A_{e,P} + d_{e,W}A_{e,W} + d_{n,P}A_{e,P} + d_{n,S}A_{n,S})P'_P \\ &= -(\overline{u_e}A_{e,P} - \overline{u_w}A_{w,P} + \overline{v_n}A_{n,P} - \overline{v_s}A_{s,P}) \end{aligned}$$

（1.41）

求解压力校正方程（1.41）可得压力校正量。

步骤 4 用式（1.39）校正速度场。

步骤 5 以 p 为猜测值，重复步骤 1～5 直至收敛。

步骤 6 计算其他物理量入温度场等。

1.2.4　计算流体力学常用软件

流体力学是连续介质力学的一门分支，是研究流体现象以及相关力学行为的科学。它可

以按照研究对象的运动方式分为流体静力学和流体动力学，还可按应用范围分为水力学、空气动力学等等。而流体力学软件则可以省去科研工作者在计算机方法、编程、前后处理等方面投入的重复、低效的劳动。各种CFD通用软件的数学模型都是以纳维-斯托克斯方程组与各种湍流模型为主体，再加上多相流模型、燃烧与化学反应流模型、自由面流模型以及非牛顿流体模型等。大多数附加的模型是在主体方程组上补充一些附加源项、附加输运方程与关系式。随着应用范围的不断扩大和新方法的出现，新的模型也在增加。离散方法采用有限体积法（FVM）或有限单元法（FEM）。由于有限体积法继承了有限差分法的丰富格式，具有良好的守恒性，能像有限单元法那样采用各种形状的网格以适应复杂的边界几何形状，却比有限单元法简便得多，因此，现在大多数CFD软件都采用有限体积法。然而，有限单元法也有其优点，它对高阶导数的离散精度高于有限体积法，低速黏性流动与非牛顿流体运动采用有限单元法可以提高精度。有限单元法也更适合流体力学与固体力学相耦合的问题，如气动弹性、振动噪声等，因此在CFD方法中将有其自己的领域。下面分别介绍几种常见的主流CFD通用软件。

（1）Fluent

Fluent流体力学软件是一款流体力学专业软件，因其用户界面友好、算法完善、新用户容易上手等优点一直在用户中有着良好的口碑，现在已经成为通用求解器，采用适合于它的数值解法，在计算速度、稳定性和精度等各方面达到最佳。

功能特点：

① 软件采用基于完全非结构化网格的有限体积法，而且具有基于网格节点和网格单元的梯度算法。

② 定常/非定常流动模拟，而且新增快速非定常模拟功能。

③ 软件具有强大的网格支持能力，支持界面不连续的网格、混合网格、动/变形网格以及滑动网格等。

④ 软件包含三种算法：非耦合隐式算法、耦合显式算法、耦合隐式算法，是商用软件中最多的。

⑤ 软件包含丰富而先进的物理模型，使得用户能够精确地模拟无黏流、层流、湍流。湍流模型包含Spalart-Allmaras模型、k-ω模型组、雷诺应力模型（RSM）组、大涡模拟模型（LES）组以及最新的分离涡模拟（DES）和V2F模型等。另外用户还可以定制或添加自己的湍流模型等。

⑥ 特有动态负载平衡功能，确保全局高效并行计算。

⑦ 软件提供了友好的用户界面，并为用户提供了二次开发接口（UDF）。

⑧ 软件采用C/C++语言编写，从而大大提高了对计算机内存的利用率。

（2）Flow 3D

Flow 3D是一款非常好用的计算流体力学软件，它可以有效地帮助铸造工程师能够在设计阶段就进行设计方案的可行性验证，减少设计人员不必要的试模，减少模具修改的时间以及修模需要的费用。

Flow 3D与其他CFD软件最大的不同，在于其描述流体表面的方法。该技术以特殊的数值方法追踪流体表面的位置，并且将适合的动量边界条件施加于表面上。在Flow 3D中，自由液面由VOF技术计算而得。许多CFD软件虽然拥有与VOF类似的计算能力，但仅采用了

VOF 三种基本观念中的 1 种或 2 种，采用 pseudo-VOF 计算可能得到不正确的结果。Flow 3D 拥有 VOF 技术中的全部功能，并且已被证明能够针对自由液面进行完整的描述。另外，Flow 3D 更基于原始的 VOF 理论，开发了更精确的边界条件以及表面追踪技术——TruVOF。目前 Flow 3D 软件已被广泛应用于水力学、金属铸造业、镀膜、航空航天工业、船舶行业、消费产品、微喷墨头、微机电系统等领域。

（3）OpenFOAM

OpenFOAM 是一个针对不同的流动编写不同的 C++程序的集合，每一种流体流动都可以用一系列的偏微分方程表示，求解这种运动的偏微分方程的代码，即为 OpenFOAM 的一个求解器。它是开源 CFD 软件中的代表性软件，可以查看到最底层的程序，方便从原理上了解 CFD 求解器算法，因此许多高校会用 OpenFOAM 来进行 CFD 教学，它除了可以模拟复杂流体流动、化学反应、湍流流动、换热分析等现象外，还可以进行结构动力学分析、电磁场分析。

（4）FloEFD

FloEFD 是一款非常好用的 3D 计算流体动力学分析软件，是无缝集成于主流三维 CAD 软件中的高度工程化的通用流体传热分析软件。它使工程师能够直接处理他们的 CAD 模型，以准备和评估他们的并发 CFD 模拟。此外，与 FloMASTER 的独特 1D-3D CFD 耦合是业界首创，提供 1D 和 3D 软件技术的紧密耦合，设计为与集成源代码一起原生工作。

（5）CFX

与大多数 CFD 软件采用有限体积法不同，CFX 采用的是混合了有限元的有限体积法。以六面体网格为例，使用有限体积法的软件中，使用 6 点积分，而 CFX 则采用 24 点积分，因此其有更高的数值计算精度。CFX 为用户提供了方便易用的表达式语言 CEL，可以方便用户拓展软件功能。值得一提的是，作为一款通用流体软件，它提供的专用工具 BladeGen、TurboGrid、TASCFlow 为旋转机械领域设计提供了一体化的解决方案，大大提高了旋转机械设计与仿真效率。

（6）STAR-CCM+

STAR-CCM+是西门子推出的新一代通用计算流体力学软件，采用连续介质力学数值技术，并和卓越的现代软件工程技术结合在一起，拥有出色的性能和高可靠性，是热流体分析工程师强有力的工具。由于采用了连续介质力学数值技术，STAR-CCM+不仅可进行流体分析，还可进行结构等其他物理场的分析。STAR-CCM+可对真实条件下工作的产品和设计进行仿真，其独特之处在于，Simcenter STAR-CCM+ 给每位工程师的仿真工具包带来了自动化设计探索和优化，让其可以高效地探索整个设计空间，而不是将注意力集中在单点设计场景上。Simcenter STAR-CCM+ 提供了设计流程引导工具，使用直观且方便，可以进行快速网格划分，提供了更智能的求解器以及更强大的协作，以帮助工程师在数小时内做出更好的工程决策。其最新版本中引入了等离子体化学模型，可以模拟电离气体，电离气体的运动受到电场和磁场的严重影响，这些突破性的新功能，能够让使用者更轻松地浏览模拟树，并立即了解导入的 CAD 模型，从而提高工作效率。

（7）XFlow

XFlow 是一款十分专业且界面简洁的流体动力学 CFD 模拟软件。它的主要功能包括模拟仿真气体和液体流动、热量和质量转移、多相物理学、声学和流体结构等。新版本中采用全新的浸入边界法、MPI 超声速引擎，可以解决多相热问题，并引入了全新的界面。

其功能特点如下：

① 无须网格划分：极大提高了对复杂几何进行流场分析的效率。

② 不需要简化 CAD 模型，完整考虑复杂几何细节，能够更加真实地分析存在复杂几何细节的流动特性。

③ 善于分析物体运动过程和自由液面的流动，包括波浪、刚体、强迫或约束运动条件下的流场变化。

④ 捕捉瞬态三维流场发生、发展各阶段的特性，克服传统 NS 求解方法的不足，降低计算代价。

⑤ 自适应的尾流跟踪和细化（adaptive wake refinement）：靠近壁面自动提高精度，动态追随尾迹发展过程。

⑥ 复杂边界条件和物理过程分析：耦合换热、跨/超声速流、多孔介质、非牛顿流、多相流等。

⑦ 气动声学分析：不需要人为地稳定或跟踪自然压力波的演变，直接进行声波分析。

⑧ 流固耦合分析：内置的结构求解器，以自然的方式允许完全的流固耦合分析。

⑨ 近似线性的加速性能：能够在个人电脑上进行三维瞬态流体仿真。

⑩ 简单易用的用户界面：方便用户更高效地配置模型、边界条件、壁面精度等。

⑪ 后处理和可视化渲染功能：交互式的压力、流线、粒子显示、动画、带状图等。

ANSYS
Fluent

第 2 章

几何模型前处理

ANSYS 内置了 DesignModeler 及 SpaceClaim 两种几何模型前处理工具。DesignModeler 是早期模型前处理工具，简单易学，占用内存少，启动较快。概念建模菜单中有梁、壳体及梁截面等菜单选项，可以很方便地建立结构单元模型。通过调整 license 选项，还可以启动其内置的叶轮机械插件 BladeModeler，能方便地创建流体机械模型。由于 DesignModeler 建模功能易用性较差，通常仅用它对模型进行修复与简化。SpaceClaim 是新版本的 ANSYS 中默认启动的几何模型前处理模块，与 DesignModeler 相比，SpaceClaim 有很多新特性，功能更强大。SpaceClaim 具有完备的几何建模及创建详细工程图的能力，用户除了可以利用它进行模型修复及简化外，还可以用它直接创建几何模型，实现全模型参数化建模，方便后续参数化扫描及设计优化。SpaceClaim 是 ANSYS 推荐使用的几何建模工具，应重点掌握。

2.1 DesignModeler 几何建模概述

DesignModeler 中可以完成几何建模（二维草绘，3D 实体，创建壳体、梁结构等）、模型导入及几何的简化与修复（缝隙填充、修复破损面及孔洞、去除圆角和倒角等）、仿真预处理（包围流体域，填充流体域，创建焊点、中性面、对称面，命名边界条件等）、创建尺寸参数等工作。当启用 BladeModeler 插件时，还可以用它创建叶轮机械。由于 DesignModeler 几何建模功能较弱，在学习 DesignModeler 时应重点关注它的概念建模、模型修复及 BladeEditor 叶轮机械插件等功能。

2.1.1　平面创建及草图绘制工具

ANSYS 作为一套仿真软件，其几何建模的效率不如 CAD 软件。通常情况下，应该在 CAD 软件中创建好几何模型并将其导入 DesignModeler 或 SpaceClaim（以下简称 DM 及 SCDM）中，但有些时候需要跨单位、跨部门合作，模型由他人提供并且是不可编辑的 CAD 格式，这时若需要添加一些特征则需要直接在 DM 或 SCDM 中先创建草图，再以草图为基础创建 3D 特征。DM 及 SCDM 的草图绘制过程和 CAD 软件中的草绘过程完全相同，均需要先添加基准面，然后绘制 2D 草图并添加几何约束及尺寸标注。此外，对于梁及壳结构，由于 DM 中内置了参数化的截面，这时通过概念建模功能创建梁及壳结构则更方便。

如图 2.1 所示，在 Workbench 工具箱中双击几何结构，将其添加到主界面，由于新版本 ANSYS 中双击几何结构单元格会调用默认的几何建模模块 SCDM，因此当需打开 DM 时，需要在对应单元格上单击鼠标右键，选择新的 DesignModeler 几何结构选项来启动 DM。

图 2.1　添加 DM 到工作区

图 2.2 为 DM 的界面，它由上侧的菜单栏、常用工具栏，左侧的树轮廓、详细信息视图，底部的状态栏及中间的图形工作区组成。在图形工作区中有标尺、坐标轴图标及 ANSYS 图标，"查看"菜单可以找到和界面显示相关的选项，通过它们可以控制标尺、坐标轴、图标等元素的显示和隐藏，如图 2.3 所示。在所有操作之前，我们先根据需要在单位菜单中设置单位，对于尺寸过大的模型，可以将"大模型支撑"设置为开启选项，如图 2.4 所示。

在常用工具栏中选择创建新平面按钮，如图 2.5 所示，我们需要在详细信息视图中分别设置"类型"和"转换 1"等选项。如图 2.6 所示，类型为我们提供了类似于 CAD 软件中创建新基准平面的诸多选项，如基于现有平面（从平面）、实体面（从面）、从质心、从圆/椭圆、通过点+线（从点和边）、点+法线（从点和法线）、从三点及利用坐标点（从坐标）。转换 1（RMB）提供了诸如平移、绕坐标轴旋转等控制选项，其中 RMB 表示在工作区中可以通过单击鼠标右键，在打开的快捷菜单中找到相同的选项。当创建平面的选项设置好后，根据底部状态栏的提示，在常用工具栏中单击生成按钮图标 ⚡ 即可完成新平面的创建。

在树轮廓的三个基准平面或自定义的新平面上单击鼠标左键，可以将其置为当前激活平面，如图 2.7 所示，此时创建新平面图标前的下拉列表中会变为当前激活平面。选择旁边的创建新草图按钮，会在激活平面下创建草图 1。同理，当导航树中有多个草图时，鼠标左键单击其中某一个草图会将其置为当前草绘，当前草图会在草图按钮前的列表中显示。

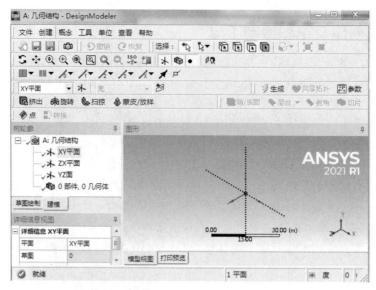

图 2.2　DM 的工作界面

图 2.3　查看菜单

图 2.4　单位设置

图 2.5　创建新平面

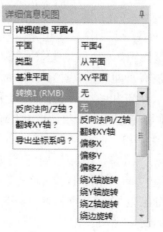

图 2.6　创建新平面选项

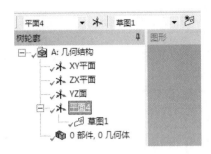

图 2.7　创建新草图

如图 2.8 所示，在进行草图绘制时，我们可以选择工具栏中的正视图按钮，将轴测图视角调整为正视图视角。

图 2.8　调整草绘视角

如图 2.9 所示，在草图绘制选项页上单击，切换到草绘工具箱列表，在绘图工具中有直线、矩形、多边形、圆及圆弧、点等基本图形绘制工具。左键单击某一基本图形，可以在下方弹出的详细信息视图中设置具体参数。这些基本图形和常用 CAD 软件的设置方法基本相同。

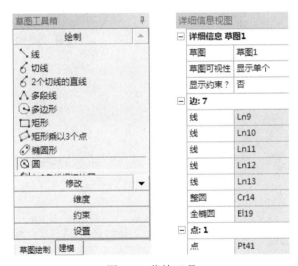

图 2.9　草绘工具

修改工具箱有许多编辑草绘的工具，可以设置圆角、倒角、移动、复制、粘贴、切断、延伸等修改操作。

"维度"中可以进行尺寸标注、尺寸移动及尺寸显示模式的切换。

"约束"中可以设置水平、垂直、平行、共线、同心等约束，其操作类似于 AutoCAD，使用时应养成时刻查状态栏，看左下角操作提示的习惯。草图中会用不同颜色显示当前的约束状态，具体见表 2-1。

"设置"主要用于定义和显示栅格。

表 2.1　草图中不同颜色

颜色	约束状态
青色	无约束或欠约束状态
蓝色	完全约束
黑色	固定
红色	过约束
灰色	约束矛盾或未知约束

【例 2.1】典型零件的草绘操作

这里以 GB/T 9119—2010 突面板式平焊钢制管法兰为例，选取 PN1.0MPa、DN50mm 系列 2 尺寸，演示一下其草绘操作过程。

步骤 1　打开 Workbench，在左侧工具箱中双击几何结构模块，鼠标右键单击"几何结构"单元格，选择"新的 DesignModeler 几何结构"，在打开的 DM 中选中单位菜单，将单位设置为毫米，操作过程见图 2.10 及图 2.11 所示。

步骤 2　在"XY 平面"上单击，将其作为草图绘制平面，在工具栏中的新草图按钮上单击，创建一个新的草图——草图 1，单击正视图按钮并在草图绘制选项页单击，切换到草图绘制模式，如图 2.12 所示。

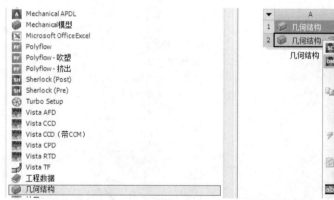

图 2.10　添加几何结构模块

图 2.11　设置单位

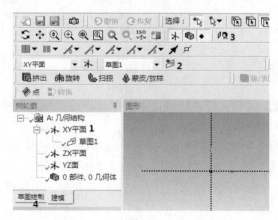

图 2.12　在 *XY* 平面上创建新草图

步骤 3　在圆上单击，将鼠标放在原点处直到出现 P 标识后单击鼠标，表示圆心和坐标原点重合，拉动鼠标后在适当位置单击，如图 2.13 所示。

步骤 4　如图 2.14 所示，在"维度"上单击鼠标左键，默认以通用标注模式进行标注，该模式能智能地根据类型进行标注的调整，也可以按所需标注类型选择具体的标注工具。此时注意图 2.14 中数字 5 处的提示，接下来应时刻按系统提示进行操作，并养成这样的操作习惯。在圆上单击进行标注，并在输入框中输入直径尺寸 165。

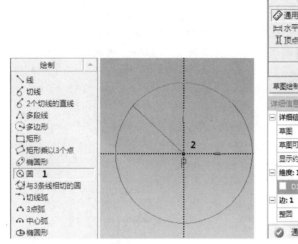

图 2.13　创建圆形

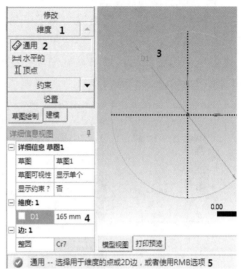

图 2.14　尺寸标注

步骤 5　如图 2.15 所示，继续选择绘制圆工具，将鼠标移动到 Y 轴上，当出现 C 提示时表示圆心将和 Y 轴重合，单击鼠标左键确定圆形，拉动鼠标在合适位置单击，完成小圆的绘制。

步骤 6　如图 2.16 所示，选择"维度"，标注小圆直径并设置其尺寸为 18mm。对小圆位置进行标注时，应先选择小圆圆心，再选择 X 轴，在尺寸输入框中输入 62.5，草图绘制的过程中可以随时通过滚动鼠标滚轮来调整视图的大小。

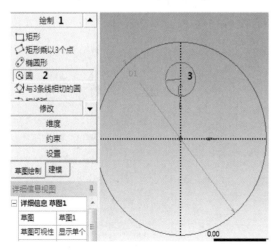

图 2.15　创建小孔

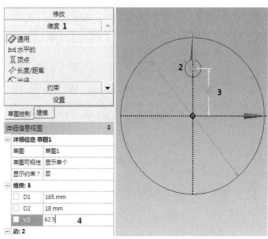

图 2.16　标注位置

步骤 7 剩下的三个圆可以在创建好实体模型后通过阵列功能以更快捷的方式获得，但在这里，我们希望通过另外三个圆的绘制演示一下草图绘制的复制/粘贴功能。如图 2.17 所示，选择"修改"中的"复制"按钮，单击鼠标左键选择小圆边线，鼠标右键在空白处单击后弹出快捷菜单，选择"结束/设置粘贴句柄"。此时系统提示让我们设置复制的基准点，在平面原点处单击鼠标左键，也可以直接选择"结束/使用平面原点为手柄"代替上述操作。这时我们会发现系统自动帮我们切换到了粘贴选项，如图 2.18 所示。在粘贴选项左侧有"r"和"f"两个输入框，"r"代表旋转角度，"f"代表缩放的倍数。在空白处单击鼠标右键，在这里有旋转和缩放选项，我们这个例子中只需设置旋转，故选择"绕 r 旋转"。在平面原点单击鼠标左键放置第 2 个小圆，再次单击鼠标右键，重复上述操作直到放置好全部小圆，最后在快捷菜单中选择结束，结束复制操作。在"修改"中还有两个复制功能，它实际是复制和粘贴功能的组合，读者也可以练习一下该选项，它的所有操作都和上述操作含义相同。

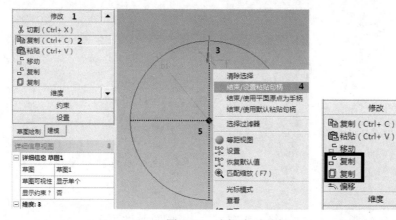

图 2.17 选择阵列对象

步骤 8 最后还剩下一个中间的圆，其尺寸为 59mm，由读者自己完成，最终效果如图 2.19 所示。回到主界面，选择保存按钮，选择一个合适文件名和位置保存该项目。

注意：尽管 ANSYS 现在已经能在大部分模块中支持中文，但使用中文仍有可能出现不可预测的问题，因此强烈建议将项目的文件名和路径均设置为非中文字符。本书的案例会按章节进行保存，如本例保存在 chapter2 文件夹下，文件名为 eg2.1wbpz，以打包文件形式提供，读者可以用不低于 ANSYS 2021 R1 版本的软件打开。

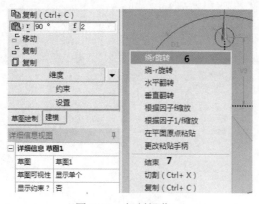

图 2.18 复制操作

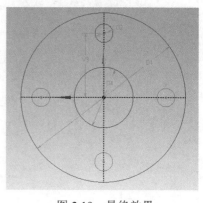

图 2.19 最终效果

2.1.2 3D 基础建模工具

3D 特征通常是由 2D 草绘生成的 3D 几何体，DM 提供了挤出、旋转、扫掠、蒙皮/放样等建模工具，还提供了圆角、倒角、切片等 3D 特征编辑工具，如图 2.20 所示。这些 3D 建模工具和常见 CAD 软件（如 SolidWorks、Pro/E）的用法相似。

图 2.20　3D 工具栏

【例 2.2】典型零件的拉伸操作演示

我们在上次绘制的草图基础上添加 3D 特征。

步骤 1　如图 2.21 所示，在"建模"选项页上单击鼠标左键，切换到 3D 建模状态。点击工具栏上的拉伸按钮，选择基准面 XY 平面下创建的草绘。在"详细信息视图"中的"几何结构"选项上单击"应用"，表示以选中的草图为基础进行拉伸。在"FD1，深度"中设置拉伸长度 20，选择工具栏中的闪电生成按钮，此时我们可以按住鼠标中间拉动鼠标调整模型的观察视角。

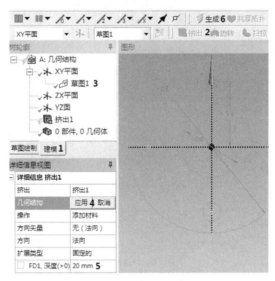

图 2.21　添加拉伸特征

步骤 2　如图 2.22 所示，按图中顺序在 XY 平面下添加一新的草图，点击该草图将其置为当前草图，点击"草图绘制"切换到草绘工作模式。选择创建圆工具，并绘制一个小圆，标注其尺寸为 99mm，再创建一个圆，当出现 T 标志时，表示当前的圆和另一个圆相切，单击鼠标左键完成该圆的绘制。

步骤 3　如图 2.23 所示，重新切换到"建模"，点击"挤出"工具，选择新草图，并在详细信息视图中单击应用。在操作中选择切割材料，并在"FD1，深度"中输入 2mm，点击生成按钮即可完成法兰的绘制，如图 2.24 所示。

对于该实例，我们这里是在基体上切除材料获得凸台，另一个方式是通过在基体上增加材料获得凸台，读者可以自行练习。

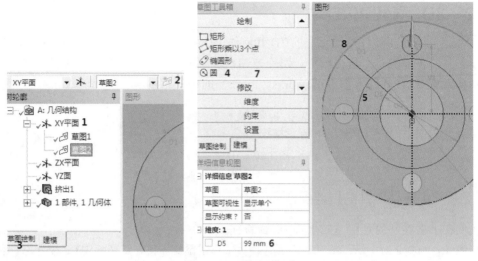

图 2.22 添加新草图

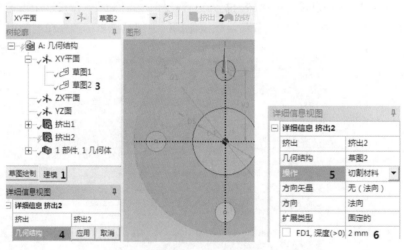

图 2.23 切除实体

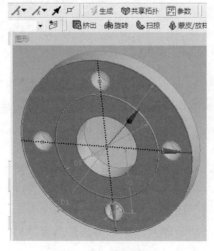

图 2.24 最终效果

默认状态下，DM 会自动将新几何体和已有的与之接触的几何体合并。通过激活体和冻结体可以控制几何体的合并。激活体在特征树中显示为深蓝色，图形区为不透明显示，通过添加材料或者通过工具菜单下的解冻命令均可以获得激活体。

冻结体与激活体相对，不会自动与其接触的其他体合并。树轮廓中图标将冻结体显示为淡蓝白色，在图形区中显示为透明。冻结体只能通过布尔操作合并或先将其通过工具菜单下的解冻将其转化成激活体。冻结体可以使用添加冻结或工具菜单下的冻结获得。冻结体主要用于生成装配体及创建切片。切片操作可以将一个实体切割成多个部分，便于每部分单独划分网格。

接下来我们详细介绍一下挤出特征详细信息视图中的选项，如表 2.2 所示，其他 3D 工具中的选项也与之类似。

表 2.2　挤出特征详细信息视图选项说明

选项	说明
添加材料	添加材料，创建并合并到激活体中
切割材料	从激活体中切除材料
切片材料	将冻结体切片，仅当操作体被冻结时才可用
压印面	和切片相似，但仅仅分割体上的面，若需要，也可以在边上增加
添加冻结	和添加材料类似，但新增特征体并不被合并到已有的模型中，而是作为冻结体加入，线体不能进行切除、印记和切片操作
方向矢量	指定拉伸的方向向量，默认使用草图的法向方向
方向	方向选项有法向、已反转、双-对称、双-非对称四个选项
扩展类型	可以设置固定的（设定一个尺寸）、从头至尾（贯穿）、至下一个（到下一个面或体）、至面（延伸到某一个或多个交界面）、至表面（延伸到某一表面）
按照薄/表面	可以通过设置厚度，将封闭或非封闭草图设置为薄壁型，当设置的厚度为 0 时，生成面体
合并拓扑	让系统通过该选项决定是否保留小的细节特征，一般保持默认值

在创建菜单中，系统还提供了一些基本几何实体，如球体、六面体、棱柱等。可以不必创建草图，直接设置其特征尺寸方便快捷地创建规则几何实体。

2.1.3　概念建模工具

在概念菜单中提供了创建线体、面体、曲线、截面等概念建模工具，见表 2.3。通常用概念建模去创建梁、杆、壳等结构及其截面，如图 2.25 所示。

表 2.3　概念建模工具说明

选项	说明
来自点的线	这里的点可以是草绘中的点，3D 模型的顶点、体心、面心等特征点。切换到点选择模式，选中两个点即可在两点之间生成线体
草图线	在草图中绘制好线，用草图中的线直接生成线体
边线	在常用工具栏中切换到边选择模式，选中现有模型的边线来生成线体
曲线	可以通过当前可选点或基于坐标系文件创建 3D 曲线
分割边	可以长度间隔、段数等均分线体，也可以对分割位置进行自定义
边表面	线体必须是没有交叉的闭合围线，选择线体时需先切换到边线选择模式，选择多条几何体边线时需按住 Ctrl 键
草图表面	先在草图中创建不自相交的封闭曲线，然后选择该草图创建面体
面表面	当所选择的实体表面有孔洞，以该面创建面体时，可以选择孔洞的修复方式，故该功能常用来修复指定面上孔洞

续表

选项	说明
分离	利用实体所有看见的外表面创建面体，可以对刚创建好的法兰使用该菜单命令，将会看到原来的实体会被 10 个面体代替
横截面	系统提供了常见梁截面，如工字形、T 形、U 形、圆钢、方钢、用户自定义截面等。选中所需的截面类型，设置长宽、截面惯性矩等截面属性后，可以在树轮廓的部件、几何体列表中选中需要设置截面的线体，为其赋予该截面

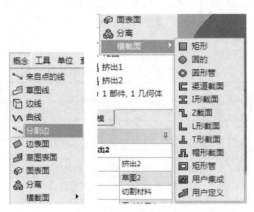

图 2.25　概念建模菜单

【例 2.3】概念建模操作演示

在本例中，我们演示一下如何利用概念建模创建梁及壳体模型。创建梁模型时，需要先创建线体，该线体可以是直线，也可以为曲线。我们可以利用概念建模工具创建线体，也可以通过其他软件生成线体，将其保存成中性格式文件，如 stp、x_t、igs 等格式，以导入的方式在 DM 中加载该线体文件。创建好线体后为线体赋予截面特征即可生成梁模型。创建壳体模型时，需要创建面体，面体可以在 DM 中创建，也可以导入外部面体，面体创建好后为其赋予厚度参数即可生成壳体模型。

步骤 1　打开 Workbench，在左侧工具箱中双击"几何结构"模块，鼠标右键单击"几何结构"单元格，选择"新的 DesignModeler 几何结构"，在打开的 DM 中选中"单位"菜单，将单位设置为英尺，操作过程见图 2.26 及图 2.27。

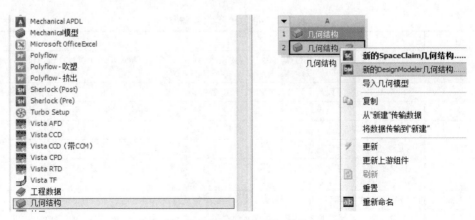

图 2.26　创建新的几何结构

图 2.27　修改单位

图 2.28　导入几何模型

步骤 2　在文件菜单中选择"导入外部几何结构文件"（图 2.28），选择本书提供的素材文件 eg2.3.igs 并打开。如图 2.29 所示，将详细信息视图中的"表面几何体""线体"选项修改为"是"，"操作"选项设置为"添加冻结"。单击工具栏中的生成按钮，生成如图 2.30 所示的线体模型。

图 2.29　设置导入选项

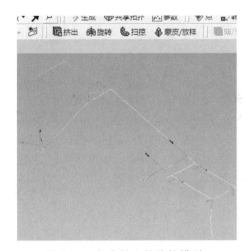

图 2.30　生成导入的线体模型

步骤 3　如图 2.31 所示，在概念建模菜单中选择曲线，在详细信息视图中将"定义"选项设置为"从坐标文件"，选择素材文件 eg2.3.txt，将"操作"设置为"添加冻结"。单击工具栏中的生成按钮，显示如图 2.32 所示的曲线。

步骤 4　在 DM 中，一个坐标文件里可以有多条曲线。如图 2.33 所示，其中第一列为曲线的序号，第二列为曲线中各点的序号，第三～五列为各个点的 X、Y、Z 坐标值。

步骤 5　在树轮廓中选中 Line1～Line18 线体，在"创建"菜单中选择"几何体转换"下的"镜像"，如图 2.34 所示。在详细信息视图中将"镜像面"设置为"ZX 平面"并将"保存几何体吗"设置为"是"，单击工具栏中的生成按钮，生成镜像几何体。

图 2.31　利用坐标文件生成曲线　　　　　　图 2.32　显示曲线

```
1    1    3.42847769    0.6459153543    1.230314961
1    2    3.42847769    0.6004292328    1.41129393
1    3    3.42847769    0.457004051     1.53297789
1    4    3.42847769    0.2816372653    1.605111887
1    5    3.42847769    0.09491061983   1.638988654
1    6    3.42847769    -0.09491061877  1.638988654
1    7    3.42847769    -0.2816372346   1.605111895
1    8    3.42847769    -0.4570040647   1.532977883
1    9    3.42847769    -0.6004292326   1.411293931
1    10   3.42847769    -0.6459153542   1.230314961
2    1    0.0656167979  0.6104621686    2.861171646
2    2    0.0656167979  0.5258864135    3.012991545
2    3    0.0656167979  0.4044211829    3.137283692
2    4    0.0656167979  0.2545869265    3.225329338
2    5    0.0656167979  0.08689410231   3.270952324
2    6    0.0656167979  -0.08689410249  3.270952324
2    7    0.0656167979  -0.2545869267   3.225329338
2    8    0.0656167979  -0.4044211831   3.137283692
2    9    0.0656167979  -0.5258864136   3.012991545
2    10   0.0656167979  -0.6104621687   2.861171646
```

图 2.33　坐标文件格式

图 2.34　镜像几何体

　　步骤 6　如图 2.35 所示，在概念菜单中选中"来自点的线"，在空白区域单击鼠标右键，选择"点对"。按图中顺序依次选择选择点对，将"操作"设置为"添加冻结"。在工具栏中单击生成按钮，生成如图 2.36 所示的模型。

　　步骤 7　在创建菜单中选中"Boolean"。按住 Ctrl 键，在图形区选择如图 2.37 所示的高亮曲线。在详细信息视图的"工具几何体"中单击应用按钮，将"操作"设置为"单位"（这里中文界面翻译有误，在英文界面中该选项为 Unite），单击工具栏中的生成按钮，将选中的线体合并。同样的操作，将其余线体通过 Boolean 中的合并操作，生成另一条线体。如图 2.38 所示，此时树轮廓中只有两条线体零件，故上述两个合并操作是为了后续选择及管理线体更方便。

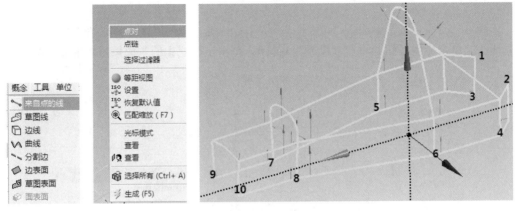

图 2.35　选择点对

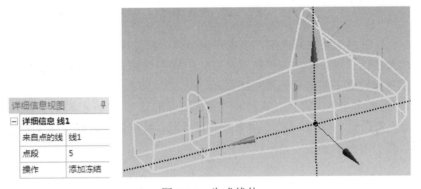

图 2.36　生成线体

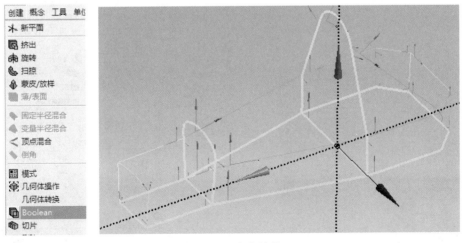

图 2.37　合并线体

图 2.38　合并线体

步骤 8　在概念菜单中选中"边表面"，按住 Ctrl 键，在图形区选择如图 2.39 所示的两组高亮曲线。单击应用按钮并将厚度设置为 0.01ft。单击工具栏中的生成按钮，生成两组面体。

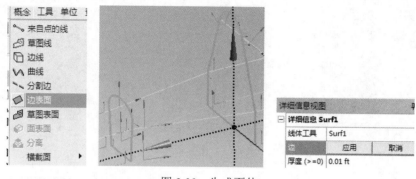

图 2.39　生成面体

步骤 9　再采用两次同样的操作，生成三组面体。新生成的面体如图 2.40 所示，厚度均为 0.01ft。在创建这三组面体时需要注意，应先生成左右两面体后再单独生成底面。否则会因为公共边线导致轮廓不完整而无法生成面体。

步骤 10　在概念菜单中选择"横截面"中的"圆形管"，将显示如图 2.41 所示的圆形管截面属性。用户需指定"Ri"和"Ro"两个内外径参数，系统自动根据这两个参数计算面积、截面惯性矩、形心等截面属性。

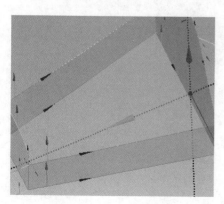

图 2.40　生成其他面体

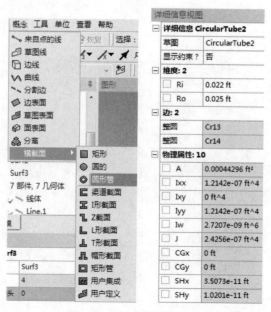

图 2.41　创建横截面

步骤 11 依次添加两个横截面，内外径参数如图 2.42 所示。

详细信息视图	
详细信息 CircularTube1	
草图	CircularTube1
显示约束？	否
维度：2	
Ri	0.025 ft
Ro	0.03 ft

详细信息视图	
详细信息 CircularTube2	
草图	CircularTube2
显示约束？	否
维度：2	
Ri	0.022 ft
Ro	0.025 ft

图 2.42 生成其他面体

步骤 12 在树轮廓中选择 Line1，如图 2.43 所示，将"横截面"设置为"CircularTube1"。类似地，将另一个线体横截面设置为"CircularTube2"，如图 2.44 所示。

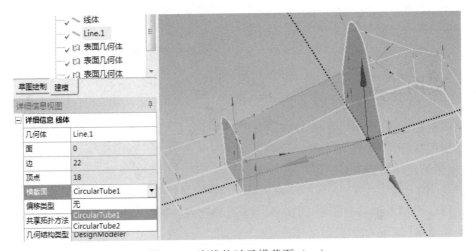

图 2.43 为线体赋予横截面（一）

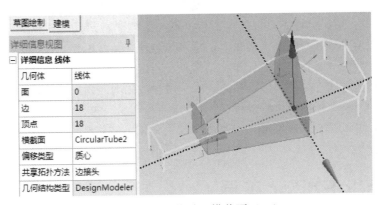

图 2.44 为线体赋予横截面（二）

步骤 13 在查看菜单中，勾选"横截面固体"选项，如图 2.45 所示，此时线体将显示其横截面。

步骤 14 保存工程文件，将其命名为 eg2.3.wbpj。

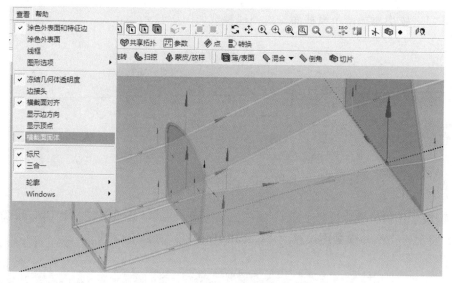

图 2.45　显示线体横截面

2.2　实用工具

几何模型在传递到网格划分模块及后续求解模块前，需要做一系列的准备工作，DM 为我们提供了很多前处理的实用工具。这些工具包括：

①　模型简化及修复工具：可以去除圆角、清理硬边，去除缝隙、孔洞、尖角，修复窄面、面体及实体等。

②　填充、包围及抽取中性面工具：利用填充和包围工具可以创建内流道及外部流体域，抽取中型面可以创建诸如挡板等面体特征。

③　几何体操作、几何体转换及布尔工具：可以利用这些工具对模型进行简化、切割、移动、旋转、镜像、阵列、缩放及各种布尔操作。

④　其他工具：包括测量工具、焊点工具、icepack 电子散热几何体转换工具等。

除了上述实用工具外，DM 还提供了创建多体零件及共享拓扑功能，利用它们除了可以创建多个零件之间的分组管理，简化拓扑结构外，还定义了后续网格节点的划分方式及接触面之间数据的传递方式。此外，可以在 DM 中利用参数化功能为尺寸及特征创建参数及表达式，后续可以利用参数化扫描进行优化设计。

上述功能均可以在 SpaceClaim 以更快捷、更高效的方式实现，故后续会详细讲解，这里不再赘述。

2.3　BladeEditor 工具

BladeEditor 是内嵌于 DesignModeler 中的一套专用于流体机械的快速 3D 设计工具插件，它是 BladeModeler 流体机械设计套件的一个子集。默认情况下，BladeEditor 是隐藏状态，在工具菜单中选择"选项"，打开如图 2.46 所示的选项对话框，选中"插件"，将"BladeModeler 授权"设置为是。在工具菜单中选择插件选项，打开如图 2.47 所示的 Addins 对话框，勾选

"Load On Startup"和"Loaded",单击"Apply",重启 DM 即可显示 BladeEditor 插件。BladeEditor 工具栏如图 2.48 所示。

图 2.46　加载 BladeEditor

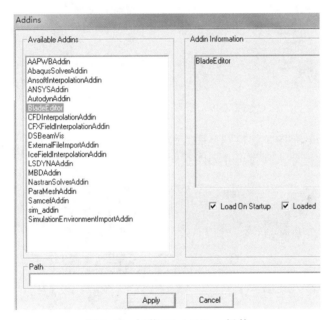

图 2.47　加载 BladeEditor 插件

图 2.48　BladeEditor 工具栏

由于叶轮机械设计需要较多的背景知识,这里仅通过一个具体的实例演示一下相关工具的用法,供相关领域设计者参考。

【例 2.4】BladeEditor 叶轮设计实例

步骤 1　新建一个 Workbench 工程，在工具箱中双击几何结构，在几何结构单元格上单击鼠标右键，选择新的 DesignModeler 几何结构，进入 DM 界面。

步骤 2　选择树轮廓中的 *ZX* 平面，单击工具栏中的新草图按钮，将草图重命名为 hub。单击菜单栏中的"单位"，将单位设置为 mm。单击工具栏中的"查看面/平面/草图"按钮，将草图切换到正视图视角，如图 2.49 所示。

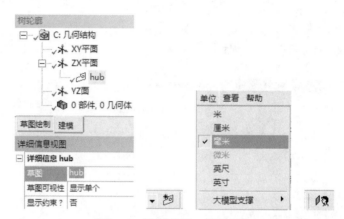

图 2.49　添加草图、设置单位

步骤 3　选中 hub 草图，切换到草图绘制选项页。在绘图工具箱中选择直线工具，绘制两条直线并为其标注尺寸，具体尺寸如图 2.50 所示。

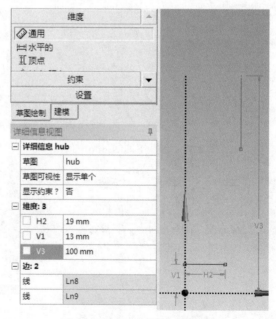

图 2.50　添加直线及尺寸标注

步骤 4　如图 2.51 所示，在绘制中选择切线弧，分别选择两直线对应端点，添加一个切线圆弧。切换到约束选项卡中，选择相切按钮，依次选择直线及圆弧，在二者之间添加相切约束。

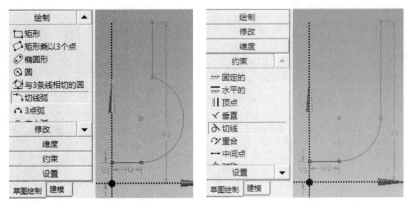

图 2.51　添加圆弧及设置相切

步骤 5　单击建模选项页，切换回树轮廓界面。选择 *ZX* 平面，单击工具栏中的添加草图按钮，将其命名为 shroud。切换到草图绘制选项页，绘制如图 2.52 所示的两条直线及与二者相切的圆弧。

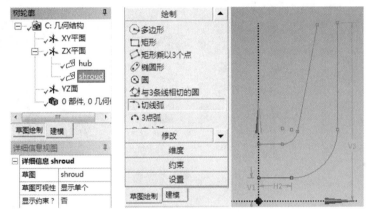

图 2.52　添加新草图

步骤 6　切换到维度选项页，为上述两条直线和圆弧标注尺寸，其尺寸如图 2.53 所示。
注：若此时两条直线交叉，可以先为斜线标注角度后再将角度标注删除。

步骤 7　单击建模选项页，切换回树轮廓界面。选择 *ZX* 平面，单击工具栏中的添加草图按钮，将其命名为 inlet。选中该草图并切换到草图绘制选项页，绘制如图 2.54 所示的左侧直线。

步骤 8　单击建模选项页，切换回树轮廓界面。选择 *ZX* 平面，单击工具栏中的添加草图按钮，将其命名为 outlet。选中该草图并切换到草图绘制选项页，绘制如图 2.55 所示的顶部直线并为其添加水平约束及两组尺寸标注，此时草图中全部线条均已完全约束。

步骤 9　单击建模选项页，切换回树轮廓界面。选择 *ZX* 平面，单击工具栏中的添加草图按钮，将其命名为 LE。选中该草图并切换到草图绘制选项页，绘制如图 2.56 所示的草图并为其标注尺寸，其左侧端点距离 *X* 轴距离为 34.19mm，右端点距离 *X* 轴距离为 33.4mm。

步骤 10　单击建模选项页，切换回树轮廓界面。选择 *ZX* 平面，单击工具栏中的添加草图按钮，将其命名为 RE。选中该草图并切换到草图绘制选项页，绘制如图 2.57 所示的草图并为其标注尺寸。

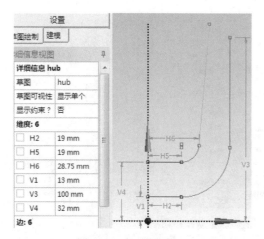

图 2.53 标注尺寸

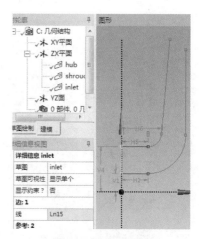

图 2.54 添加新草图

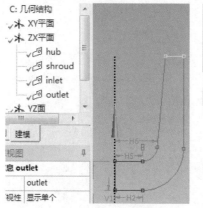

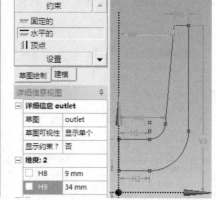

图 2.55 添加新草图

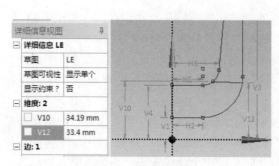

图 2.56 添加新草图

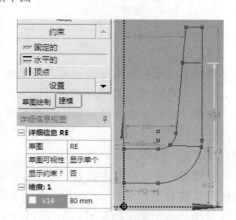

图 2.57 添加新草图

步骤 11 至此，所需的草图已绘制好，单击建模选项页，切换回树轮廓界面。此时 *ZX* 面下所包含的草图如图 2.58 所示，并且全部草图均已完全约束。

步骤 12 单击工具栏中的"流动路径"按钮，在弹出的详细信息视图中分别为轮毂轮廓、罩盖轮廓、入口轮廓和出口轮廓选择如图 2.59 所示的各个草图。单击工具栏中的生成按钮生成相应的流动路径草图。

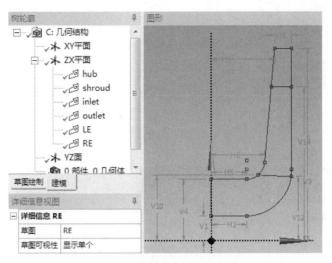

图 2.58　树轮廓及草图

步骤 13　单击工具栏中的"刮刀"按钮（合理的翻译应为叶片），按图 2.60 设置详细信息视图中的各选项。将"流动路径"设置为刚创建的流动路径 1，将"类型"设置为转子，"刮刀集数"设置为 6（即叶片数量）。将前边"等值线图"设置为 LE 草图，跟踪边"等值线图"设置为 TE 草图，其余选项保持默认值。单击工具栏中的生成按钮，生成如图 2.61 所示的刮刀弧线，单击相应弧线将在右侧显示对应的角度和厚度曲线。这里生成的两组刮刀_弧线中，弧线 1 对应的是 hub，弧线 2 对应的 shroud，通过拉动右侧角度、厚度曲线中的节点位置可以改变 hub 及 shroud 的形状。

图 2.59　设置流动路径

图 2.60　设置刮刀属性

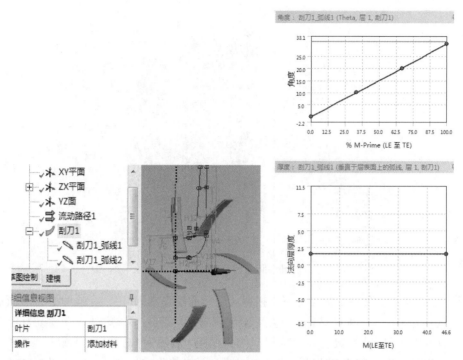

图 2.61　叶片及轮廓曲线

步骤 14　选中"刮刀_弧线 1"，在详细信息视图中，将"角度定义"类型设置为 Beta，相应选项设置如图 2.62 所示。在右侧的角度曲线中单击鼠标右键，选择"转换为 Bezier 曲线"。弹出如图 2.63 所示的对话框，将控制数量点设置为 4。在蓝色曲线上单击，此时曲线转换为保护 4 个控制点的 Bezier 曲线。注意横坐标应为"%M-Prime"，若为其他类型可以单击鼠标右键，在"X-轴尺度"中进行修改。

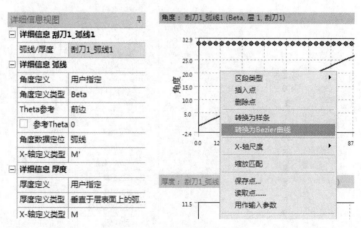

图 2.62　设置弧线 1 属性

步骤 15　在详细信息视图中，将"参考 Theta"设置为 3，如图 2.64 所示。在最左侧控制点上双击，将其值设置为（0,75）后按回车键确认，如图 2.65 所示。单击鼠标右键，选择"缩放匹配"，重新调整坐标轴显示范围。依次按图 2.66 设置控制的其他各个坐标值，并根据需要调整缩放匹配。

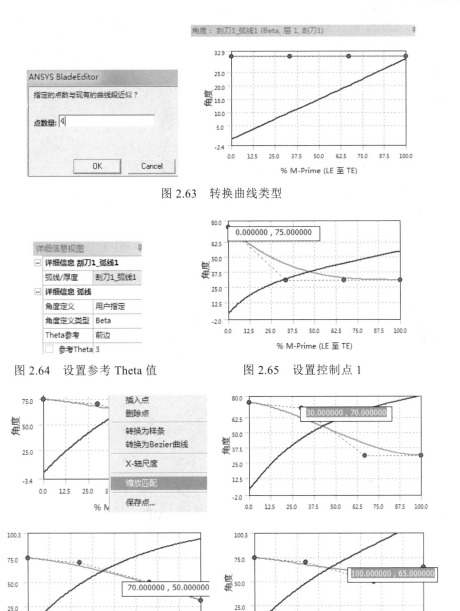

图 2.63　转换曲线类型

图 2.64　设置参考 Theta 值　　　　图 2.65　设置控制点 1

图 2.66　设置控制点及进行缩放匹配

步骤 16　如图 2.67 所示，在弧线 1 的法向层厚度曲线上最左侧控制点上双击，将其值设置为（0,4）后按回车键确认。单击鼠标右键，选择"缩放匹配"，重新调整坐标轴显示范围。在最右侧点上双击，将其值设置为（46.613408,5），按回车键确认。

步骤 17　在树轮廓中选中"刮刀_弧线 2"，采用同样方法，将详细信息视图中的"角度定义"类型设置为 Beta，将角度曲线转换为有 4 个控制节点的 Bezier 曲线。将详细信息视图中的"参考 Theta"设置为 0。将角度曲线中的 4 个点坐标依次设置为（0,75），（30,70），（75,70），（100,60）。将法向层厚度曲线中的左右端点设置为（0,4）和（47.1,5），设置过程中可根据需要随时调整缩放匹配。上述曲线设置好后单击工具栏中的生成按钮，生成如图 2.68 所示的叶片。

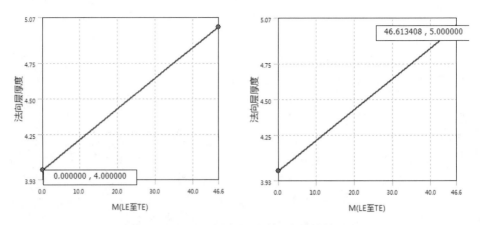

图 2.67 设置法向厚度控制点及进行缩放匹配

图 2.68 调整后的叶轮形状

步骤 18 单击工具栏中的"StageFluidZone"按钮，如图 2.69 所示。在详细信息视图中，将"流动路径"设置为流动路径 1，单击工具栏中的生成按钮，完成流动区域的设置。

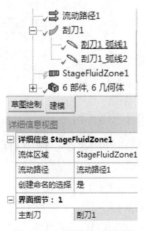

图 2.69 设置流动区域

图 2.70 设置流动区域

步骤 19 选择工具栏中的"ThroatArea"按钮，如图 2.70 所示，将"刮刀"设置为刮刀 1，其余选项保持默认后单击工具栏中的生成按钮，生成喉部区域。

步骤 20　至此已完成了叶轮及流体区域的设置，后续可根据需要将该几何模型导入叶轮专用网格划分工具 TuboGrid 中进行网格划分。

2.4　SpaceClaim 几何建模概述

SpaceClaim（以下简称 SCDM）是一款三维实体直接建模工具，它不同于传统的基于特征的参数化建模的 CAD 软件，它的命令简洁高效，能够以更自然直观的方式创建及修改模型，有丰富的数据接口和强大的特征识别及模型修复、简化能力。

如图 2.71 所示，在 Workbench 中添加几何结构模块，默认情况下双击或鼠标右键单击选择"新的 SpaceClaim 几何结构"。SCDM 的基本界面组成如图 2.72 所示，界面最上方左侧为快速访问工具栏，可以通过它访问一些快捷方式。它的下边是工具栏，切换不同菜单，工具栏会发生相应的变化，在这里可以访问到全部工具。界面左侧是一系列面板，包括结构面板、选项-选择面板、属性面板等，可以通过这些面板设置一些具体工具的选项和参数。最下方是状态栏，会实时给出一些操作提示、坐标信息等。中间最大的区域为设计窗口，选择不同工具时，设计窗口会有相应的工具向导，为该工具提供了更多可访问的特性。文件菜单为下拉菜单形式，除了可以进行常规的新建、保存、另存为等操作外，还可以通过选择 SpaceClaim 选项，打开选项设置对话框。在该选项对话框中有很多和软件设置相关的选项，例如颜色、单位设置、键盘快捷键、语言设置等。

图 2.71　SpaceClaim 创建方式

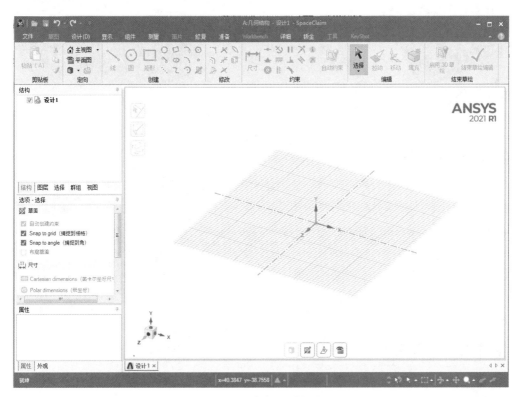

图 2.72　基本界面组成

2.4.1　选择工具

在 SCDM 中，鼠标在不同对象上操作有不同的效果。在如图 2.73 所示的边上，单击鼠标左键会选中边本身，双击则会选择包含边的一个环，继续双击则会切换到另一侧的环；在面上单击鼠标左键，会选中该面，在面上快速三击，则会选中整个实体；利用鼠标框选可以快速选择被框中的点、线、面。除了鼠标操作外，在左侧有个选择面板，它提供了更多筛选条件用于批量选择。关于选择面板后面会详细讲解。

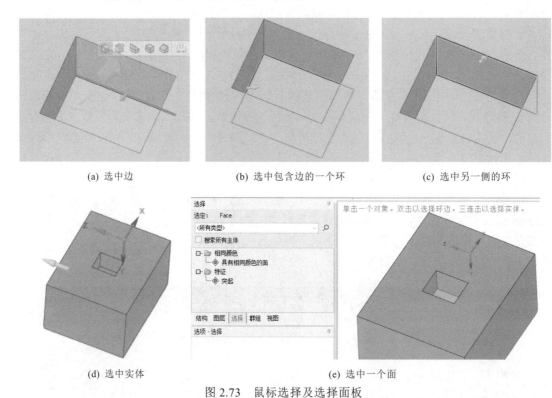

(a) 选中边　　　　　　　　(b) 选中包含边的一个环　　　　　　　　(c) 选中另一侧的环

(d) 选中实体　　　　　　　　　　　　(e) 选中一个面

图 2.73　鼠标选择及选择面板

2.4.2　草绘工具

同 DM 一样，在创建三维模型前先要创建草图，草图工具如图 2.74 所示，我们通过一个实例演示一下草图工具及其选项的具体用法。

图 2.74　草图工具

【例 2.5】草图实例

步骤 1　在 Workbench 的工具箱中双击几何结构，添加一个几何结构模块，双击单元格打开 SCDM。

步骤 2　绘图窗口中显示如图 2.75 所示的坐标轴，添加的第一个草图默认在 *XZ* 平面中创建。若需在其他平面中创建草图，则需要选择工具栏中的"结束草绘编辑"，此时系统自动切换到设计选项页。

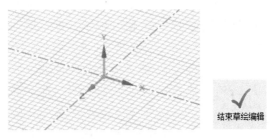

图 2.75　空白草图

步骤 3　在设计选项页中选择"草图模式"按钮，将鼠标放在 *Z* 轴上，显示如图 2.76 所示的预览图。在 *Z* 轴上单击，并选择窗口下方或工具栏中的平面图按钮，将草图平面以正视图显示，后续新草图将创建在 *XY* 平面上。

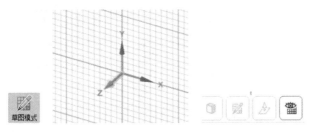

图 2.76　修改默认草图平面

步骤 4　由于 SCDM 为直接建模软件，虽然可以创建好图形，再修改其尺寸，但这是传统的尺寸驱动型建模软件的绘图方式。在 SCDM 中更推荐建模的同时设置好尺寸。在工具栏中选择创建圆工具，单击选项页中的"笛卡尔坐标尺寸"，如图 2.77 所示。单击坐标原点后向上拉动鼠标，此时将出现浮动的横纵坐标输入框。键盘的 Tab 键可以在两个输入框之间切换，先输入横坐标 0，按 Tab 键后再输入纵坐标 300，接着单击鼠标左键确定圆心位置。拉动鼠标，在键盘中输入 250 后按回车键完成圆的创建，此时拉动鼠标将继续进行图形绘制，可以通过键盘的 Esc 键结束图形绘制。

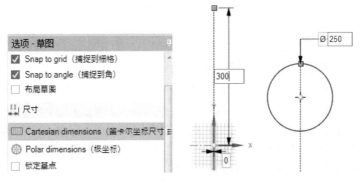

图 2.77　创建圆并进行尺寸标注

步骤 5　单击工具栏中的直线工具，单击选项页中的"笛卡尔坐标尺寸"，单击坐标原点后向上拉动鼠标，输入 0 后按 Tab 键，输入 125，向左水平拉动鼠标，此时将显示一条水平辅助线。当和圆相交时，圆及交点高亮显示，如图 2.78 所示，此时按下鼠标左键作为直线的起点。

步骤 6　如图 2.79 所示，向下拉动鼠标，输入 0 后按 Tab 键，输入 -150 后回车，完成直线的绘制，按 Esc 键退出。

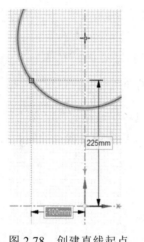
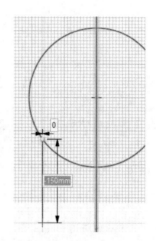

图 2.78　创建直线起点　　　　图 2.79　创建直线并标注

步骤 7　在工具栏中选择镜像按钮，按左上角提示，选择 Y 轴作为镜像面。在左侧直线上单击完成直线的绘制，绘制过程如图 2.80 所示。

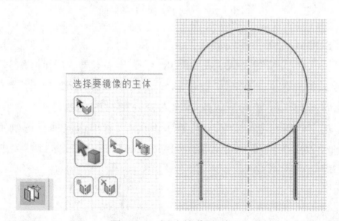

图 2.80　创建镜像直线

步骤 8　在工具栏中选择直线工具，连接两条镜像直线下方端点绘制一条新的直线。

步骤 9　如图 2.81 所示，绘制一条竖直直线，高度为 62.5mm。再以它为起点，绘制一条 45°斜线，并与底边相交。

步骤 10　在工具栏中选择剪切按钮，在需要剪切的线体上单击，得到如图 2.82 所示的模型。单击工具栏中的"结束草绘编辑"按钮，退出草图编辑状态，系统自动切换到设计选项页。左侧的结构树也从曲线转换为剖面，如图 2.83 所示。

步骤 11　单击保存按钮，将文件命名为 eg2.5.scdoc。

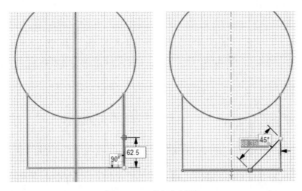

图 2.81　创建斜线

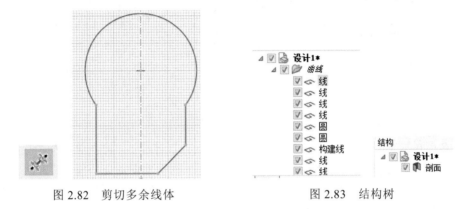

图 2.82　剪切多余线体　　　　　　　　图 2.83　结构树

2.4.3　拉动工具

拉动工具是 SCDM 中最重要、最灵活的工具,利用该工具可以完成添加材料、去除材料、绘制圆角和倒角、旋转拉伸、扫描实体、拔模等功能。

【例 2.6】拉伸实例

步骤 1　如图 2.84 所示,打开 eg2.5 工程文件,双击打开 SCDM,在工具栏中单击"拉动"。拉动工具有很多引导工具和工具选项。选择旋转工具,按左上角提示选择 X 轴作为旋转轴,单击图形面作为旋转面。按下鼠标中键并拉动旋转视角,拉动黄色旋转箭头,鼠标左键不要松开,输入 360 后按下回车键,可获得完整实体。

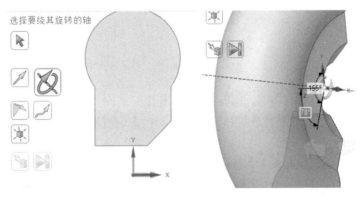

图 2.84　创建旋转特征

  步骤 2 接下来，我们将分别绘制截面草图和扫描路径草图，利用拉动中的扫描工具创建扫描实体。如图 2.85 所示，在工具栏中选择草图模式按钮，在 X 轴上单击，此时新草图将在垂直于 X 轴的 YZ 平面内绘制。单击工具栏中的绘制圆工具，以坐标原点作为圆心，输入 125 作为直径。

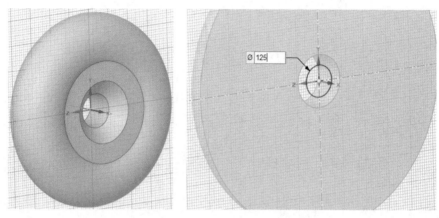

图 2.85 绘制截面草图

  步骤 3 单击工具栏中的"结束草绘编辑"按钮进入设计模式，再次单击草图模式按钮，单击 Z 轴，以 XY 为平面绘制扫描路径。单击工具栏中的平面图，以正视图视角显示草图平面。单击工具栏中的"偏移曲线"按钮，按住 Ctrl 键选择如图 2.86 所示的三条曲线，拉动鼠标直到实时显示的数值为 75 时单击鼠标左键。

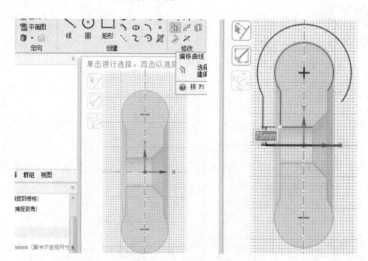

图 2.86 绘制偏移曲线

  步骤 4 如图 2.87 所示，单击工具栏中的参考线工具，绘制辅助线。选择工具栏中的"剪裁"按钮，将辅助线右侧多余线条剪掉。单击工具栏中的直线工具，以顶点为起点，绘制直线，长度为 325mm。

  步骤 5 单击"结束草绘编辑"按钮，选择拉动工具，如图 2.88 所示，在左侧选择扫掠，按提示选择扫掠轨迹，按住 Ctrl 键选中四条曲线。单击左侧的箭头，此时左上角提示选择扫掠面，选择绘制好的截面草图，单击选择面板中的完全拉动按钮，完成扫描实体的绘制。

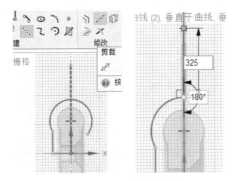

图 2.87　绘制扫描曲线

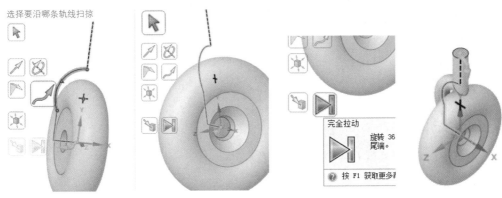

图 2.88　绘制扫描实体

步骤 6　选中扫描实体上表面,单击工具栏中的草图模式,此时将在该表面上绘制草图,单击绘制圆工具,绘制一个直径 250mm 的圆。如图 2.89 所示,单击"结束草绘编辑按钮",按住 Ctrl 键选中刚绘制的圆形成的内外两个圆面,向上拉动并输入 250 后按回车键。在结构树中的曲线上单击鼠标右键,选中"删除"。此处圆柱体的绘制也可以选择工具栏中的圆柱体,读者可以自行尝试。

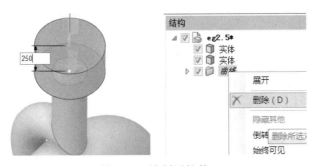

图 2.89　绘制圆柱体

步骤 7　单击拉动按钮,选中圆柱边线向下拉动,不要松开鼠标,输入 15 后按回车键,创建一个 R15 的圆角,如图 2.90 所示。

步骤 8　在圆柱体上表面绘制一个直径为 90mm 的圆,选中拉动按钮,选中绘制的圆,向下拉动鼠标,输入 60 后按回车键,创建一个剪切特征,如图 2.91 所示。至此完成了模型的绘制,选中保存文件按钮,将文件保存为 eg2.6.sdoc。

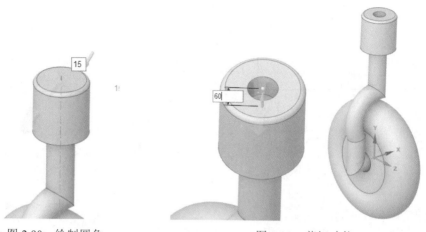

图 2.90　绘制圆角　　　　　　　　　　图 2.91　剪切功能

这个实例说明拉动这一工具是十分灵活的，引导选项及左侧面板中还有很多其他选项，包括标尺、拉动方向的控制、是否合并实体等，读者可以自行尝试。

2.4.4　移动工具

通过移动工具可以实现几何要素的移动及旋转。

【例 2.7】移动实例

步骤 1　打开素材中 eg2.7 实例，选择如图 2.92 所示的面，选择移动工具，沿着垂直该面的箭头拉动鼠标，该面位置随着拉动而变化，输入距离完成面的移动。当对一个面进行移动时，移动工具和拉动工具效果相同，读者可以自行尝试。

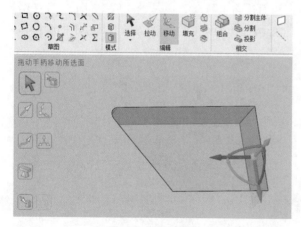

图 2.92　面的移动

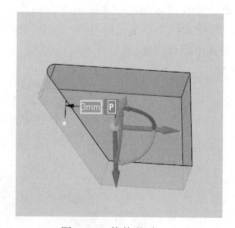

图 2.93　整体移动

步骤 2　框选整个凹陷区域，此时移动图标在区域中心，拉动如图 2.93 所示的轴线向右的坐标轴，输入 3mm 作为移动的距离，可以看出此时的移动为整体移动。

步骤 3　选择圆角面，拉动如图 2.94 所示的法向轴线，输入 0.5mm 作为移动距离。移动圆角改变的是圆角的位置。读者可以尝试使用拉动工具进行同样的操作，此时拉动圆角改变的是圆角的大小。

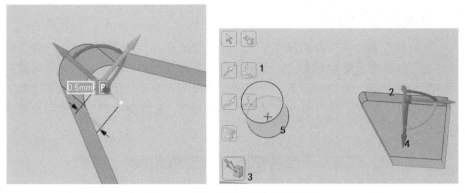

图 2.94　移动圆角及移动到选项

步骤 4　框选凹陷面，移动图标位于中心，选择如图 2.94 所示的定位按钮，选择序号 2 对应的面，将移动图标的定位球移动到序号 2 对应的面上，选择序号 3 "直到"按钮，选择序号 4 对应的轴线，选择圆柱面，将凹陷面整体移动，使得序号 4 对应的面和圆柱轴线对齐。

步骤 5　如图 2.95（a），在侧面单击，拉动旋转轴后输入 30°。如图 2.95（b），将旋转中心的小球拉到侧边线上，拉动旋转轴后输入 330°。读者可以通过移动工具所在位置体会该工具的不同用法。

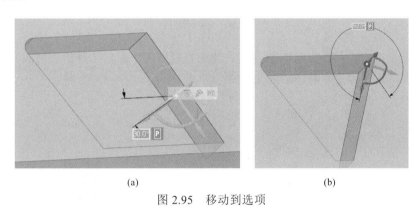

(a)　　　　　　　　　　　　　　　　(b)

图 2.95　移动到选项

步骤 6　如图 2.96 所示，框选凹陷面，按住 Ctrl 键拉动并输入 10mm 作为拉动距离，此时移动选项可以对特征进行复制。

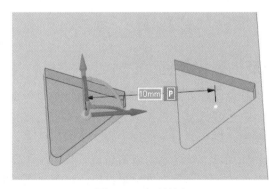

图 2.96　复制特征

2.4.5　组合及剖面模式

组合工具类似于 DM 中的布尔操作工具，可以实现合并及求交集功能。选择"组合"工具，选择小立方体作为被剪切对象，选择大立方体作为剪切工具，此时小立方体被剪切成三个实体，如图 2.97 所示。若需要去除某个实体则选择下方去除按钮后选择被去除的实体，不需要去除则按键盘上的 Esc 键。组合工具默认进行剪切，若选择引导工具中的合并按钮，则进行合并操作。

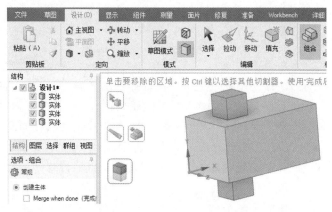

图 2.97　组合工具

剖面模式用得比较少，如图 2.98 所示，选中相对的两个面后选择剖面模式，即可以在截面上创建草图，返回到三维状态时将生成面体。

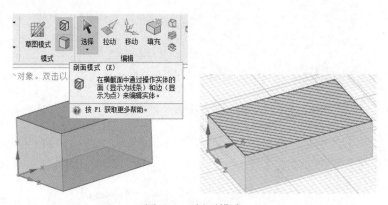

图 2.98　剖面模式

2.4.6　填充、包围及抽取中性面

填充工具对选中的面进行移除，同时与该面相邻的面自动延伸直到形成可封闭的几何体，否则填充操作就会失败。如图 2.99 所示，选择圆角面和小平面后将这两个面移除，周边的面延伸直至相交。选择三个侧面，则会将三个面均去除，将凹陷填平。填充工具经常用来去除小孔、倒角、圆角等特征。如图 2.100 所示，双击边线，直到选中图中边线为止，然后使用填充工具，此时会在边线上创建一个面体，将边线封口，这个功能类似于 DM 中对开口域进行的封口操作。

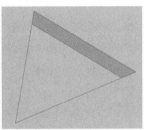
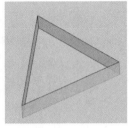

(a) 选择圆角面和小平面　　(b) 周边的面延伸直至相交　　(c) 选择三个侧面　　(d) 凹陷填平

图 2.99　填充工具

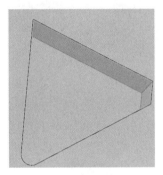
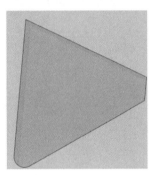

(a) 选择边线　　　　　　　　(b) 边线封口

图 2.100　封闭面工具

与 DM 类似，SCDM 也提供了抽取内流体及创建包围区域等工具。

【例 2.8】体积抽取及外壳工具

步骤 1　如图 2.101 所示，打开 Workbench，添加几何结构模块，在其上单击鼠标右键，选择"导入几何模型"→"eg2.8.igs"素材文件。双击该模块打开 SCDM。

图 2.101　导入几何模型

步骤 2　切换到准备面板，选择体积抽取工具，按住 Ctrl 键选择如图 2.102 所示的两个封顶表面，切换到如图 2.103 所示的选择矢量面按钮，选择任意内流道面，此时对勾高亮显示，选择该对勾则会生成内部流体。

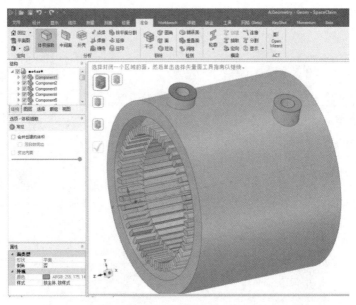

图 2.102　体积抽取及外壳工具

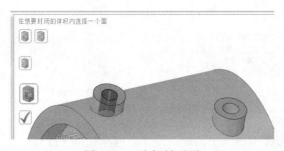

图 2.103　选择封顶面

步骤 3　如图 2.104 所示，在结构树上隐藏所有零部件，只保留新生成的体积，观察内部流体是否提取成功。

图 2.104　观察内部流体

步骤 4　如图 2.105 所示，显示所有隐藏模型，选择外壳工具，框选几何模型，此时将出现尺寸边界框，分别修改各方向尺寸，在左侧选项中还可以修改包围的形状，设置好参数后选择绿色对勾即可。

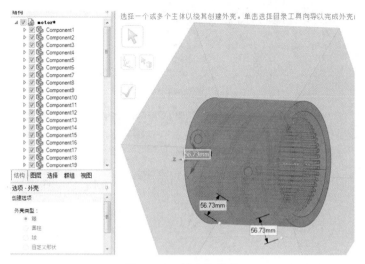

图 2.105　创建外流场

步骤 5　如图 2.106 所示，选择中性面工具，无须按住 Ctrl 键，先后选择需要抽取中性面的相对表面，勾选对勾即可。注意只有选好一对面时被选面才会高亮显示，抽取完中性面后原模型会被压缩，中性面功能一般用在梁结构中，这里仅演示其创建方法。

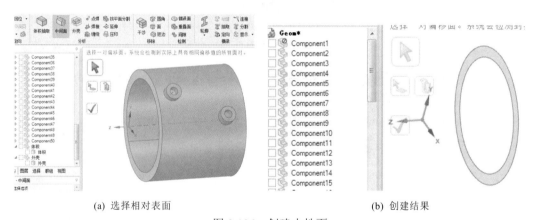

(a) 选择相对表面　　　　　　　　　　　　　　(b) 创建结果

图 2.106　创建中性面

2.4.7　修复、修补

如图 2.107 所示，系统在修复、准备、Workbench 三个选项页中提供了很多简化及修复相关的工具。利用这些工具，配合选择选项页，可以很方便地实现对导入模型的修复、修补及简化工作。如果导入的几何模型为 stl 刻面格式，还可以使用面片选项页中的工具对 stl 文件进行前处理。

(a) 修复页

图 2.107

(b) Workbench 页

(c) 准备页

图 2.107　修复及简化工具

【例 2.9】去除圆角及凹陷

步骤 1　打开 Workbench，双击 Geometry，导入素材文件 eg2.9.scdoc 后双击进入 SCDM 主界面。

步骤 2　我们需要去除模型的圆角、窄边、尖角等不利于网格划分的几何要素。如图 2.108 所示，选择去除面工具，框选三个凹陷面，选择对钩完成修复。去除面工具类似于填充工具。

步骤 3　如图 2.109 所示，选择去除圆角工具，双击圆角面选中圆角形成的环，点击对钩完成对选中圆角的去除，该功能同样类似于填充工具。

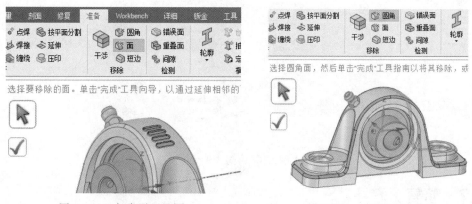

图 2.108　去除面工具图　　　　　　　　图 2.109　去除圆角工具

步骤 4　切换到选择面板，选择如图 2.110 所示的任意一段小圆弧，在左侧选择面板中选择"所有圆角等于或小于 0.75mm"，此时会选中一系列满足条件的圆角，选择对勾完成修复。

步骤 5　如图 2.111 所示的圆角，很多部分相切交叠，直接用上边的方法一次性去除会失败，需要适当打断并分段去除。先选中图中高亮处圆角并将其去除。切换到设计选项页，选中分割工具，在边线大约 1/3 处单击一次，在剩下的 1/3 处再单击一次，将该段圆角分成三段。

步骤 6　不断重复进行面的打断与去除圆角操作，直到在重叠处只剩下如图 2.112 所示很小的一部分圆角位置。框选该处，选择填充，将该处圆角去除。同理另外三处对称部分也可以去除。

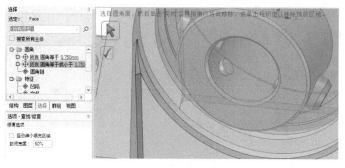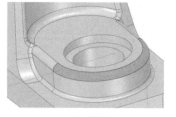

(a) 选择面板　　　　　　　　　　　　　(b)完成修复

图 2.110　选择面板

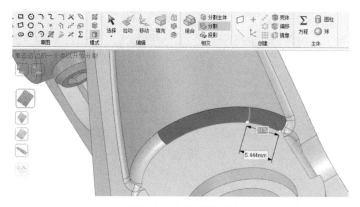

图 2.111　去除圆角

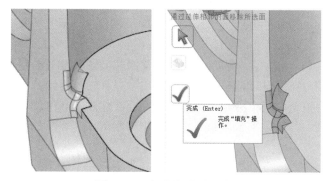

图 2.112　打断与去除圆角

2.4.8　共享拓扑

默认情况下，装配体中的各零件之间是非共享拓扑的。所谓非共享拓扑指的是彼此接触的零件在进行网格划分时，接触的面处各自划分网格节点，节点之间不互相匹配。ANSYS中数据是通过节点传递的，如果节点不匹配数据将无法传递，只能通过定义接触对来处理不匹配的节点。在 DM 中可以创建多体零件，对于多体零件，其内部的 Bodies 是共享拓扑的，彼此接触的面上网格节点是重合的，这样就可以直接传递数据而不需要额外设置接触对。关于共享拓扑、接触对及匹配节点等问题，在网格部分还会对该功能作重点阐述。

在 SCDM 中也可以设置共享拓扑，其含义与 DM 中的共享拓扑相同。DM 是建立多体零件创建共享拓扑，SCDM 则需创建组件并设置组件的共享拓扑选项。如图 2.113 所示，展开装配体的结构树，在其上创建一个新的组件，将所有零件选中后拉到新组件中，在属性面板中，设置新组件的"共享拓扑"选项为"共享"即可将该组件下的全部零件设置为共享拓扑。若有多个组件，则组件内部共享拓扑，组件之间不共享拓扑。

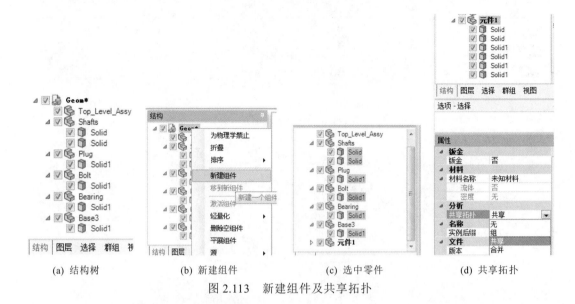

| (a) 结构树 | (b) 新建组件 | (c) 选中零件 | (d) 共享拓扑 |

图 2.113 新建组件及共享拓扑

2.5 SpaceClaim 参数化建模

可以将 SpaceClaim 中的驱动尺寸设置为参数，驱动尺寸一般是拉伸、移动过程中形成的尺寸，这些尺寸可以改变几何体形状或位置，参数的管理在群组功能面板中。如图 2.114（a）所示，当选择拉动工具，选中圆角后，可以通过继续拉动鼠标改变圆角的尺寸，也可以直接编辑圆角的数值。圆角在这里就是一个驱动尺寸，可以将它设置为参数。一种方式是点击群组面板中的创建参数按钮，另一种方式是直接在尺寸右侧点选字母 P，设置好参数后，该参数会出现在参数列表中，可以编辑驱动尺寸的名字和数值。

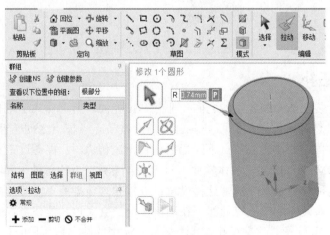

(a) 创建圆角尺寸参数

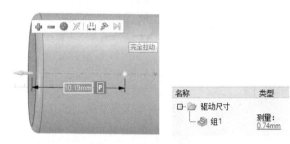

(b) 创建长度尺寸参数

图 2.114　创建拉动尺寸参数

如图 2.114（b）所示，在拉动状态下，选中某个面时会在右上角出现标尺图标，选中后可以对长度进行标注，此时可以对该长度尺寸设置参数。

与拉动工具类似，移动工具设置参数的过程如图 2.115 所示，当选中移动轴线后，选中在右上角弹出的尺寸标注选项即可对该尺寸设置参数。

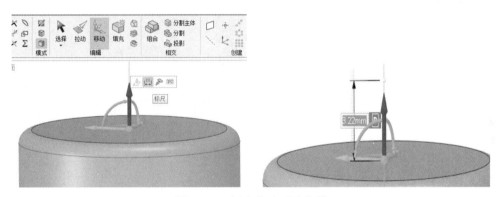

图 2.115　创建移动尺寸参数

设置好参数后，返回到 Workbench 主界面，同样会出现如图 2.116 所示的 Parameter Set 参数集，双击该参数集会出现详细的参数设置界面，如图 2.117 所示。在该界面中可以批量设置参数的数值。

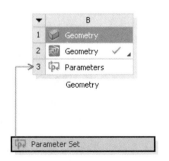

图 2.116　Parameter Set 参数

	A	B	C	D	
		Table of Design Points			
	A	B	C	D	
1	Name ▼	P1 - 组1 ▼	P2 - 组2 ▼	P3 - 组3 ▼	R
2	Units	mm ▼	mm ▼	mm ▼	
3	DP 0 (Current)	0.74	16.79	3.3831	
*					

Outline of Schematic B3: Parameters

	A	B	C
1	ID	Parameter Name	Value
2	⊟ Input Parameters		
3	⊟ 🔷 Geometry (B1)		
4	🔷 P1	组1	0.74
5	🔷 P2	组2	16.79
6	🔷 P3	组3	3.3831
*	🔷 New input parameter	New name	New expre
8	⊟ Output Parameters		
*	📄 New output parameter		New expre
10	Charts		

(a)   (b)

图 2.117　参数设置界面

群组面板中也可以设置命名选择。如图 2.118 所示，常规选择模式下，选中几何模型，在群组中选择"创建 NS"按钮即可创建一个命名选择，该命名选择后续会传递到分析界面作为边界条件。

图 2.118　群组面板

2.6　材料数据的传递

和 DM 不同，SCDM 中可以对零件或组件设置材料。如图 2.119 所示，选中零件或组件，在属性中选择材料即可弹出材料列表。如使材料能够传递到接下来的仿真模块，需要返回到 Work-bench 主界面，在选项菜单中选择"几何结构导入"，勾选右侧的材料属性选项，如图 2.120 所示。

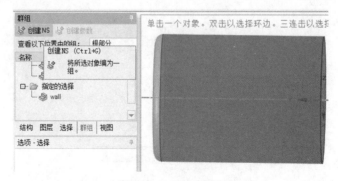

图 2.119　命名选择

(a) 材料明细　　　　　　　　　　　　　(b) 材料传递

图 2.120　设置材料

2.7　综合实例讲解

很多时候模型从设计软件转化格式后导入到仿真软件时，模型会出现缺失面、多重边线、过渡不平滑等缺陷。模型修复是一个精细的体力劳动，仿真中很大一部分工作量都来自于对模型的修复与简化，模型前处理的好坏直接决定网格划分质量、求解能否顺利进行及求解精度。图 2.121 中的模型是一个比较常见的脏模型，它有很多典型的缺陷，通过该实例希望读者能学会模型修复的基本思路和掌握常见的模型修复工具的用法。

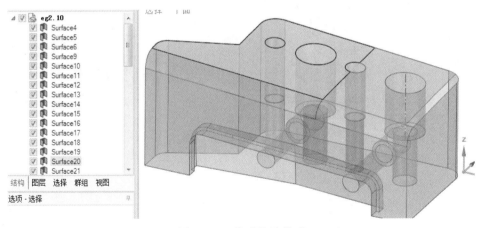

图 2.121　典型的脏模型

【例 2.10】修复脏模型

步骤 1　打开一个新的 Workbench 工程，拖进来一个 Geometry 模块，导入 eg2.10.scdoc 素材文件。该素材文件在原始设计软件将模型转化为中间格式文件过程中出现了缺失面等错误，导致该模型只剩下一些破损的面体。我们需要对破损面体进行修补，使其封闭，并对封闭体进行填充，转化为实体。

步骤 2　选择拼接工具，如图 2.122（a），系统会自动搜索满足拼合条件的面体，将多块小面体缝合成一个大面。选择绿色对勾后，模型树中的多个面已经消失，只剩一个大面，如图 2.122（b）所示。

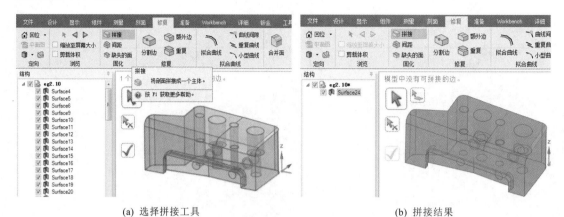

(a) 选择拼接工具   (b) 拼接结果

图 2.122　拼接工具的使用

步骤 3　如图 2.123（a）所示，选择缺失面工具，系统发现了 1 处缺失面。对于缺失的面，系统的默认修复方式是有限延伸周边的面对该面进行修补，如果不成功，则新生成一个面，新生成的面和周围边界缝合。勾选绿色对勾，此时模型面已完全形成密封面，并自动填充为实体，如图 2.123（b）所示。

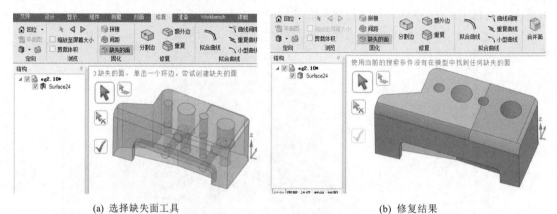

(a) 选择缺失面工具   (b) 修复结果

图 2.123　缺失面工具的使用

步骤 4　当模型两条边线之间存在错位，形成更细小的缝隙时，可以继续使用间距工具对缝隙进行搜索并修复。修复时，系统对错位边线进行适当扭曲使其重合。如果使用的是英文界面，拼接、间距和缺失的面工具对应的是 Stitch、Gaps 和 Missing Faces，更准确地描述了这三个工具的功能。

步骤 5　对模型进行简化。选择如图 2.124 所示的非精确边工具，非精确边一般是边线没有精确匹配，多数情况下不会影响网格划分，点击对勾后完成边的自动匹配。

步骤 6　如图 2.125 所示，选择简化功能，系统会高亮显示可以简化的面。勾选对勾，自动用分析面替换原来的样条曲线。此时除了右上角的面简化失败外，其余的面已经简化好了。如图 2.126 所示，选择右上角的简化失败面，属性中该面仍然是样条曲线类型，该面我们最后处理。

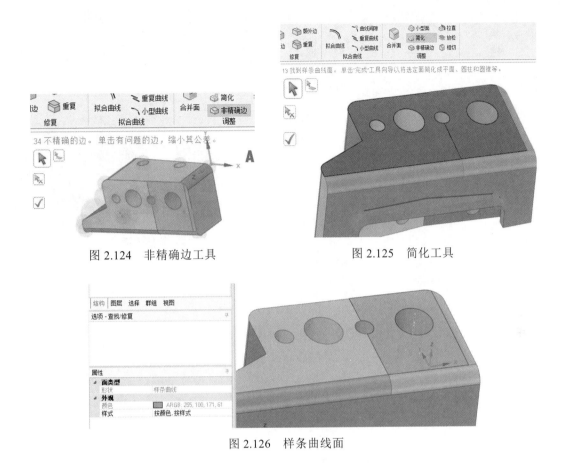

图 2.124 非精确边工具

图 2.125 简化工具

图 2.126 样条曲线面

步骤 7 选择填充工具去除圆角模型上的圆角，去除圆角后的模型如图 2.127 所示。

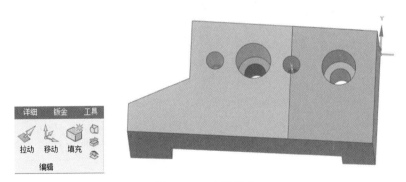

图 2.127 去除圆角

步骤 8 到此为止，只剩一个样条面用常规工具无法修复，我们需要进行面的替换。先按住 Ctrl 键选中如图 2.128 所示的三个点，再选择平面工具，利用这三个点创建一个平面。

步骤 9 如图 2.129 所示，选择工具栏中填充工具旁边的替换工具，按住 Ctrl 键选中被替换的两个目标面。随后左侧引导工具会变成源面，选择新建的平面作为源面，鼠标左键单击对勾完成顶面的修复。

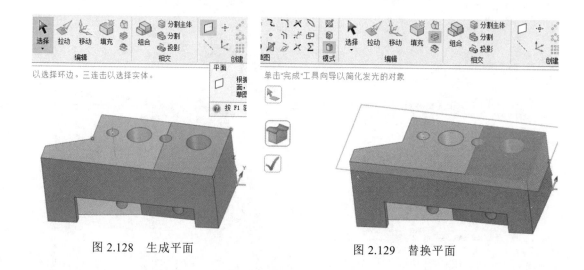

图 2.128　生成平面　　　　　图 2.129　替换平面

ANSYS
Fluent

第 3 章

网格划分基础

3.1 网格介绍

在有限元分析中，几何模型处理好后就需要进行网格划分。网格划分过程就是模型离散化处理的过程。网格划分的好坏直接仿真求解的精度和效率。网格划分是所有有限元分析的通用性技术，市面上有许多网格划分工具，网格的形状也有多种选择。一个有经验的仿真工程师会根据求解问题对模型进行合理的分割，选择合理的网格单元和网格划分工具划分出疏密得当的网格。网格划分是一个选择和取舍的过程，从这个意义上讲，网格划分不仅是一种技术，更是一门艺术。

ANSYS Workbench 平台下有多种网格划分工具可供选择，例如 ICEM CFD、TurboGrid、ANSYS Meshing、Fluent Meshing。这些工具除了 ANSYS Meshing 是 ANSYS 原有的网格划分工具外，其余均是收购软件自带的。它们有些是通用网格划分工具，有些只适用于特定领域。近年来 ANSYS 公司重点发展 ANSYS Meshing 和 Fluent Meshing，前者适合结构有限元和多物理场问题的网格划分，后者适合划分流体网格。本书重点讲解 Fluent Meshing，由于 Fluent Meshing 不支持 2D 网格划分，因此 2D 网格划分会在 ANSYS Meshing 平台下讲解，并对 ANSYS Meshing 其他功能进行简要介绍。

3.1.1 网格类型

根据网格单元形状的不同，网格可以分为如图 3.1 所示的四面体网格 [图 3.1 （a）]、六面体网格［图 3.1（b）］、棱锥［图 3.1（c）］、棱柱［图 3.1（d）］、多面体网格［图 3.1（e）］以及平面三角形和四边形网格。ANSYS 的网格类型以四面体和六面体为主，也存在棱柱、楔形［图 3.1（f）］等网格类型，主要存在于四面体和六面体网格之间的过渡区域。结构仿真网格以四面体为主，但具备条件时应优先选择六面体网格；流体网格的质量和平滑度对计算结果的精度至关重要，六面体网格是首选，但个别复杂的计算域也经常使用四面体网格。一般认为六面体网格可以在数量更少的情况下获得和四面体网格同样的精度。早期的有限元计算在内存资源十分宝贵的历史条件下，十分推崇六面体网格。随着计算机硬件的发展，内存已经不是计算的瓶颈，为了追求网格划分效率，多数使用者已倾向于使用自动化程度更高的四面体网格。

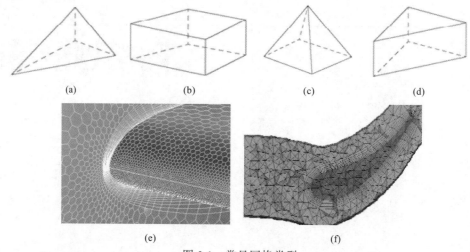

图 3.1　常见网格类型

3.1.2　网格质量评价

图 3.2 是网格疏密如何影响求解结果精度及显示效果的一个经典案例。图 3.3 是模拟超声速中的激波。不合理的网格划分甚至不会出现激波现象，从这两个案例可以看出网格质量对仿真至关重要。

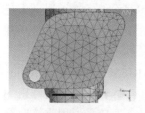

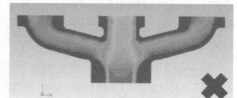

(a) 局部位置稀疏网格划分放大图　　(b) 全局稀疏网格划分　　　　(c) 稀疏网格划分仿真结果

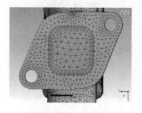

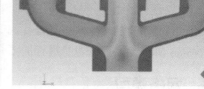

(d) 局部位置密网格划分放大图　　(e) 全局密网格划分　　　　　(f) 密网格划分仿真结果

图 3.2　网格疏密对比结果

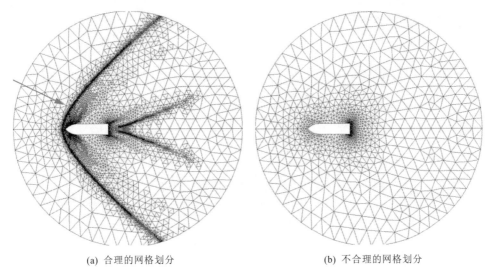

(a) 合理的网格划分　　　　　　　　　　(b) 不合理的网格划分

图 3.3　网格划分对激波模拟结果的影响

　　网格单元数量及划分精细程度直接影响网格的质量，尤其局部网格划分不合理会导致网格畸变，出现局部极值，导致对结构强度作出错误性判断，如图 3.4 所示。为了评价网格质量，需要制定网格质量的判断标准。网格划分模块一般都会内置网格评价标准，图 3.5 为 ANSYS Meshing 提供的网格质量评价标准。针对流体仿真，我们经常使用 Aspect Ratio、Skewness、Orthogonal Quality 等指标作为网格质量的评价标准。以 Skewness 畸变度指标为例，它是单元对其理想形状的相对扭曲程度的度量，取值范围在 0～1 之间，0 代表极好，1 代表无法接受。如图 3.6 所示的网格从左到右畸变度依次增大。Orthogonal Quality 正交性指标则与之相反，1 代表网格质量极好，0 则代表无法接受。

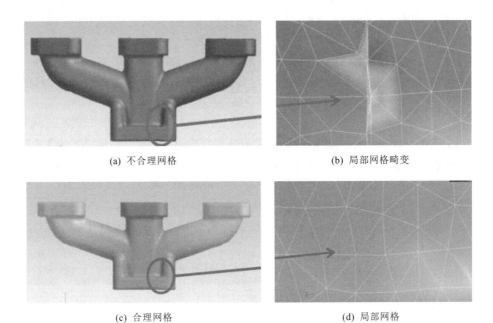

(a) 不合理网格　　　　　　　　　　　　(b) 局部网格畸变

(c) 合理网格　　　　　　　　　　　　　(d) 局部网格

图 3.4　局部特征的网格分辨率

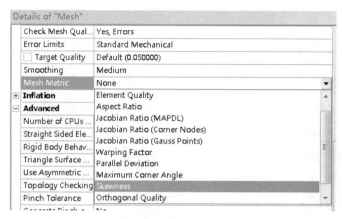

图 3.5　网格评价标准

(a) 小畸变度单元　　　　　　　　(b) 中畸变度单元　　　　　　　　(c) 大畸变度单元

图 3.6　网格畸变

3.2　Fluent Meshing

　　Fluent Meshing 的前身是 TGid，TGid 是一个具备面网格编辑与修复功能的体网格填充工具，曾广泛应用在航空航天及汽车制造行业，用来划分大型高质量的流体网格及混合网格。它的界面可以实现和 Fluent 的无缝链接，能够通过脚本实现批处理运行并可处理多达数十亿的超大规模网格，是近几年来 ANSYS 公司重点推广的流体网格划分工具。最近几个版本的 ANSYS 都对 Fluent Meshing 进行了功能上的大幅度更新，解决了早期 Fluent Meshing 界面简陋、不直观等缺点，使这款优秀且低调的网格划分工具受到越来越多流体仿真工程师的关注。

3.2.1　界面简介

　　在 ANSYS Workbench 的工具箱中找到 Fluent（带 Fluent 网格划分），双击将其添加到主界面中，如图 3.7 所示。双击网格单元格，进入 Fluent Meshing 的启动界面，如图 3.8 所示。启动界面几乎和 Fluent 完全相同，唯一的区别在于 Dimension 中已经选中了 3D，且是灰色不可编辑状态，表明 Fluent Meshing 只能对 3D 模型进行网格划分，这是其美中不足之处。在 Processing Options 中可以分别对 Meshing 网格划分和 Solver 求解器设置并行计算核心数。

图 3.7　加载 Fluent Meshing 模块

图 3.8 启动 Fluent Meshing

　　设置好启动参数后，选择"Start"打开 Fluent Meshing 界面，首次打开会有一个新版本功能更新列表，关掉即可。新版本对界面及工作流程进行了大幅度更新，如图 3.9 所示。默认进入到"工作流程"选项页，它内置了系统定义好的流程模板，同时允许用户自定义流程模板。切换到"概要视图"则可以进入到早期版本界面。选择工作流程中的流程模板，会显示如图 3.10 所示的流程向导，按从上到下的顺序依次设置各步骤即可完成网格划分。

　　Fluent Meshing 进行网格划分的一般流程通常是导入几何模型，对模型进行修复，生成表面网格，调整表面网格质量后生成体网格，调整体网格质量直至满足要求后进入求解模式。

图 3.9　Fluent Meshing 界面　　　　　　图 3.10　流程向导

3.2.2　模型导入参数设置

　　Fluent Meshing 可以导入常见 3D 格式的几何模型，也可以直接导入表面网格或体网格。导入几何模型时，根据设置选项的不同，可以用刻面格式读取几何模型，也可以用表面网格形式导入几何模型。在文件菜单下选择导入中的 CAD 选项后，将弹出如图 3.11 所示的对话框。选择"CAD 小平面"和"CFD 表面网格"将显示不同的选项，表面网格提供了全局网格参数设置选项，导入后将直接以面网格的形式存在于网格对象目录下，如图 3.12 所示。而 CAD 小平面则位于几何模型对象下，后续需要通过设置全局及局部网格参数转换为面网格。由于 CAD 小平面在导入时没有进行网格划分，因此导入速度更快。单击选型按钮后，系统提供了更多的控制选项，可以进行更精细的模型导入控制，如图 3.13 所示。

(a)"CAD 小平面"选项设置　　　　　　(b)"CFD 表面网格"选项设置

图 3.11　导入模型选项

图 3.12　特征树

图 3.13　导入选项

3.2.3　全局及局部网格参数设置

模型导入后，在模型上单击鼠标右键，选择"尺寸"，如图 3.14 所示，系统提供了"范围"和"函数"两种参数设置选项。进入尺寸参数设置界面后，当可设置参数为灰色时，需要先选择删除尺寸场，删除已有的全局设置。关于全局网格参数，可以设置其尺寸范围及增长率，系统会根据模型几何结构及增长率，在不同位置上平滑调整网格尺寸，并保证网格尺寸在规定的全局尺寸范围内。对于局部尺寸，Fluent Meshing 提供了 curvature、proximity、meshed、soft、hard、boi 六种局部网格控制类型，见表 3.1，作用范围可以是边线、面或体，类型可以选择几何或网格，如图 3.15 所示。

表 3.1　六种局部网格控制类型

类型	说明
curvature	曲率控制类型，该选项可以根据模型曲率法向角自动调整网格尺寸，曲率法向角设置越小，网格越密。图 3.16 为不同曲率法向角时的网格划分对比图
proximity	邻近尺寸控制类型，该选项会在邻近边线及邻近面处自动进行多层网格划分，从而保证狭窄的边线及面之间的网格划分质量。通常该选项会导致网格数量急剧上升，当模型中存在较多狭窄几何特征时，应进行合理的简化，仅保留必要特征。图 3.17 为邻近面网格层数设置为 2 和 4 的效果对比图
meshed	当某一区域存在划分好的网格，其他区域进行网格重绘时，若选择 meshed 作为局部网格划分方法，则重绘区域的网格会以基准区域网格为基准进行平滑过渡
soft	根据局部网格增长率及局部网格最大尺寸控制局部网格，当参数之间存在冲突时，部分设置会被覆盖，保证网格的平滑过渡
hard	通过局部网格增长率及局部最小网格尺寸控制局部网格，会牺牲与全局网格之间的平滑过渡来严格保证局部尺寸参数
boi	如图 3.18 所示，为了对特定区域进行单独网格划分，可以导入用于网格划分的辅助模型，辅助模型与需要进行局部网格划分的模型之间按设置的网格参数单独划分网格，该辅助模型称为影响体

图 3.14　添加全局网格参数　　　　图 3.15　全局网格参数设置

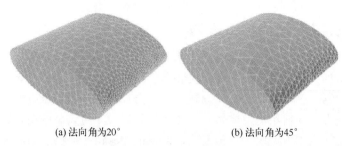

(a) 法向角为20°　　　　　　　　　　　　(b) 法向角为45°

图 3.16　curvature 选项

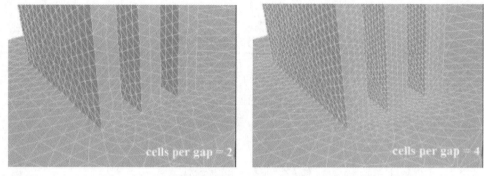

图 3.17　proximity 选项

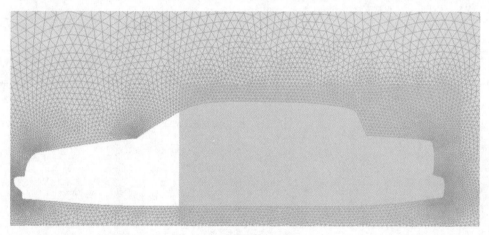

图 3.18　boi 选项

3.2.4　表面网格修复

Fluent Meshing 在生成体网格前需要先生成封闭的面网格，面网格的质量直接决定了接下来生成的体网格质量。Fluent Meshing 中提供了大量面网格诊断及修复工具，如图 3.19 所示。由于 Fluent Meshing 中提供的面修复功能有可能造成模型变形失真，因此建议读者导入 Fluent Meshing 前，在前处理时对几何模型做好模型简化及修复等准备工作。表面网格修复最重要的是通过网格修复工具提升面网格质量。如图 3.20 所示，可以设定不同的网格评价标准，通过 Operations 中提供的工具进行面网格自动修复。当只有少数几个网格质量较差时，可以通过标记工具标记网格所在位置并高亮显示，利用手工调整网格节点位置、拆分网格单元边线、网格删除与合并等手段改善网格质量。图 3.21 为网格修复工具，图 3.22 展示了如何使用局部网格重绘改善网格扭曲问题，图 3.23 为通过调整网格节点位置改善网格质量。图 3.24 为网格节点操作工具，通过这些工具可方便地调整网格节点位置达到改善面网格质量的目的。

图 3.19　诊断及修复工具

图 3.20　面网格自动修复工具

图 3.21　网格修复工具

(a) 改善前　　　　　(b) 改善后

图 3.22　局部网格重绘

(a) 网格缺陷位置　　　(b) 需移动的节点　　　(c) 改善后

图 3.23　移动网格节点

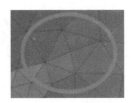

(a) 节点操作工具　　　(b) 改善前　　　(c) 改善后

图 3.24　边界面操作

3.2.5　体网格设置

生成面网格后，需填充其内部区域，并对不同区域设置不同类型，如图 3.25 及图 3.26 所示。这里需要注意的是面网格构成的表面需要完全封闭。当内部区域填充好后，可以对不同区域生成体网格。如图 3.27 所示，选择 Auto Mesh，打开体网格设置对话框。如图 3.28 所示，可以设置不同体网格类型，除了常见的四面体、四面体+六面体混合网格外，还可以设置多面体网格及多面体+六面混合网格。如图 3.29 所示，从左到右分别为四面体网格、六面体网格及多面体网格。

图 3.25　填充内部区域

图 3.26　修改类型

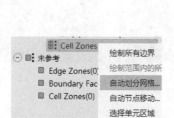

图 3.27　创建体网格

图 3.28　体网格选项

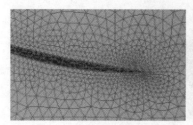

(a) 四面体网格

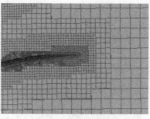

(b) 六面体网格

(c) 多面体网格

图 3.29　不同网格类型

在边界层网格处选择设置，如图 3.28 所示，可以打开如图 3.30 所示的边界层网格设置对话框，在这里可以设置边界层网格尺寸及边界层所在区域。

当体网格生成后，可以通过 Auto Node Move 功能改善体网格质量。如图 3.31 所示，设定好体网格质量目标后进行自动及半自动体网格节点移动来改善体网格质量。

图 3.30　边界层网格

图 3.31　改善体网格

3.2.6　网格传递与导出

当体网格划分好后，需设置边界条件。选中面域，在工具栏中选择重命名按钮，会显示如图 3.32 所示的边界条件设置对话框。设置好边界条件后，可以选择如图 3.33 所示的"准备求解"，此时弹出如图 3.34 所示的对话框，提示网格传递前会进行节点、边、面及区域的清理工作。清理完成后选择文件菜单中的导出功能，可以将网格导出，如图 3.35 所示。单击工具栏中的 Switch to Solution，进入 Fluent 求解模式，如图 3.36 所示。

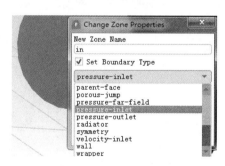

图 3.32　设置边界条件

图 3.33　求解准备

图 3.34　网格传递前的清理工作

图 3.35　导出网格

图 3.36　进入求解器

3.2.7　综合实例讲解

【例 3.1】燃烧喷管流体域网格

步骤 1　新建一个 Workbench 工程，双击工具箱中的几何结构，添加一个几何建模模块。在其上单击鼠标右键，导入素材文件 eg3.1.scdoc。

步骤 2　双击打开 SCDM，在工具栏中选择准备选项页中的体积抽取，按住 Ctrl 键，选择如图 3.37 所示的 4 个边界面。切换到内部面选择模式，选择任意一个内部面，如图 3.38 所示，按对勾后即可完成内部流道的抽取。

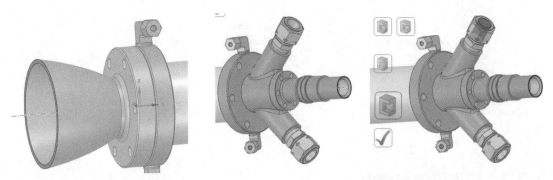

　　图 3.37　选择边界面　　　　　　　　　　　图 3.38　选择内部面

步骤 3　在模型树中，选中除体积外的其他全部实体，单击鼠标右键选择"为物理学抑制"，将固体模型压缩。再选中除流体外的全部对象，单击鼠标右键，选中"隐藏所有隐蔽对象"，隐藏全部固体，如图 3.39 所示。

步骤 4　将左侧面板切换到选择选项页，单击任意一个如图 3.40 所示的小特征，选择"凸起半径相等"，选中特征尺寸相同的同类型特征，单击工具栏中的填充按钮，去除这些特征。

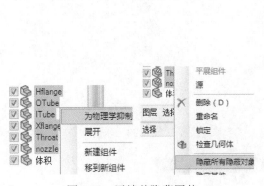
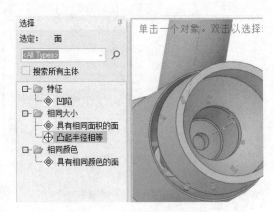

　　图 3.39　压缩并隐藏固体　　　　　　　　　图 3.40　去除非关键特征

步骤 5　在文件菜单中选择"另存为"，将简化后的模型另存为 eg3.1-simplified.scdoc，保存在同一个文件夹下。关闭当前窗口，返回到 Workbench 主界面。

步骤 6　在工具箱中双击 Fluent（带 Fluent 网格剖分），在主界面中添加 Fluent Meshing 模块，双击网格单元格。如图 3.41 所示，在弹出的启动界面中勾选 Double Precision，并设置多核并行求解，核数可根据自己电脑实际核数设定，这里使用 4 核。单击 Start 进入 Fluent Meshing 界面。

步骤 7 如图 3.42 所示，在文件菜单中，选择导入中的 CAD 选项，弹出如图 3.43 所示的导入 CAD 几何结构对话框，选择 eg3.1-simplified.scdoc 文件。由于 Fluent Meshing 及 Fluent 中无单位数值，默认为国际单位制，因此这里将单位设置为 m。我们要以 CAD 刻面格式导入几何模型，因此"细分曲面"选项设置为 CAD 小平面，导入后的模型会位于几何模型对象下。若选择 CFD 表面网格，则导入的模型将会位于网格对象下。

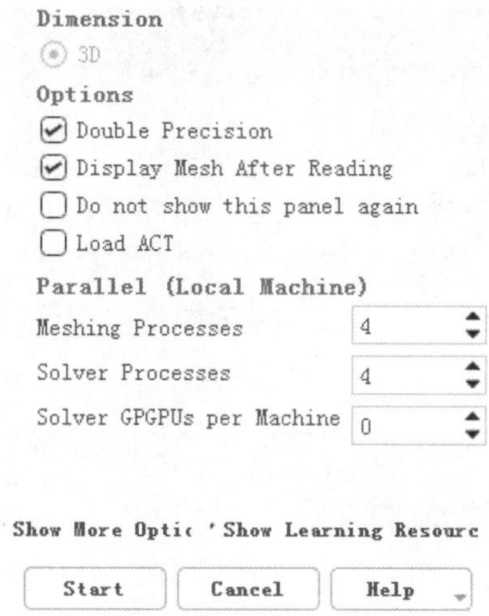

图 3.41　启动 Fluent Meshing 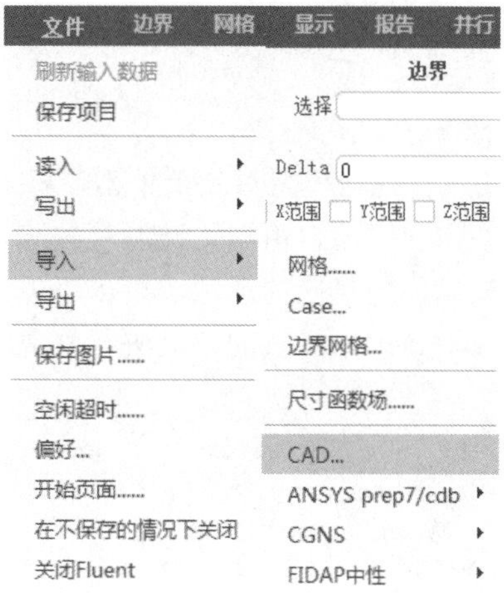　　　　图 3.42　导入几何模型

切换到"概要视图"选项页，目录树显示如图 3.44 所示，模型位于几何模型对象下，表明模型以刻面格式导入。若模型没有显示，则需要在其上单击鼠标右键，选择"绘制所有"，显示全部几何模型。如图 3.45 所示，在工具栏的显示选项中，可以对显示内容进行设置，窗口左右两侧为视图操作工具，可以进行平移、旋转、缩放、显示阴影、标尺等操作。在 Fluent Meshing 中，鼠标右键默认功能为选择对象，按 F3 快捷键可以将其切换为平移功能。

图 3.43　以 CAD 刻面格式导入模型 　　　　图 3.44　概要视图

ANSYS Fluent 流体分析完全自学教程（实战案例版）

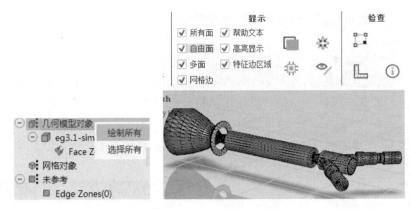

图 3.45 显示模式切换

步骤 8 在几何模型对象上单击鼠标右键，选择"诊断"，通过诊断功能，可以识别模型中是否存在自交叉、自由面、孔洞等缺陷。图 3.46 和图 3.47 分别为"几何模型"和"连接性和质量"功能中对应的选项，单击下方的概要按钮可以显示具体的数量。当存在问题时可以利用诊断对话框中提供的工具进行修复。

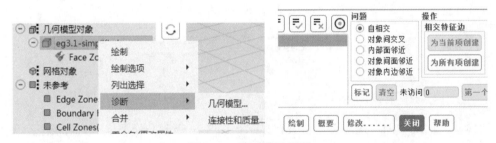

图 3.46 模型质量问题

图 3.47 模型连接性问题

步骤 9 如图 3.48 所示，在模型上单击鼠标右键，选择"尺寸"中的"范围"，打开网格尺寸设置对话框。该对话框用于设置面网格的全局和局部尺寸。其中上方用于设置全局尺寸，如图 3.49 所示，设置最大、最小尺寸及增长率后单击"应用"即可生效。

步骤 10 如图 3.50（a）所示，设置 curvature 局部尺寸，单击 Create 即可添加基于曲率变化的局部网格尺寸。同理，通过设置 proximity 可以添加基于临近面和边的局部网格尺寸，如图 3.50（b）所示。当全局和局部尺寸设置好后，单击计算按钮使设置生效，关闭尺寸设置对话框。

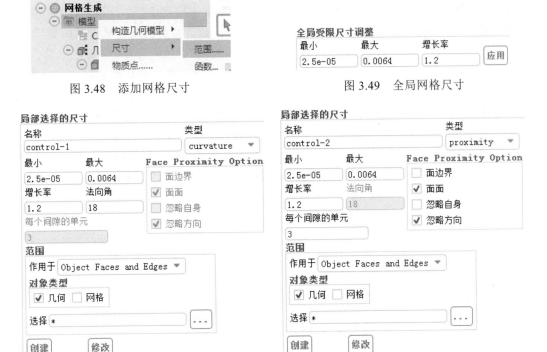

图 3.48　添加网格尺寸　　　　　　　　　　图 3.49　全局网格尺寸

（a）设置 curvature 局部尺寸　　　　　　　（b）设置 proximity 局部尺寸

图 3.50　设置局部尺寸

步骤 11　如图 3.51 所示，设置好网格尺寸后，在模型上单击鼠标右键，选择"转换为网格对象"或"网格重构"，网格生成器将根据上一步设置的全局和局部网格尺寸生成相应的面网格。网格重构在生成网格对象模型的同时会保留几何模型，因此可以针对不同网格尺寸生成多个面网格对象，便于比较网格尺寸对网格质量的影响，优先推荐使用这个选项。网格重构提供了两种选项，其中共同的选项在转化过程中，将生成具有共享拓扑的面网格。此时的目录树如图 3.52 所示，模型从几何模型对象转移到网格对象中。

图 3.51　转化面网格　　　　　　　　　　图 3.52　目录树变化

步骤 12　在显示工具栏中勾选"网格边"，即可显示面网格，如图 3.53 所示。在图 3.52 所示的目录树中，鼠标右键单击"Size1"，选择诊断中的连接性和质量，切换到质量选项页，单击下方的"概要"即可显示面网格质量，如图 3.54 所示。从显示结果看，网格扭曲度超过 0.85 的有 3577 个，最大扭曲度达到 0.999 以上。为了后续生成高质量体网格，首先需要保证面网格质量。如图 3.55 所示，我们将目标扭曲度设定在 0.6，将特征角设置为 120，使用"通用改进"选项改善网格质量，单击"全部应用"后单击"概要"按钮查看改善后的网格质量，此时网格质量已经达到 0.59，满足目标要求了。当只有几个网格质量比较差时，可以手工修复网格。将网格扭曲度目标值设置为 0.58，如图 3.56 所示，单击"标记"按钮，此时有 3 个网格扭曲度超过 0.58，单击第一个，显示被标记的面网格。单击下方的"Remesh"按钮，在弹出的 Local Remesh 对话框中将 Rings 设置为 5，如图 3.57 所示，被标记的面网格将与周边 5 个网格进行局部重绘，在重绘过程中调整网格质量，重绘后的网格如图 3.58 所示。继续单击下一个按钮，即可显示剩余的标记网格，按同样的方法处理即可，这里不再赘述。

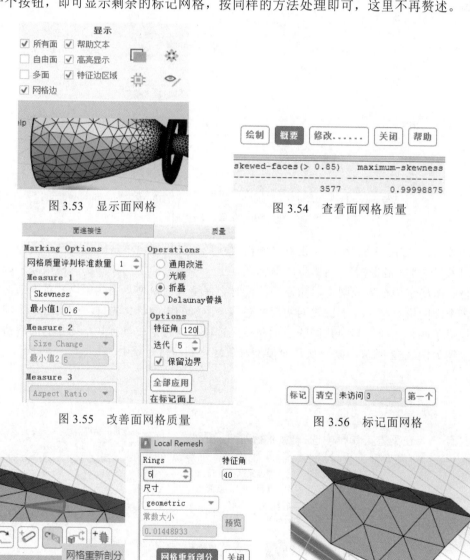

图 3.53　显示面网格

图 3.54　查看面网格质量

图 3.55　改善面网格质量

图 3.56　标记面网格

图 3.57　局部网格重绘

图 3.58　重绘后的网格

步骤 13 在工具栏的边界中选择重置后,在网格对象上单击鼠标右键即可显示完整网格,如图 3.59 所示。

图 3.59 显示完整网格

步骤 14 如图 3.60 所示,在"Volumetric Regions"上单击鼠标右键,选择"计算",生成内部区域。默认情况下,生成的内部区域类型为固体。如图 3.61 所示,图中的环形区域不与其他任何流体域相同,不参与流动,可以直接将其删除,也可修改为死区类型。当导入 Fluent 时,死区会被清理掉,不参与仿真。在目录树中选中该环形区域,单击鼠标右键,将其类型修改为"Dead"。如图 3.62 所示,在另一区域上单击鼠标右键,将其类型修改为"流体",并通过右键中的"管理"→"重命名"功能,将该区域重命名为 fluid,如图 3.63 所示。

图 3.60 生成内部区域

图 3.61 修改死区

图 3.62 修改流体区域类型

图 3.63 修改流体区域名称

步骤 15 在下方工具栏中选择如图 3.64 所示的"区域选择过滤器",切换到区域选择模式。在模型上单击鼠标右键,此时模型为一整体,选择"分离"按钮,将其拆分为多个面域。注意下方工具栏中还有一个"分离"按钮,那个按钮一般用来对网格边线进行拆分,用于改善网格质量,不要将二者混淆。当在模型上选择错误时,可以通过"清除选择"按钮清除选择。

步骤 16 选择入口处的其中一个面,选择如图 3.65 所示的"重新命名"按钮,在弹出的对话框中将名称修改为 inlet1,勾选"Set Boundary Type",将类型修改为 velocity-inlet。同样的方法,选择另一个入口,将其名称修改为 inlet2。选择另一侧的出口,将其名称修改为 outlet,类型修改为 pressure-outlet,如图 3.66 所示。

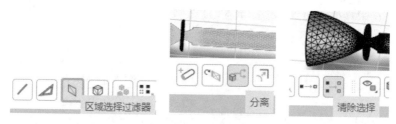

图 3.64　拆分面域

图 3.65　修改入口边界条件

步骤 17　如图 3.67 所示，在"Cell Zones"上单击鼠标右键，选择"自动划分网格"，弹出如图 3.68 所示的体网格设置对话框。在"边界层网格"中选择 scoped，单击"设置"，打开边界层设置对话框。将名称修改为 inflation，单击"创建"按钮，使用默认参数创建边界层网格。体积填充中可以设置不同的体网格类型，其中多面体网格类型是 Fluent Meshing 中特有的网格类型，它可以在较少的网格单元下达到较高的网格质量。它的缺点在于无法并行生成网格，若需并行生成网格，可以使用 Poly-Hexcore 多面体+六面体混合类型网格。勾选合并区域内的单元区域，确保边界层网格与内部网格处于同一区域内，单击"网格"按钮进行网格划分。在网格对象上单击鼠标右键，选择"绘制所有"，刷新后的网格显示如图 3.69 所示。

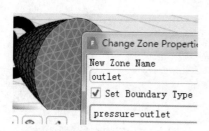

图 3.66　修改出口边界条件

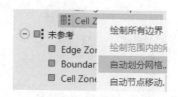

图 3.67　创建体网格

步骤 18　在切割平面工具栏中，勾选"插入切割平面"及"显示体网格"，并选中"在 Y 方向限制"按钮，可以插入垂直于 Y 方向的截面，内部截面网格如图 3.70 所示。

步骤 19　如图 3.71 所示，在"未参考"中存在未被引用的边线，在"Edge Zones"上单击鼠标右键，选"删除"将其删除，也可以在后续操作中让程序自动删除。该未引用边线为死区未进行网格划分后产生的多余边线。

步骤 20　在"Cell Zones"上单击鼠标右键，选择"概要"，在消息窗口将显示体网格质量信息，如图 3.72 所示，其最大扭曲度为 0.89，需要提高网格质量。

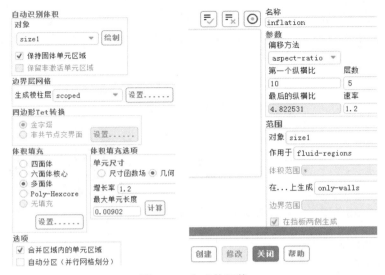

图 3.68　生成体网格

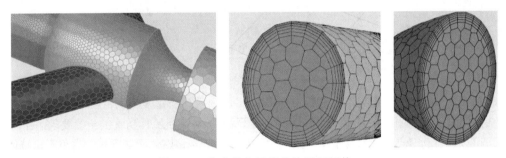

图 3.69　生成的体网格及边界层网格

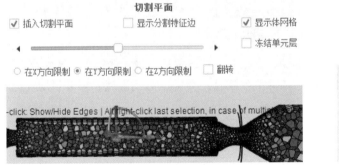

图 3.70　内部体网格

图 3.71　删除边区域

图 3.72　显示体网格质量

步骤 21　如图 3.73 所示，在"Cell Zones"上单击鼠标右键，选择"自动节点移动"。在弹出的对话框中将最差网格质量设置为 0.7，如图 3.74 所示。单击"应用"，自动调整网格节点。

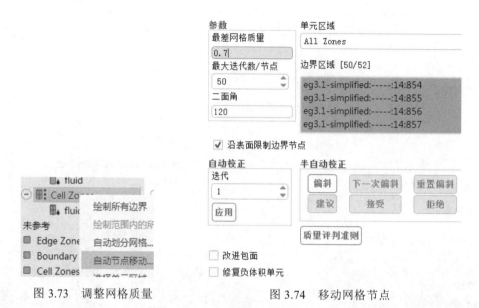

图 3.73　调整网格质量　　　　　　图 3.74　移动网格节点

步骤 22　再次查看网格质量，仍未达到目标。此时可以再重复一次自动节点移动命令。最终生成的网格质量如图 3.75 所示，体网格质量小于 0.9 即可满足流体仿真的一般要求，若有更高的要求可以在自动节点移动对话框中通过半自动按钮进一步调整体网格质量，这里不再赘述。

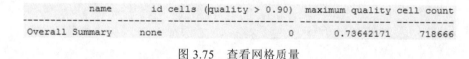

图 3.75　查看网格质量

步骤 23　至此网格划分工作已经结束。在模型上单击鼠标右键，选择"准备求解"，系统会在网格导入 Fluent 前进行清理工作，清除几何实体、死区、边线区域、未被引用的面体与节点等，如图 3.76 所示。

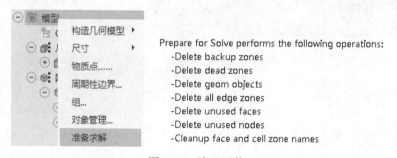

图 3.76　清理网格

步骤 24　在文件菜单中选择"导出"，将划分好的网格保存，如图 3.77 所示。单击工具栏中的"切换到求解模式"按钮，进入 Fluent 求解模式，如图 3.78 所示。

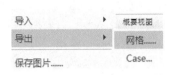

图 3.77　保存网格　　　　　　　　　　　图 3.78　进入 Fluent 求解模式

3.3　Meshing 网格工具简介

Meshing 是 ANSYS 旗下的多物理场网格划分工具，它具有如下特点：

① 参数化：Meshing 网格划分可以通过参数进行驱动及控制。

② 稳定性：生成的模型随着系统参数变化可以实时更新，出现假死及崩溃的概率较低。

③ 高度自动化：大部分参数有默认值且有较广泛的适用性，输入少量参数即可完成模型网格的划分工作，对初学者十分友好。

④ 灵活性：根据使用者要求，提供局部参数设置及手动控制选项，高效自动的前提下不失灵活性。

⑤ 物理场相关：针对不同的物理问题，有适合不同物理场的默认值和推荐设置。

⑥ 自适应性：针对模型特点对局部特征及曲率进行分析，提供几何特征自适应网格，保证网格贴体性，最大程度保留模型形状。

3.3.1　Meshing 工具界面组成

Meshing 平台要求必须载入几何模型，在 Workbench 工具箱的组件系统中双击网格，即可在主界面添加如图 3.79 所示的 Meshing 模块。载入几何模型后，双击网格单元格可以打开如图 3.80 所示的 Meshing 平台。

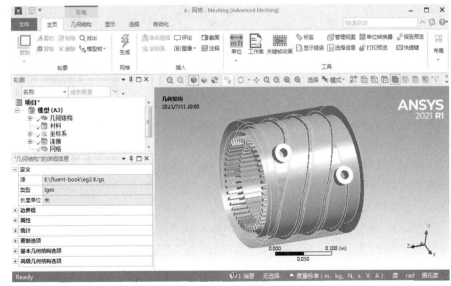

图 3.79　Meshing　　　　　　　　　　　图 3.80　Meshing 界面组成
　　　　模块

Meshing 平台界面主要有以下几个主要部分：上方的菜单栏和常用工具栏，中间最大的是图形操作窗口，左侧为模型树、详解信息窗口，界面最下方是状态栏。新版本界面变化较大，与软件设置相关的选项功能及插件均调整到了文件菜单中，其余常用工具则分类组织在不同的选项卡中。

3.3.2　全局网格参数设置

我们在进行网格划分时通常遵循先设置全局网格，再设置局部网格的顺序对模型进行网格划分。鼠标左键单击模型树中的网格，会显示如图 3.81 所示的网格全局参数设置选项。在"物理偏好"中可以设置不同的物理场，如图 3.82 所示。该处提供了电磁、显示及流体动力学等多种物理场。每种物理场的默认单元设置及默认的全局网格尺寸会根据物理场对网格的不同要求而不同。当选择的是 CFD 流场时，下面还会出现求解器选项列表，可以选择 Fluent、CFX 或 Polyflow 求解器，如图 3.83 所示。

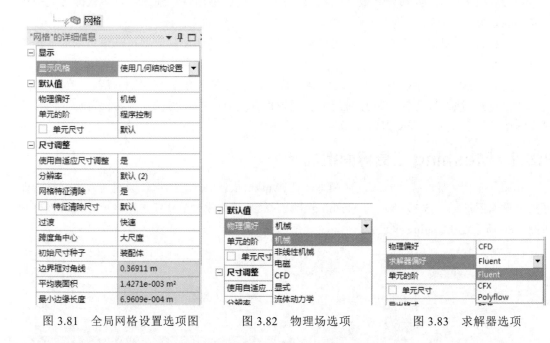

图 3.81　全局网格设置选项图　　　　图 3.82　物理场选项　　　　图 3.83　求解器选项

在单元的阶中可以设置网格单元的阶次，分为线性单元和二次单元，二者节点数不同，一般保持默认的程序控制即可。系统会根据不同的物理场对单元阶次的要求自动选择单元阶次。

单元尺寸中可以设置全局网格尺寸，输入 0 表示将默认尺寸作为全局尺寸大小，调整该处数值可以改变全局网格尺寸大小。图 3.84 显示了默认网格、5mm 和 2mm 时，网格划分的效果。

在尺寸调整中，使用自适应尺寸调整和分辨率配合使用，分辨率设置的值越大，网格越密，其取值范围为-1～7。网格特征清除用来设置网格划分程序对特征的捕捉程度，特征小于默认值会忽略该特征，一般保持默认即可。过渡可以设置网格过渡选项，有快速和缓慢两个选项，它控制相邻网格之间的变化速率及疏密网格之间的过渡平衡程度。跨度角中心，基于曲率对网格进行细化，在进行网格划分时，弧形区域内细分网格，保证单元内网格边线夹角不超过设置值，分为大尺寸、中等、精细三个级别。初始尺寸种子可以将初始网格种子设置为基于装配体或部件类型，它决定了单个零件网格设置对其他零件及装配体网格的影响程度，一般保持默认值即可。剩余的其他几个选项只是用来显示信息，其大小取决于其他参数的数值。从这里可以看出，尺寸调整中多数网格选项都是用来设置网格疏密的，它们可以配合使用，从不同角度影响网格尺寸。

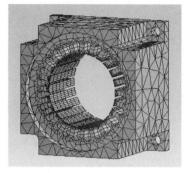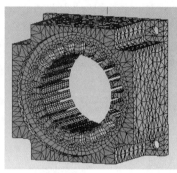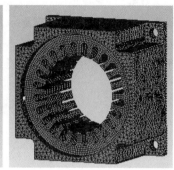

(a) 默认网格　　　　　　　　(b) 网格尺寸 5mm　　　　　　　　(c) 网格尺寸 2mm

图 3.84　不同单元尺寸的全局网格

当"尺寸调整"中的"使用自适应尺寸调整"设置为"否"时，将出现如图 3.85 所示的几个选项。这也是 CFD 分析中网格的默认选项。"增长率"表示相邻网格之间的增长率，一般保持默认值即可，"最大尺寸"用来设置最大面网格尺寸，从而间接限制了体网格尺寸。"捕获曲率"可以在曲率较大或变化较快处加密网格。"捕获邻近度"用来设置邻近元素之间网格的填充数量，其选项如图 3.86 所示，打开该选项的效果如图 3.87 所示。

图 3.85　网格选项　　　　　　　　　　　图 3.86　"捕获邻近度"选项

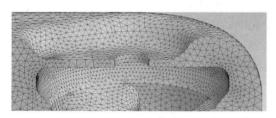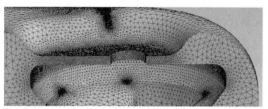

(a) 打开前　　　　　　　　　　　　　(b) 打开后

图 3.87　打开邻近度选项的网格划分效果

如图 3.88 所示，质量中可以设置网格质量的一些检查选项，最常使用的是平滑及网格度量标准。平滑用来设置网格之间的平滑程度，平滑度越高，网格越密，计算误差越小。网格度量标准中有多种网格质量评价指标。以比较常用的偏度为例，它可以基于单元边或角度与理想的网格边或角度之间的差异作为网格扭曲的计算准则，取值范围在 0～1 之间，越小越接近理想网格，一般建议该值的最大值不应超过 0.8。当网格单元为四面体单元时，可适当放宽至 0.9。当选择了网格评价标准后，在消息窗口中会自动出现网格质量的统计图。如图 3.89 所示，点选某个直方图会显示该直方图范围内的网格位置。选择 Controls 可以对统计图的选项作详细设置，例如显示扭曲度 0.9～1 之间的网格，可以查看哪些位置网格质量较差，随后针对这些位置进行局部网格设置。

Quality	
Check Mesh Quality	Yes, Errors
Error Limits	Standard Mechanical
☐ Target Quality	1.e-002
Smoothing	Medium
Mesh Metric	Skewness
☐ Min	8.7771e-003
☐ Max	0.96712
☐ Average	0.37653
☐ Standard Deviation	0.20341

图 3.88　质量选项

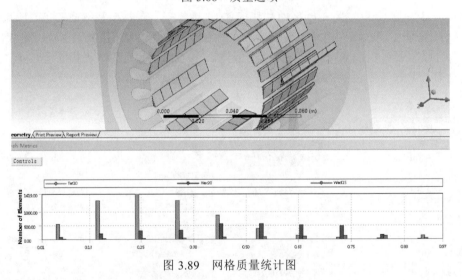

图 3.89　网格质量统计图

Inflation 中可以设置全局膨胀层，例如设置了膨胀层的孔的效果如图 3.90（a）所示。膨胀层是一种棱柱型网格，它长宽比较大，法向距离逐渐变大。膨胀层可以在法向网格分辨率较高，周向网格分辨率要求一般的情况下使用。在涉及流体边界层问题时应用非常普遍。如图 3.90（b）所示，在膨胀层选项 Inflation 中，若单击右侧 Smooth Transition 可以显示下拉列表，其选项包括 Smooth Transition、Total Thickness、First Layer Thickness、First Aspect Ratio 及 Last Aspect Ratio、Growth Rate 等。Smooth Transition 为默认选项，它使用固定的四面体单元尺寸计算每处的初始高度及总高度，使膨胀层内体积变化平滑，膨胀层内单元的初始高度随面积变化而变化。其他选项分别控制第一层网格、网格层数、第一层网格长宽比、最后一层网格长宽比等膨胀层的网格尺寸及层数。膨胀层推荐在设置局部网格时添加。

Inflation	
Use Automatic Inflation	All Faces in Chosen Named Selection
Named Selection	holes
Inflation Option	Smooth Transition
☐ Transition Ratio	0.272
☐ Maximum Layers	5
☐ Growth Rate	1.2
Inflation Algorithm	Pre
View Advanced Options	No

(a) 设置了膨胀层的孔的效果　　　　　　　(b) 膨胀层

图 3.90　膨胀层及其选项

如图 3.91 所示，高级选项中可以设置并行网格划分时调用的 CPU 核数，可根据实际物理核数设置该处数值，其他高级选项建议使用系统默认值。Statistics 会统计当前网格划分的节点数和单元数，有经验的工程师能够根据节点及单元数量估算出仿真总时间。

Advanced	
Number of CPUs for Parallel Part Meshing	24
Straight Sided Elements	No
Rigid Body Behavior	Dimensionally Reduced
Triangle Surface Mesher	Program Controlled
Use Asymmetric Mapped Mesh (Beta)	No
Topology Checking	Yes
Pinch Tolerance	Default (1.8e-005 m)
Generate Pinch on Refresh	No
Statistics	
☐ Nodes	715763
☐ Elements	351252

图 3.91　高级选项及网格数量统计

3.3.3　网格类型设置

当不明确指定网格类型时，系统针对当前模型自动去判断，如果能生成全六面体网格则生成六面体网格，若不能，则全部按四面体网格处理。如图 3.92 所示，我们可以通过快捷菜单插入 Method 来指定网格类型。

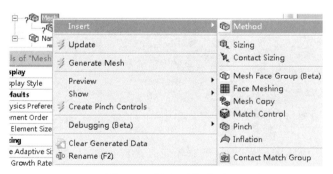

图 3.92　插入网格类型

图 3.93 列出了 ANSYS Meshing 支持的网格类型。其中 Automatic（自动网格）类型同默认网格，不赘述。选择 Tetrahedrons（四面体网格）将针对所选择的对象设置四面体网格。四面体网格适应性强，可以应用在任何实体网格划分场合中。四面体网格有 Patch Conforming

及 Patch Independent 两种方法。二者最主要的区别在于前者先生成表面网格再填充内部体网格，而后者先生成体网格，最后生成表面网格。正是由于这种顺序上的差别导致前者能够很好地捕捉复杂的几何形状及微小特征，但有可能网格划分失败，后者能够忽略一些小特征从而容忍模型存在一些缝隙、孔洞等几何缺陷。

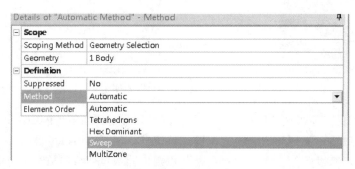

图 3.93　网格类型

Hex Dominant（六面体主导类型网格）会根据几何模型的特点，生成六面体网格为主、四面体网格为辅，并在二者之间用棱柱、棱锥等网格进行过渡填充的混合网格。如图 3.94 所示，当系统判断模型大部分适合生成四面体网格，只能生成少部分六面体网格时会给出警告信息。在设置六面体主导类型网格时，可以选择自由面网格为三角形/四边形混合网格，也可以选择全四边形网格。

Sweep（扫略网格）可以生成纯六面体网格。如图 3.95 所示，快捷菜单提供了扫略网格预览功能，当存在可扫描实体时，系统会绿色高亮显示该实体。建议在进行网格划分前先使用该功能判断一下是否存在可以划分纯六面体网格的实体。

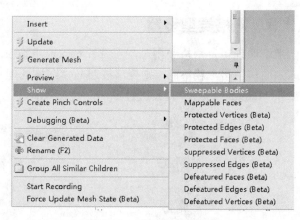

图 3.94　六面体主导网格类型　　　　　图 3.95　可扫略网格预览

一般情况下，几何体的侧面只有一个环或壳，源面和目标面相对则可以将几何体用扫略法划分六面体网格。如图 3.96，在扫略网格中可以手工指定源面和目标面。简单模型，可以让系统判断源面、目标面或仅指定源面让系统根据模型走向判断出目标面。复杂模型若可能存在多种扫描方向时则需手工指定源面和目标面。Automatic Thin 及 Manual Thin 选项针对源面和目标面之间距离很近的薄壳体模型，此时仅在扫略方向上生成一层网格，如图 3.97 所示。

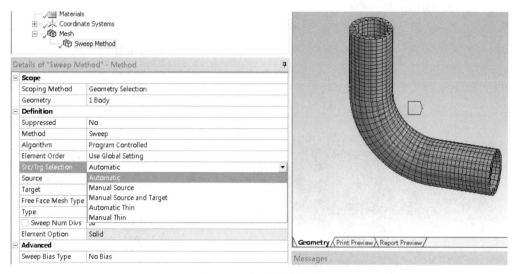

图 3.96　扫略网格选项

在 Free Face Mesh Type 中，可以设置自由面的网格为纯三角形、纯四边形或三角形及四边形混合网格，图 3.98 为自由面全三角形的效果。

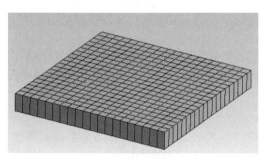

图 3.97　薄壳扫略网格

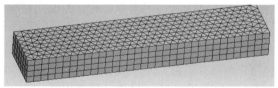

图 3.98　自由面全三角形扫略网格

在 Type 中可以设置扫描的层数为扫描方向网格的尺寸，图 3.99 所示为将扫描层数设置为 10 的效果。

在高级选项中，可以设置 Sweep Bias Type 偏移类型，系统提供了几种偏移模式。图 3.100 显示了从宽到窄的偏移模式划分的网格效果，在诸如流体边界层问题中可以使用这种网格划分技巧。

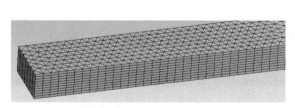

图 3.99　设置扫描层数

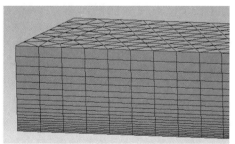

图 3.100　设置偏移类型

　　为了划分六面体网格，有时会对模型进行切割处理，让每个切割的部分可以生成六面体网格。MultiZone 多区网格则提供了一种自动分解几何模型的功能，通过合理设置源面而不需切割几何模型即可创建六面体网格。对于类似于图 3.101 所示的阶梯轴，自动网格划分只能生成四面体网格［图 3.101（a）］，无法直接生成六面体网格，可以在 DM 中通过 Slice 切片功能先将其分成三段，每段单独划分六面体网格［图 3.101（b）］。使用多区网格可以实现同样功能且无须切割模型。多区网格的选项如图 3.102 所示。

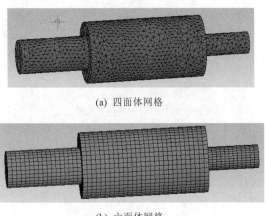

(a) 四面体网格

(b) 六面体网格

图 3.101　阶梯轴网格

Scope	
Scoping Method	Geometry Selection
Geometry	1 Body
Definition	
Suppressed	No
Method	MultiZone
Mapped Mesh Type	Hexa
Surface Mesh Method	Program Controlled
Free Mesh Type	Not Allowed
Element Order	Use Global Setting
Src/Trg Selection	Manual Source
Source Scoping Method	Geometry Selection
Source	No Selection
Sweep Size Behavior	Sweep Element Size
☐ Sweep Element Size	Default
Element Option	Solid

图 3.102　多区网格选项

　　在 Mapped Mesh Type 中包含 Hexa（六面体）、Hexa/Prism（六面体和棱柱混合网格）、Prism（棱柱网格）三种类型。此时源面及目标面分别为四边形网格、四边形和三角形网格及全三角形网格。

　　在 Surface Mesh Method 中可以选择 Uniform 和 Pave 两种表面网格类型。Uniform 选项使用递归循环切割方法，能够创建高度一致的网格，而 Pave 选项能够创建高曲率的面网格，相邻边有高的纵横比，我们一般保持默认的 Program Controlled 程序控制选项让系统在这两种模式中选择最优选项。

　　Free Mesh Type 中可以设置多种混合网格去构建自由网格，通常情况下保持默认选项即可，但有时使用 Hexa Dominant 或 Hexa Core 能够获得意想不到的极佳效果。

　　在 Src/Trg Selection 中可以设置程序自动或手动两种模式，有明显分段分层的模型系统多数情况下可以自动识别阶梯面并将其设置为源面，系统出现误判断时可以手工设置源面，类似于图 3.101 中的阶梯轴，应将直径不同处的两个分界面设置为源面。

【例 3.2】全局网格设置

　　步骤 1　在 Workbench 中双击 Mesh，并在 Geometry 上单击鼠标右键选择提供的素材 eg3.1，双击 Geometry 打开 DM。在模型树中选中零件，使其全部可见，如图 3.103 所示。

　　步骤 2　双击 Mesh 打开 Mechanical 界面，网格划分和 Mechanical 共用一个界面，在模型树中选择 Mesh 并单击鼠标右键，选择 Generate Mesh。如图 3.104（a）所示，生成的默认网格非常粗糙，无法满足使用要求。将 Resolution 改为 7，重新生成网格，如图 3.104（b）所示。此时网格的分辨率明显改善，但一个合理的网格应该是重点位置网格分辨率高，其他位置可以适当稀疏，从而减少求解时间，避免浪费计算资源。对于本例管道，在法兰连接处使用螺栓连接，为了达到密封要求，螺栓孔会受到较大的螺栓预紧力，应对螺栓孔处网格进行加密。流体在管道内流动时和管道避免交换热量，流动明显受到壁面的影响，应在流体和壁面接触处的流体侧添加边界层网格。

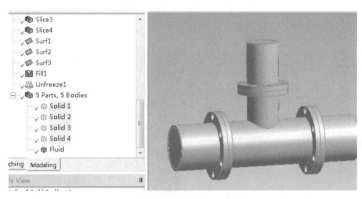

图 3.103　法兰管道模型

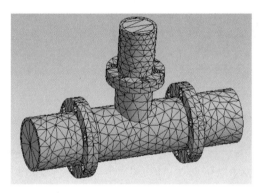

(a) 默认网格　　　　　　　　　　　　　　　(b) 合理网格

图 3.104　默认网格及改变网格分辨率

步骤 3　如图 3.105 所示，在"Element Size"中将网格尺寸设置为"1.e-002m"，关闭 Use Adaptive Sizing 选项，此时将出现 Capture Curvature 选项，将"Curvature Normal Angle"设置为 10°，此时系统将根据曲率变化设置网格尺寸，曲率大的地方网格会被加密，重新生成网格后将显示如图 3.106 所示的网格，可以看出螺栓孔处的网格得到了明显加密。

Physics Preference	Mechanical
Element Order	Program Controlled
☐ Element Size	1.e-002 m
Sizing	
Use Adaptive Sizing	No
☐ Growth Rate	Default (1.85)
☐ Max Size	Default (2.e-002 m)
Mesh Defeaturing	Yes
☐ Defeature Size	Default (5.e-005 m)
Capture Curvature	Yes
☐ Curvature Min Size	Default (1.e-004 m)
☐ Curvature Normal Angle	10.0°
Capture Proximity	No

图 3.105　调整全局网格选项　　　　　　图 3.106　根据曲率变化生成的网格

步骤 4 如图 3.107 所示，先隐藏固体部分，切换到面选择模式后，选择与固体接触的液体表面，单击鼠标右键，选择"Create Name Selection"创建命名选择，将其名字设置为 wall。

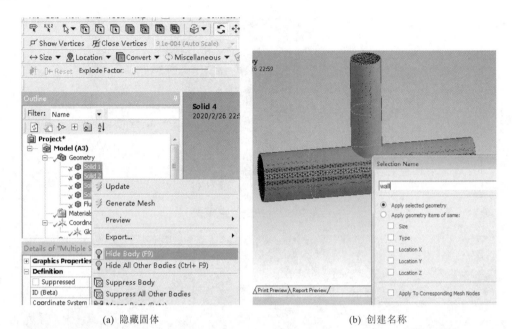

(a) 隐藏固体　　　　　　　　　　(b) 创建名称

图 3.107　创建命名选择

步骤 5 如图 3.108 所示，在"Quality"中将"Mesh Metric"设置为"Skewness"。在"Inflation"中将"Use Automatic Inflation"设置为"All Faces in Chosen Named Selection"，选择刚创建的 wall，其他膨胀层选项保持默认值，重新生成网格。

Quality	
Check Mesh Quality	Yes, Errors
Error Limits	Standard Mechanical
☐ Target Quality	Default (0.050000)
Smoothing	Medium
Mesh Metric	Skewness
☐ Min	3.6023e-007
☐ Max	0.95021
☐ Average	0.27572
☐ Standard Deviation	0.16729
Inflation	
Use Automatic Inflation	All Faces in Chosen Named Selection
Named Selection	wall
Inflation Option	Smooth Transition
☐ Transition Ratio	0.272
☐ Maximum Layers	5
☐ Growth Rate	1.2
Inflation Algorithm	Pre
View Advanced Options	No

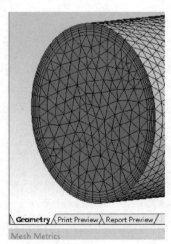

图 3.108　设置膨胀层

步骤 6 在网格柱状图窗口中选择"Controls"打开如图 3.109 所示的参数设置界面，将"X-Axis"范围最小值改为 0.9，单击 Update Y-Axis，关闭该界面。

步骤 7 按住 Ctrl 键选择所有柱状图，在主界面中将显示对应的网格。如图 3.110 所示，有十几个质量较差的网格，可以通过网格整体加密消除这几个质量差的网格，也可以使用后面讲解的局部网格设置处理这几个网格。

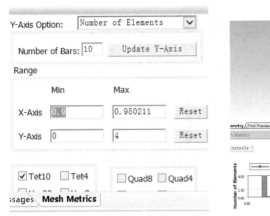

图 3.109　设置柱状图参数

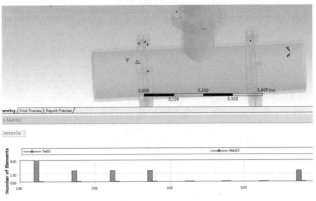

图 3.110　显示对应质量的网格

3.3.4　局部网格尺寸设置

局部网格包括尺寸控制、接触尺寸控制、细化、映射面、匹配控制、收缩及局部膨胀层等。在 Mesh 上单击鼠标右键即可显示如图 3.111 所示的局部网格选项。

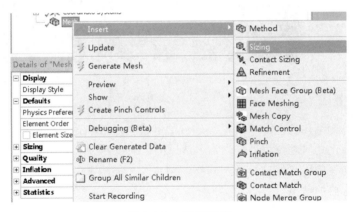

图 3.111　局部网格

Sizing 方法可以设置所选对象的尺寸或网格划分份数，根据选择的对象，为体、面、边对应的名称分别设置为 Body Sizing、Face Sizing 和 Edge Sizing，如图 3.112 所示为针对弯管的四条边设置划分份数为 50 时的网格划分效果。在 Type 中还有一种 Sphere of Influence，它可以将作用域限制在影响区范围内。使用该选项时需要先创建一个局部坐标系，以局部坐标系的原点为圆心创建一个球体并对球体内部设置单独的网格尺寸，其选项及效果如图 3.113 所示。关于局部坐标系我们会在结果后处理部分详细讲解。在 Sizing 方法中，高级选项里有Soft 和 Hard 两种行为模式，Soft 选项的单元大小将会受到整体划分网格单元大小的影响，让过渡平滑，Hard 选项则严格按局部网格设定的参数划分网格。

Contact Sizing 接触尺寸允许在接触面上产生大小一致的单元。接触面定义了零件之间的相互作用，在接触面上采用相同的网格密度有利于接触零件之间数据的传递，减少接触节点之间因插值带来的数值误差。如图 3.114 所示，接触网格可以按单元尺寸或相关性调整网格尺寸，相关性越大，网格越密。

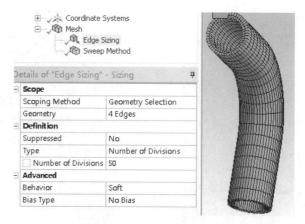

图 3.112　Sizing 局部网格设置

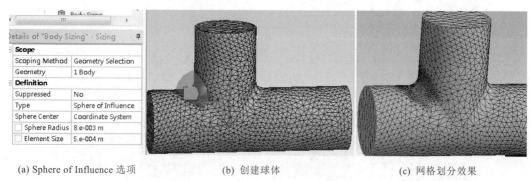

(a) Sphere of Influence 选项　　　　(b) 创建球体　　　　(c) 网格划分效果

图 3.113　影响球

Refinement 单元细化功能可以对已经划分的网格再进行细化。一般用于整体和局部网格控制之后，网格细化几何对象可以分为点、线、面。细化等级从 1～3，因细化功能对平滑过渡处理不好，应优先使用其他途径处理网格。图 3.115 显示了网格细化对网格的影响，右侧孔为经过 2 级细化后的结果。

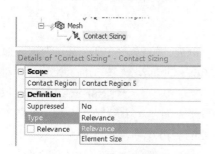

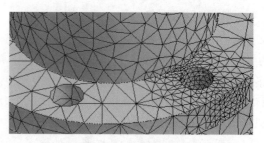

图 3.114　接触网格设置　　　　　　　图 3.115　网格细化

如图 3.116，Face Meshing 可以创建映射面网格，其特点是网格尺寸高度一致呈现放射状，当模型因某些原因无法生成映射面网格时，将出现一个禁止标志，但不影响网格继续划分，此时将会用普通网格代替映射面网格，可以使用预览扫描网格的方法查看模型是否存在可以创建映射面网格的面体。当设置映射面网格的面由两个环组成时，可以设置径向划分份数，创建沿径向划分的多层网格，图 3.117 为圆环面和侧圆柱面份数均设置为 3 的效果。对于可扫略的管状模型，使用该选项可以生成质量非常高的源面和目标面网格。

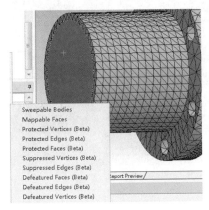

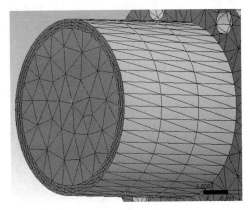

图 3.116　映射面网格　　　　　　图 3.117　设置映射面网格划分份数

　　Pinch 收缩网格只对点和边线起作用，对面和体不能设置 Pinch，它主要用于将某条边线压缩到顶点，消除质量较差的网格。如图 3.118 所示，圈中的几何模型有一较短边线，生成网格时，该网格扭曲则会较严重，可以通过 Pinch 功能，将该边线收缩到顶点处，此时该扭曲网格被吸收，最终该处网格如图 3.119 所示。对于这类几何模型，我们建议在几何模型处理时就将该短边处理掉，所以 Pinch 功能并不常用。

图 3.118　收缩前的网格　　　　　　图 3.119　收缩后的网格

3.3.5　膨胀层网格

　　关于局部膨胀层网格，它的大部分选项含义和全局膨胀层网格相同。如图 3.120 所示，它可以通过选择几何模型及指定需要添加膨胀层的边界面创建膨胀层，也可以像全局网格一样通过命名选择指定需要添加膨胀层的面。它的设置更灵活，在需要添加膨胀层网格时，推荐使用局部膨胀层网格。

3.3.6　周期网格设置

　　Match Control 可以在周期对称面或边上划分出匹配的网格，在有周期性的旋转机械上用得比较多，其效果如图 3.121 所示。关于利用 Match Control 创建周期网格我们后续在讲解周期性零件仿真时会通过实例演示其创建方法。

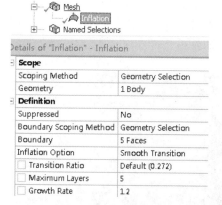

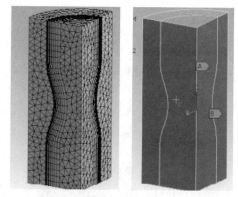

图 3.120　局部膨胀层网格　　　　　图 3.121　匹配面网格及 A、B 主从面

3.3.7　综合实例讲解

【例 3.3】网格设置综合实例

步骤 1　新建一个 Workbench 工程，双击添加 Mesh 模块，在"Geometry"上单击鼠标右键，导入 eg3.2.stp 素材文件，双击 Mesh 单元格，进入到网格划分界面。我们将对如图 3.122 所示的由三个零件构成的装配体进行网格划分。

步骤 2　在 Part2 和 Part3 上单击鼠标右键，选择"Suppress Body"将 Part2 和 Part3 暂时压缩，在"Mesh"上单击鼠标右键选择"Generate Mesh"，对 Part1 生成默认网格，如图 3.123 所示，可以看出默认网格质量很差，远达不到使用要求。

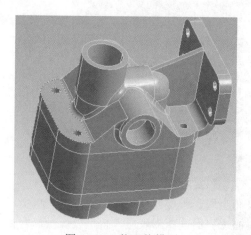

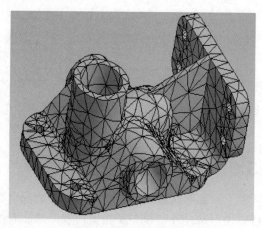

图 3.122　装配体模型　　　　　　　图 3.123　默认网格

步骤 3　如图 3.124 所示，在全局网格选项中，将"Element Size"改为 4.0mm，如果单位不是 mm，先在 Units 菜单中将长度单位改为 mm，重新生成网格。

步骤 4　选中如图 3.125 所示的三个圆柱上表面，添加"Face Meshing"，并将"Internal Number of Divisions"改为 2，重新生成网格。

步骤 5　如图 3.126 所示，选中加强筋面，添加 Sizing 局部网格，将"Element Size"改为 3.0mm，重新生成网格。

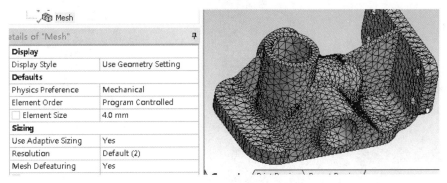

图 3.124　更改全局网格尺寸

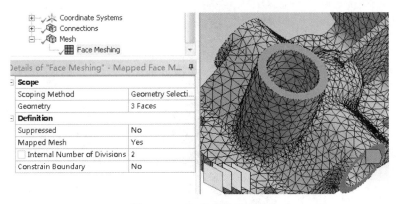

图 3.125　生成映射面网格

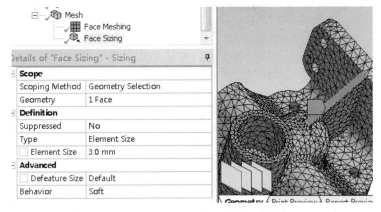

图 3.126　添加局部面网格尺寸控制

步骤 6　按住 Ctrl 键，选中一个圆柱孔的两半，在其上单击鼠标右键，选择"Create Named Selection"。如图 3.127 所示，在弹出的对话框中，选择"Size"选项，并将名称设置为 holes。

步骤 7　如图 3.128 所示，在"Mesh"上单击鼠标右键，添加"Face Meshing"，在"Scoping Method"中选择"Name Selection"，选择"holes"命名选择，重新生成网格。

步骤 8　放大图 3.129 所示的位置，观察该处网格，可以看到此处因两条边线距离近形成了一条窄面，窄面上的网格尺寸很差。如图 3.130 所示，在"Mesh"上单击鼠标右键，添加 Pinch，在工具栏上单击边选择模式按钮，选择右侧两条边线作为 Master Geometry，选择左侧两条边线作为 Slave Geometry，将"Tolerance"改为 2.0mm，重新生成的网格如图 3.131 所示。

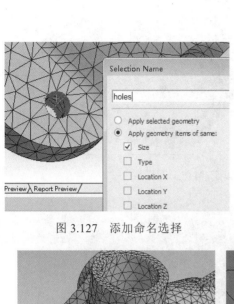

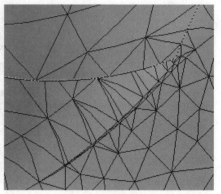

图 3.127　添加命名选择　　　　　　　　图 3.128　设置局部映射面网格

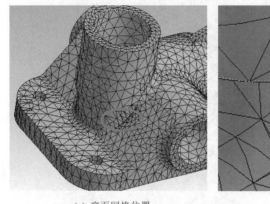

(a) 窄面网格位置　　　　　　　　　　　(b) 窄面网格位置放大图

图 3.129　窄面网格

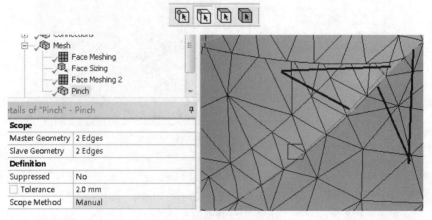

图 3.130　创建收缩网格

步骤 9　放大如图 3.132 所示的区域，可以看到此处因为有几条短边导致网格扭曲严重，在工具栏中切换到点选择模式。在 "Mesh" 上单击鼠标右键，添加 Pinch，选择最右侧点作为 Master Geometry，选择左侧 3 个点作为 Slave Geometry，将 "Tolerance" 设置为 2.0mm，重新生成网格。同理，可以使用同样的方法处理对面位置的网格节点。

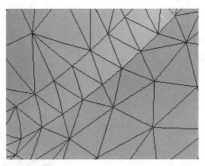

图 3.131　收缩后的网格

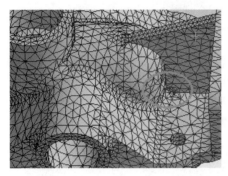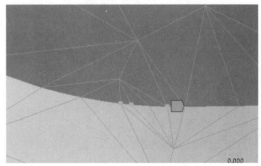

图 3.132　短边的收缩

步骤 10　使用虚拟拓扑功能，能够将一些短边、窄面用大块的几何实体替换，同样可以起到 Pinch 网格的功能，两者多数情况可以替换，若一种方式失败，请使用另一种再重新尝试。加强筋两侧与加强筋相交的面处网格质量较差，使用虚拟拓扑改善此处的网格质量。如图 3.133 所示，在 "Model" 上单击鼠标右键选择 "Virtual Topology"，切换到面选择模式，选中如图 3.134 所示的面，选择工具栏中的 "Merge Cells"，重新生成网格。

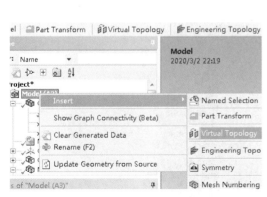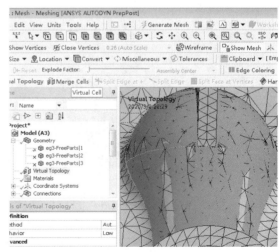

图 3.133　添加虚拟拓扑　　　　　　　　　　　图 3.134　合并单元

步骤 11　对另外两个零件解除压缩，选择 Part2 并对其添加 Sizing，如图 3.135 所示，将 "Element Size" 设置为 3.0mm。

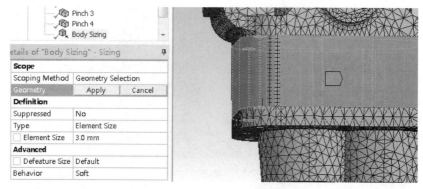

图 3.135　设置局部网格尺寸

步骤 12　如图 3.136 所示，在"Mesh"上单击鼠标右键，添加"Method"，选择 Part3 并将网格设置为"MultiZone"，将"Free Mesh Type"设置为 Hexa Dominant，其余选项保持默认。

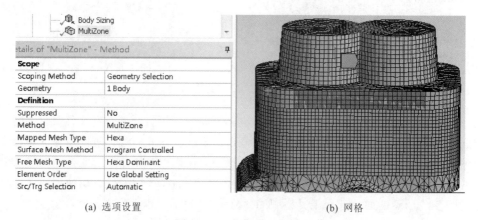

(a) 选项设置　　　　　　　　　　　　(b) 网格

图 3.136　添加多区网格

步骤 13　最终生成的网格如图 3.137 所示。

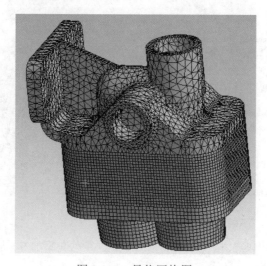

图 3.137　最终网格图

【例 3.4】2D 网格实例

ANSYS 中结构及 Fluent 流体模块支持 2D 模型，2D 网格是 3D 网格的特例，仅通过本例，演示一下 2D 网格选项的含义及设置方法。

步骤 1　新建一个 Workbench 工程，双击 Mesh 模块，在"Geometry"上单击鼠标右键，导入 eg3.3 素材文件，双击 Mesh 单元格，打开 Meshing 界面，如图 3.138 所示，在模型树中将两个线体压缩。

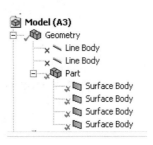

图 3.138　压缩线体

步骤 2　如图 3.139 所示，将"Physics Preference"改为 CFD，将"Solver Preference"设置为"Fluent"，可以看到，2D 网格的全局参数选项与 3D 完全相同，保持默认参数值，生成网格。

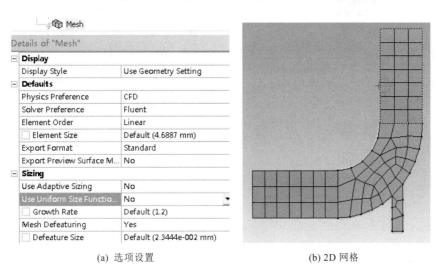

(a) 选项设置　　　　　　　　　　(b) 2D 网格

图 3.139　全局网格

步骤 3　切换到边选择模式，选中如图 3.140 所示的 4 条边，在"Mesh"上单击鼠标右键，选择"Sizing"。在参数列表中将"Type"设置为"Number of Divisions"，将数量设置为 10，将"Behavior"由"soft"改为"Hard"，表示严格遵守参数设置划分网格。"Bias"选项改为中间长、两端短的偏移模式，并将比例设置为 10.0，生成网格。

步骤 4　选中如图 3.141 所示的 4 条边，将边网格数设置为 16，"Behavior"设置为"Hard"，"Bias Type"设置为"No Bias"。

步骤 5　按图 3.142、图 3.143 所示的选项分别设置侧面的 2 条边，注意二者的偏移方向相反。

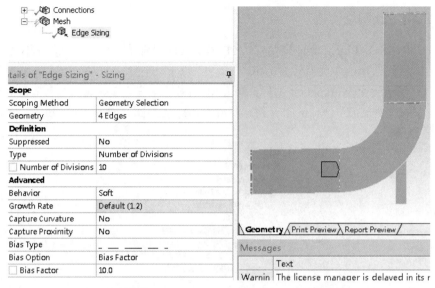

(a) 选项设置　　　　　　　　　　　　(b) 选择边

图 3.140　设置边线网格尺寸及偏移

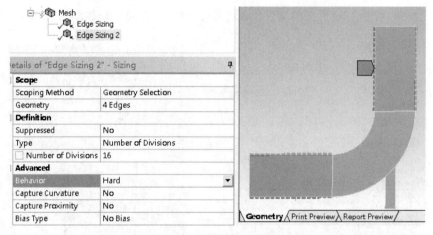

图 3.141　设置边网格参数

Scope	
Scoping Method	Geometry Selection
Geometry	1 Edge
Definition	
Suppressed	No
Type	Number of Divisions
☐ Number of Divisions	12
Advanced	
Behavior	Hard ▼
Capture Curvature	No
Capture Proximity	No
Bias Type	—— — -
Bias Option	Bias Factor
☐ Bias Factor	1.5

图 3.142　边偏移方向设置（一）

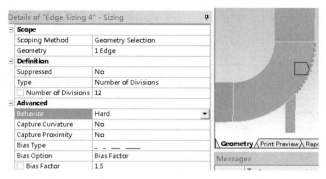

图 3.143　边偏移方向设置（二）

步骤 6　按图 3.144～图 3.146 所示的参数设置边网格，所有边网格的设置都是为了实现成对的边之间网格数量的匹配及生成类似于膨胀层的网格。

Scoping Method	Geometry Selection
Geometry	1 Edge
Definition	
Suppressed	No
Type	Number of Divisions
☐ Number of Divisions	34
Advanced	
Behavior	Hard
Capture Curvature	No
Capture Proximity	No
Bias Type	─── ── ─ ─ ─ ──
Bias Option	Bias Factor
☐ Bias Factor	10.0

图 3.144　边网格设置（一）

Scoping Method	Geometry Selection
Geometry	2 Edges
Definition	
Suppressed	No
Type	Number of Divisions
■ Number of Divisions	10
Advanced	
Behavior	Hard
Capture Curvature	No
Capture Proximity	No
Bias Type	No Bias

图 3.145　边网格设置（二）

Scope	
Scoping Method	Geometry Selection
Geometry	2 Edges
Definition	
Suppressed	No
Type	Number of Divisions
■ Number of Divisions	12
Advanced	
Behavior	Hard
Capture Curvature	No
Capture Proximity	No
Bias Type	No Bias

图 3.146　边网格设置（三）

步骤7 如图 3.147 所示，选中四个面，在"Mesh"上单击鼠标右键，选择"Face Meshing"，保持默认的"Quadrilaterals"（四边形网格），生成如图 3.147 所示的网格。

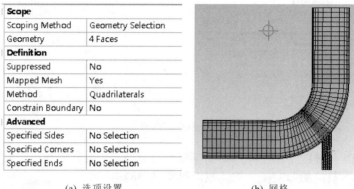

(a) 选项设置   (b) 网格

图 3.147 映射面网格

步骤8 映射面网格中的高级选项可以指定交点，其设置效果如图 3.148 所示。

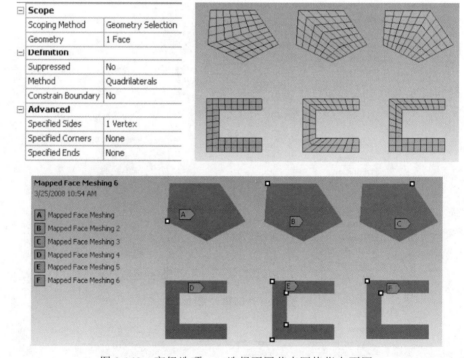

图 3.148 高级选项——选择不同节点网格指向不同

ANSYS
Fluent

第 4 章

稳态流场仿真

Fluent 作为大型通用 CFD 软件，可以进行流体、传热、传质仿真。丰富的内置模型、高效稳定的求解器、强大的后处理功能使得 Fluent 在航空航天、汽车工业、石油化工、流体机械设计方面有广泛的应用。Fluent 不同仿真类型均遵循大体相同的仿真流程，本章通过讲解 Fluent 的稳态流场仿真，简述了 Fluent 中的材料、边界条件、初始化、求解器参数设置、监控设置等通用仿真设置流程，重点讲解了边界条件类型及湍流模型参数设置。这些设置是其他各章不同仿真类型的基础，应重点掌握。

4.1　工程问题进行 Fluent 仿真的一般流程

4.1.1　启动 Fluent

在 ANSYS Workbench 平台中，可以使用 Fluid Flow（Fluent）启动 Fluent，如图 4.1（a）所示，该流程内嵌了完整的前处理及网格划分流程，前处理使用 DM 或 SCDM，网格划分调用 Meshing 程序；也可以单独启动 Fluent 求解器或带有网格划分及结果后处理的 Fluent 求解器，如图 4.1（b）所示。它需要导入划分好的网格，网格划分可以使用自己熟悉的程序，如 ICEM CFD 或 Fluent Meshing。

当启动 Fluent 求解器模块时，会显示如图 4.2 所示的启动界面。其中 Double Precision 为双精度开关，Fluent 默认使用单精度求解器，勾选该选项则开启双精度求解器。Solver

101

Processes 中可以设置多核并行计算，设置 Solver GPGPUs per Machine 可以开启 GPU 加速功能。

(a) 间接启动 Fluent (b) 直接启动 Fluent

图 4.1　Fluent 求解器

　　进入 Fluent 后，首先需要进行通用设置，如图 4.3 所示。通用设置中可以进行网格质量检测、显示模式调整、模型缩放及单位设置。由于 Fluent 是求解器模块，它可以接受不同网格工具划分的网格，导入的网格单位可能有不同的单位制，网格导入后可能需要对模型进行缩放。此时需要使用 Check（检查）导入网格的尺寸范围并使用 Scale 进行模型缩放。Report Quality 可以对网格质量进行检查。Display 则是对点、线、面显示选项进行控制。Units 中可以设置单位制，若不进行设置，Fluent 默认使用国际单位制，如温度使用开氏温标、角度单位为弧度。在 Solver 中可以设置基于压力或密度的求解器。基于压力的求解器一般用于低速不可压缩流动；基于密度的求解器一般用于高速可压缩流动。可以根据求解问题的具体情况选择稳态或瞬态求解器。当流场内的物理量不随时间而变化时，此流动为稳态流动，否则是瞬态流动。在 Gravity 中可以开启重力加速度选项，常用于需要考虑浮力效应的流动问题。

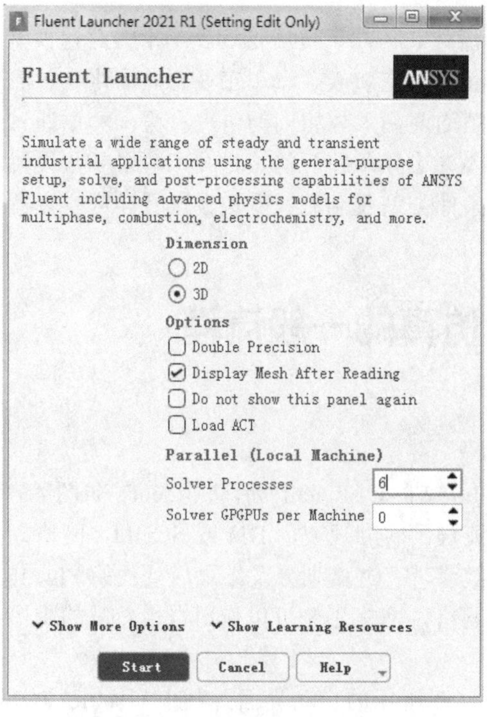

图 4.2　Fluent 求解器启动界面 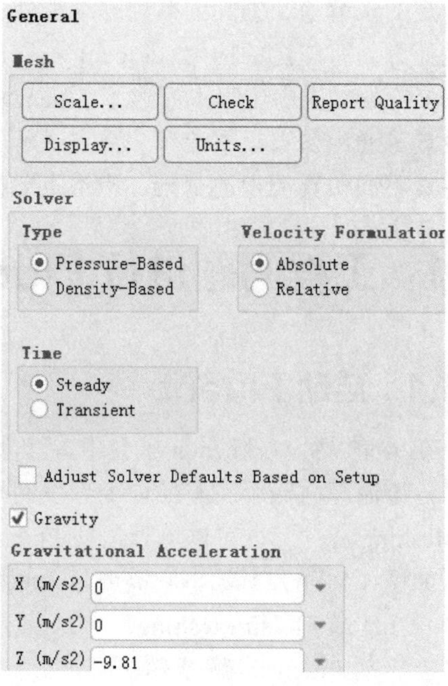　　　　　图 4.3　Fluent 通用设置选项

4.1.2　Fluent 中的仿真类型

使用 Fluent 进行数值仿真时，我们首先应该清楚 Fluent 可以解决哪些类型的工程问题。图 4.4 为 Fluent 中内置的不同模型。

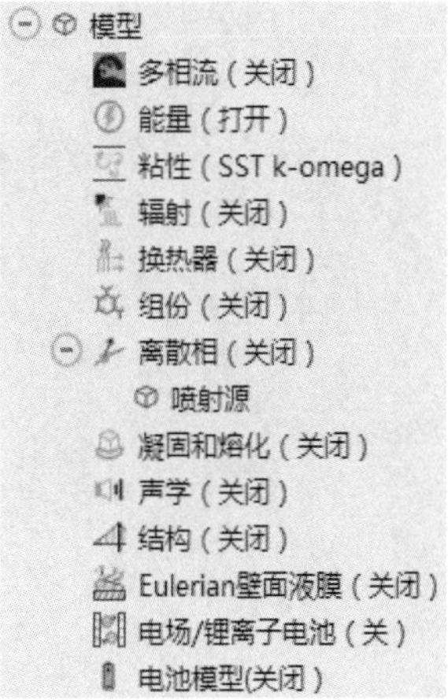

根据物理特征的不同，Fluent 仿真类型大致可以分为以下几类：

① 流动问题：按速度可以分为低速流动、跨声速及超声速流动；按流动是否随时间变化分为稳态流动、瞬态流动；根据是否考虑介质的压缩性分为可压缩与不可压缩流动；按雷诺数大小可分为层流、湍流及转捩流动。在流动问题中，主要求解的物理量包括速度、压力、力及力系数（升力、阻力、压力系数、力矩系数等）、流动分离位置等。

② 传热问题：Fluent 可以对传导、对流（自热对流及强制对流）、辐射传热及相变（蒸发、凝固、熔化等）过程进行模拟，主要求解温度、速度、压力分布及对流换热系数等参数。

图 4.4　Fluent 内置的模型类型

③ 运动部件模拟：当计算区域中存在运动部件时，会引起流体通道发生变化，Fluent 中需要使用运动参考系及动网格处理此类问题，运动参考系通常用于稳态问题而动网格通常用于瞬态计算。

④ 多相流：气体、液体、固体中两种及两种以上介质参与的流动称为多相流。Fluent 中内置了多种多相流模型，在能源、化工等领域有非常广泛的应用。

⑤ 多组分输运：主要包括扩散、化学反应及燃烧现象的模拟。

⑥ 多场耦合：Fluent 可以和其他物理场进行耦合仿真，完成诸如磁流体、膜片阀、新能源电池及气动噪声等应用场景下的单双向耦合仿真。

4.1.3　设置材料

Fluent 内置了由流体、固体及混合物构成的材料库，还可以修改部分材料属性及通过用户自定义方式添加新材料。在进行仿真时，需先将材料库中的材料拷贝到当前仿真模型中，再为不同区域分配材料。若不设置材料，Fluent 会为固体区域分配铝，流体区域分配空气作为默认材料。模型树中的材料设置如图 4.5 所示，在"材料"上双击，打开材料设置面板，单击下方的"创建/编辑"按钮，打开如图 4.6 所示的创建/编辑材料对话框。在这里可以对材料的属性进行修改，不同的模型设置，材料中所包含的属性不同。例如只有开启能量方程后，材料中才会出现比热和热导率等属性。由于该对话框中的材料是从材料数据库拷贝到当前仿真模型的一个副本，因此在该对话框中修改材料属性不会影响 Fluent 自带的材料数据库。

图 4.5　材料设置面板（一）

图 4.6　材料设置面板（二）

当需要自定义一种材料时，可以直接在创建/编辑材料对话框中输入自定义材料的名称及相应属性值。单击下方的"更改/创建"按钮，此时会弹出如图 4.7 所示的对话框。选择"Yes"则在添加新材料时覆盖原始材料；若仍需保留原材料，则选择"No"，它可以在添加新材料的同时保留原材料。

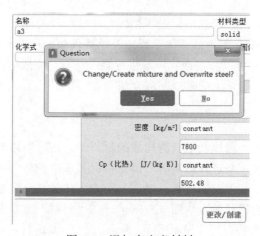

图 4.7　添加自定义材料

单击"Fluent 数据库"按钮，打开如图 4.8 所示的材料数据库。在"材料类型"中可以选中 fluid 和 solid 类型。可以选中多个材料后单击下方的"复制"按钮，将选中的材料添加到当前仿真模型中。

4.1.4　设置单元区域条件

一组网格单元称为单元区域，这组单元的面称为面域，其中包围这组单元的外部面域称为边界面。对二者进行设置的约束称为单元区域条件和边界条件。

在"单元区域条件"上双击，右侧会打开如图 4.9 所示的单元区域条件面板，在这里可以在不同单元区域之间复制区域条件，设置输入输出参数、导入 Profile 文件及设置工作条件。

如图 4.10 所示，在工作条件对话框中可以设置工作压力、参考速度及重力加速度。工作压力是为了在计算压力波动时，减小数值计算截断误差所使用的压力计算基准。例如绝对压力为标准大气压上叠加了一个很小的压力波动，这时一般将工作压力设置为标准大气压，这样 Fluent 在计算压力波动时可以减小舍入误差，提高压力波动计算的精度。默认情况下，Fluent 中的工作压力为标准大气压，压力波动值与表压值相同，若计算绝对压力需将压力值与工作压力相加。

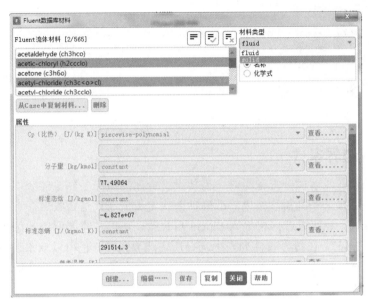

图 4.8　材料数据库

图 4.9　单元区域条件面板

图 4.10　工作条件设置对话框

　　在具体单元区域上双击，会打开如图 4.11 所示的区域条件设置对话框。在材料下拉列表中可以选中在材料设置时拷贝到当前模型中的材料。根据需要可以勾选复选框，勾选后对应的选项卡会被激活，在相应的选项卡中为模型设置运动参考系、发热源、动网格、多孔介质等相关参数。

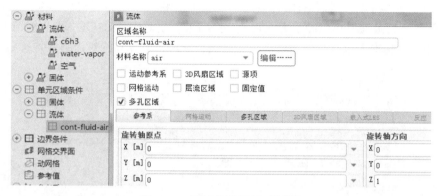

图 4.11　区域条件设置对话框

4.1.5　设置边界条件

Fluent 求解器在求解微分方程组时，需要设置合理的边界条件才能获得唯一解。边界条件设置的合理性直接关系到仿真结果的准确性并决定数值迭代是否收敛。边界条件可以在网格划分阶段设置好，也可以在网格导入 Fluent 后修改，可以在需要修改的边界条件上单击鼠标右键，选择"Type"，在边界条件列表中选择所需边界条件，也可以双击边界条件，在右侧边界条件面板中进行修改，如图 4.12 所示。除 wall 类型边界条件外，其他边界类型建议在网格设置阶段就设置好，网格导入 Fluent 后，没有设置边界条件的边界面一般会被系统默认赋予 wall 类型边界条件。

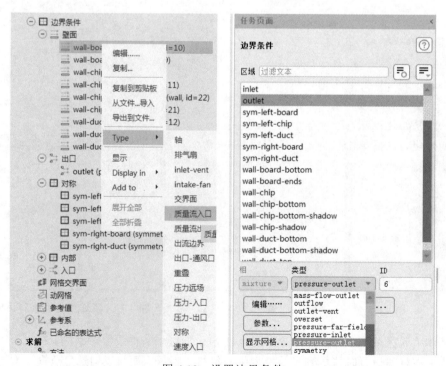

图 4.12　设置边界条件

边界条件类型及边界位置的选择应遵循如下原则：

① 选择进出口位置时，应尽量选择与流动方向垂直的面，这种进出口边界在迭代时更容易收敛。

② 进出口处应为缓变流动，即不要将进出口设置在梯度较大的位置。一般通过将进出口位置向上下游处延长，避开梯度较大的位置。

③ 进出口边界处要保证有较高的网格质量，边界处低质量网格带来的误差会向计算区域内部传导，影响求解精度。

④ 避免在存在回流的区域设置边界条件。如图 4.13 所示，左图将出口设置在回流处，此处为强湍流区域，流动参数剧烈变化导致难以收敛并为准确设置出口参数带来困难。右图将出口向下游移动，让流动充分发展后便于获得精确的出口参数条件。

图 4.13　避免在再循环区域设置边界条件

⑤ 设置对称边界条件时，几何和流场均需满足对称条件。

⑥ 对于外部流动问题，扰流体高度为 H，宽度为 W 时，建议的计算区域高度为 $5H$，宽度为 $10W$，长度为 $12H$，上游至扰流体距离为 $2H$，下游为 $10H$。

⑦ 速度入口和压力出口这一组合作为进出口边界条件时，求解最容易收敛。压力入口与 Outflow 组合及速度入口与速度出口组合会导致流场静压结果不唯一或流场参数不稳定，为错误的边界组合。总压入口与静压出口边界组合对初始化条件非常敏感，应尽量避免使用。

4.1.6　初始化及求解器设置

Fluent 在进行求解前，需要先为网格中的每个单元赋予迭代初值,这个过程称为初始化。迭代初值的合理性影响求解稳定性及迭代次数,初值越接近收敛终值,迭代次数越少,求解越快。不合理的初值则有可能导致迭代发散。在 Fluent 中有五种初始化方法：混合初始化、FMG 初始化、标准初始化、局部初始化、以先前计算值作为初始化条件。其中混合初始化为默认的初始化方法，它能满足大多数情况下的初始化要求，初始化面板如图 4.14 所示，设置好初始化方法后单击"初始化"按钮即可。

如图 4.15 所示，在求解设置中可以通过"方法"及"控制"中的选项对求解算法及求解器参数进行控制，Fluent 针对不同的物理模型会为求解器赋予默认参数，默认参数能够满足大部分工程应用场景，初学者保持默认值即可。

图 4.14　初始化面板

图 4.15　求解设置

在计算监控中，系统会监控连续方程、速度、能量及湍流参数的残差，如图 4.16 所示。此外，用户可根据需要增加其他监控量。

如图 4.17 所示，在运行计算中，可根据需要设置固定步长、自适应步长、迭代时间步长、迭代次数等参数，设置好后单击"开始计算"，便可以启动求解器进行求解计算。

关于初始化、求解器、监控器的详细参数设置，第 5 章会有详细的讲解。

图 4.16　监控对话框

图 4.17　运行参数设置

4.1.7　结果后处理

查看求解结果，可以利用 Fluent 内置的结果后处理功能，也可以使用专业的后处理工具 CFD-Post。二者均可以查看云图、矢量图、流线、迹线，生成曲线图、导出求解结果报告、导出动画。后处理工具如图 4.18 所示，二者功能的详细讲解见第 5 章。

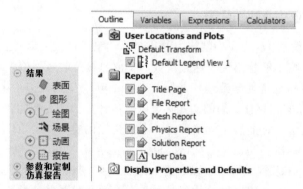

图 4.18　Fluent 内置后处理及 CFD-Post

4.2　常用边界条件

4.2.1　速度入口边界条件

图 4.19 为速度入口边界条件设置对话框。速度可以设置为幅值和速度分量两种形式，方向可以垂直边界或由方向向量确定。参考系默认为绝对参考系，也可以设置为相对于邻区域的局部坐标系，第二种方式一般用于动网格，当邻近区域静止时，两种坐标系等价。"超音

速/初始化表压"仅影响流场初始化，对最终结果无影响。当流动为湍流时，可以根据需要设置湍流强度、湍流黏度比、特征长度或水力直径等参数。

湍流参数表达式及量纲分析如下：

$$k = \frac{1}{2}(\overline{u'^2} + \overline{v'^2} + \overline{w'^2}) \tag{4.1}$$

$$\varepsilon \sim k^{3/2} / l \tag{4.2}$$

$$Re_t \sim k^{\frac{1}{2}} l / v \sim k^2 / v\varepsilon \tag{4.3}$$

$$I = \frac{u'}{U} \approx \frac{1}{U}\sqrt{\frac{2k}{3}} \tag{4.4}$$

式中　I——湍流强度；

k——湍流动能；

ε——湍流耗散率；

Re_t——雷诺数。

湍流强度取值范围一般在 1%～5%，若缺少相关试验数据，可以取湍流强度为 5%，黏度比为 10，该默认值对大多数圆管流动问题都适用。速度入口一般用于不可压缩流动场合，用于可压缩流动时容易出现非物理解。

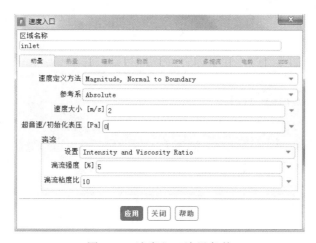

图 4.19　速度入口边界条件

4.2.2　压力入口边界条件

图 4.20 为压力入口边界条件设置对话框。压力入口边界条件既适用于可压缩流动，也适用于不可压缩流动。对于不可压缩流动，总表压由流速引起的动压和静压构成。"参考系""超音速/初始化表压""方向"及"湍流"设置选项的含义与速度入口相同。

其中静压、总压、总温按如下表达式计算：

$$p_{\text{total}} = p_{\text{static}} + \frac{\rho V^2}{2} \tag{4.5}$$

$$p_{\text{total,abs}} = p_{\text{staic,abs}}\left(1 + \frac{k-1}{2}\right)^{\frac{k}{k-1}} \tag{4.6}$$

$$T_{\text{total,abs}} = T_{\text{static,abs}} \left(1 + \frac{k-1}{2} M^2 \right) \qquad (4.7)$$

其中，式（4.5）适用于不可压缩流动，式（4.6）、式（4.7）适用于可压缩流动。

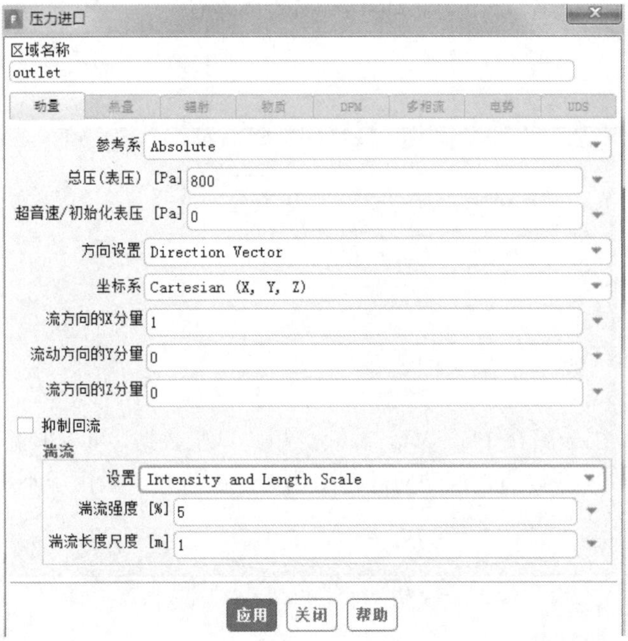

图 4.20　压力入口边界条件

4.2.3　质量入口边界条件

图 4.21 为质量入口边界条件设置对话框。可以通过质量流速、质量通量及平均质量通量三种方式定义质量流率。其余选项含义同压力入口。与压力入口边界条件比，质量入口收敛更困难，一般用于不可压缩流动中。

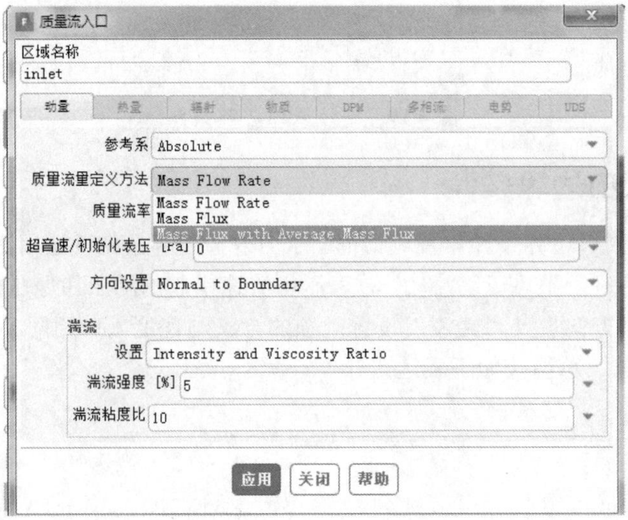

图 4.21　质量入口边界条件

4.2.4　压力出口边界条件

图 4.22 为压力出口边界条件设置对话框。其中"表压"值为出口所在环境中的静压。当出口存在回流或作为反向入口边界时，"回流"选项用于设置此时的湍流参数。压力出口边界条件适用于可压缩流动与不可压缩流动。当出口为超声速流动时，设置的压力值会被忽略。

图 4.22　压力出口边界条件

当外流场仿真的外边界设置为压力出口时，表示此时边界面为自由边界或非限定性边界，常用于模拟自然对流仿真等场合。

4.2.5　出流边界条件

图 4.23 为出流边界条件，当出口处无压力、流量信息时，可以将出口设置为出流边界，它在出口边界处进行质量平衡校正。当存在多个分支出口时，可以利用流速加权分配每个出口的质量流量百分比，所有出口加权值之和为 1。使用该边界条件时需将出口设置在流动充分发展且无回流的位置。一般用于不可压缩流动中。

图 4.23　出流边界条件

4.2.6　其他常用边界条件

在 Fluent 中还有很多其他类型的边界条件，如壁面、内部、交界面、风扇、通风、对称轴、对称面及周期性边界条件等。这些边界条件会在后续章节中通过具体实例进行介绍。

4.3 湍流模型

4.3.1 双方程湍流模型

流体按流动状态可以分为层流和湍流，可以通过雷诺数判断流动状态，工程中大多数流动问题均属于湍流。雷诺数表达式如下：

$$Re_{\mathrm{L}} = \frac{\rho v L}{\mu} \qquad (4.8)$$

式中，Re_{L} 为雷诺数，平板绕流临界雷诺数为 500000，圆柱绕流临界雷诺数为 20000，圆管流动临界雷诺数为 2300；L 为特征长度，对于圆管流动，其为内径 D，对于圆柱绕流，其为外径 D，对于平板绕流，其为长度 L；μ 为流体的动力黏度；ρ 为流体密度，v 为流速。

湍流的数值模拟有三种方法：DNS（直接数值模拟）、LES（大涡模拟）和 RANS（雷诺平均 NS 模型）。其中 RANS 在工程仿真中应用最多，它只求解时间平均意义下的 NS 方程，瞬时流速被处理成平均速度叠加一个速度波动量，速度的波动量平均值为 0，因速度波动产生的能量称为紊动能。基于这种思想，NS 方程可以表示为：

$$\rho\left(\frac{\partial \overline{u_i}}{\partial t} + \overline{u_k}\frac{\partial \overline{u_i}}{\partial x_k}\right) = -\frac{\partial p}{\partial x_i} + \frac{\partial}{\partial x}\left(\mu\frac{\partial \overline{u_i}}{\partial x_j}\right) + \frac{\partial R_{ij}}{\partial x_j} \qquad (4.9)$$

式中，$R_{ij} = -\rho\overline{u_i'u_j'}$ 为雷诺应力张量；$\overline{u_i}$ 为速度均值。

求解雷诺应力张量时，使用不同的方法和经验公式，则会衍生出不同的湍流模型。根据模型中输运方程的数量，湍流模型可以分为零方程模型、单方程模型、双方程模型、3 方程模型、4 方程模型、7 方程模型。双方程模型精度较高、计算量适中，是最常用的湍流模型，它需要选择合适的湍流模型、壁面函数和湍流边界条件。

Fluent 的双方程模型包括 k-ε 和 k-ω 模型。k-ε 模型中包括 Standard、RNG 和 Realizable 三种类型；k-ε 模型包括 Standard、GEKO、BSL 和 SST 四种类型。表 4.1 为它们的主要特点和应用场合。

表 4.1 Fluent 双方程模型

模型	特点
Standard k-ε	常用于初始迭代、方案筛选及参数化研究。鲁棒性强，在大压力梯度、存在流动分离及强弯曲迹线流动场合表现较差
Realizable k-ε	适用于包含旋涡、快速应变等复杂剪切流动及存在局部过渡流动等场合
RNG k-ε	适用范围同 Realizable k-ε，收敛性略差
Standard k-ω	非常适合应用于绕流中的边界层流动，存在逆压力梯度的复杂流动分离、自由剪切流，低雷诺数流动场合。预测的分离点位置比实际流动早
GEKO k-ω	一个具有足够灵活性的单一模型，提供四个自由参数，默认设置可以涵盖大多数应用领域。该模型有适用范围非常广的默认值，用户在没有高质量实验数据支撑的情况下不建议修改默认值
SST k-ω	它结合了 k-ω 和 k-ω 模型的优点，是一个混合的双方程模型，在边界层流动问题中比 k-ω 性能更好，且不像 Standard k-ω 在自由流场中对边界条件过于敏感。因此在近壁面流动及自由流动中都能获得相对精确的解
BSL k-ω	和 SST k-ω 类似，当 SST k-ω 出现分离点预测过时时，BSL k-ω 有更好的表现

在上述几种双方程模型中，推荐使用 Realizable k-ε、SST k-ω、GEKO k-ω 等几种模型。

4.3.2 湍流边界层及壁面函数

壁面函数，也称壁面模型，主要用来模拟近壁面处的流动边界层。从图 4.24 所示的流场速度分布可以看出，在壁面附近流速较低，但速度变化梯度较大。从壁面到自由流场，大致可以分为黏滞子层、缓冲区及对数层。当将速度及与壁面的距离表示为无量纲数并将无量纲速度 u^+ 与无量纲距离 y^+ 绘制在半对数坐标系中时，所有的湍流边界层都服从类似规律。在边界层中流动受黏度影响较大，为层流或低雷诺数流动。无量纲数定义如下：

$$u^+ = \frac{u}{u_\tau} \tag{4.10}$$

$$u_\tau = \sqrt{\frac{\tau_{\text{wall}}}{\rho}} \tag{4.11}$$

$$y^+ = \frac{y u_\tau}{\nu} \tag{4.12}$$

在 Fluent 中处理边界层有两种方法。一种直接求解黏滞子层。此时要求网格分辨率较高，在 y^+=1 处至少有一层网格，且膨胀层网格增长率不超过 1.2。按此要求估算，一般黏滞子层要划分 10~20 层左右的网格，计算量较大。当近墙壁处的物理过程是模拟的关键因素时，应直接解算黏滞子层，例如空气动力学的扰流模拟、叶轮机械叶片性能模拟、对流换热问题等。此时推荐的湍流模型为 SST k-ω，它在近壁面及自由流场中都有较好的精度。当不需要关注黏滞子层时，为减小计算量，不直接求解黏滞子层而使用壁面函数模型（半经验公式）代替黏滞子层的求解，此时边界层仅求解对数层流动方程。当使用壁面函数时，第一层网格不应处于黏滞子层，而应处于对数层，此时 y^+ 建议取 30~60，使用标准壁面函数及 k-ε 模型。使用标准壁面函数不允许将壁面网格加密，否则会导致非物理解错误，但 Fluent 近年来新增的增强壁面函数模型对 y^+ 值不敏感，允许 y^+ 在较宽范围内变化，只要保证仍在对数层内（y^+<300）即可。搭配 SST k-ω 湍流模型可以随网格疏密而在求解黏滞子层及使用壁面函数之间自动切换且不会出现非物理解。

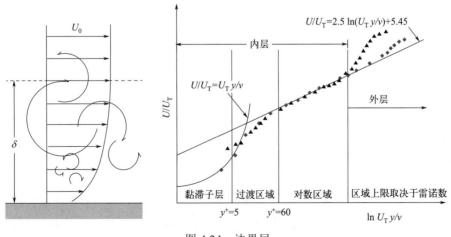

图 4.24　边界层

【例 4.1】机翼转捩边界层绕流仿真

本例通过对一个机翼的转捩边界层绕流问题的仿真，演示一下 Fluent 仿真的一般流程及不同湍流模型对仿真结果的影响。机翼前缘位于坐标原点，计算区域范围为：x=−18～25m，y=−18～21.56m，在机翼表面处绘制了精细的边界层网格。风洞试验的相关数据如表 4.2 所示。

表 4.2　风洞试验参数

攻角	静压	静温	马赫数	间歇因子	湍流强度	湍流黏度比
13.1°	59607.1Pa	273K	0.15	1	1	15

步骤 1　新建一个 Workbench 工程，如图 4.25 所示，在工具箱中双击"流体流动（Fluent）"，添加一个 Fluent 仿真流程。

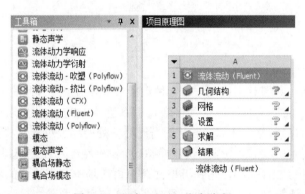

图 4.25　添加 Fluent 仿真流程

步骤 2　如图 4.26 所示，在网格单元格上单击鼠标右键，选择"导入网格文件"，添加素材文件 eg4.1.msh。网格导入后，双击设置单元格，在打开的启动界面中，勾选"Double Precision"，根据需要设置 CPU 核数，这里将"Solver Processes"设置为 2，如图 4.27 所示。

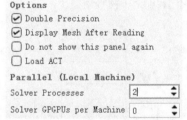

图 4.26　导入网格文件　　　　　　图 4.27　设置启动选项

步骤 3　单击"Start"启动 Fluent，通过鼠标滚轮对网格进行缩放，机翼附近的网格如图 4.28 所示。

步骤 4　单击"通用"设置中的"检查"和"报告质量"按钮，显示计算区域范围、网格数量及网格质量，如图 4.29 所示。当出现由于边界层网格宽高比大导致的警告时，可以予以忽略。"通用"设置中的其余选项保持默认值，即使用稳态压力基求解器，重力加速度选项保持关闭状态。

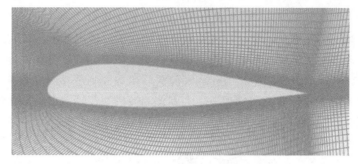

图 4.28　机翼附近网格

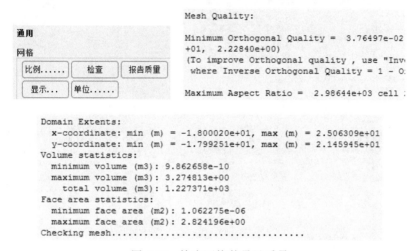

通用
网格
比例......
检查
报告质量
显示...
单位......
Mesh Quality:
Minimum Orthogonal Quality = 3.76497e-02
+01, 2.22840e+00)
(To improve Orthogonal quality , use "Inv
where Inverse Orthogonal Quality = 1 - O
Maximum Aspect Ratio = 2.98644e+03 cell
Domain Extents:
x-coordinate: min (m) = -1.800020e+01, max (m) = 2.506309e+01
y-coordinate: min (m) = -1.799251e+01, max (m) = 2.145945e+01
Volume statistics:
minimum volume (m3): 9.862658e-10
maximum volume (m3): 3.274813e+00
total volume (m3): 1.227371e+03
Face area statistics:
minimum face area (m2): 1.062275e-06
maximum face area (m2): 2.824196e+00
Checking mesh.....................................

图 4.29　检查网格数量及质量

步骤 5　双击“材料”→“流体”中的“空气”，打开如图 4.30 所示的材料设置对话框。将“密度”修改为“ideal-gas”，其余选项保持默认值，单击“更改/创建”按钮后将对话框关闭。当将空气密度修改为理想气体类型时，系统会自动打开能量选项。

创建/编辑材料
名称
air
材料类型
fluid
化学式
Fluent流体材料
air
Mixture
none
属性
密度 [kg/m³]
ideal-gas
Cp（比热） [J/(kg K)]
constant
1006.43
热导率 [W/(m K)]
constant
0.0242
粘度 [kg/(m s)]
constant
1.7894e-05
更改/创建
删除
关闭
帮助
过滤文本
设置
通用
模型
材料
流体
空气
固体
单元区域条件
流体
fluid
边界条件

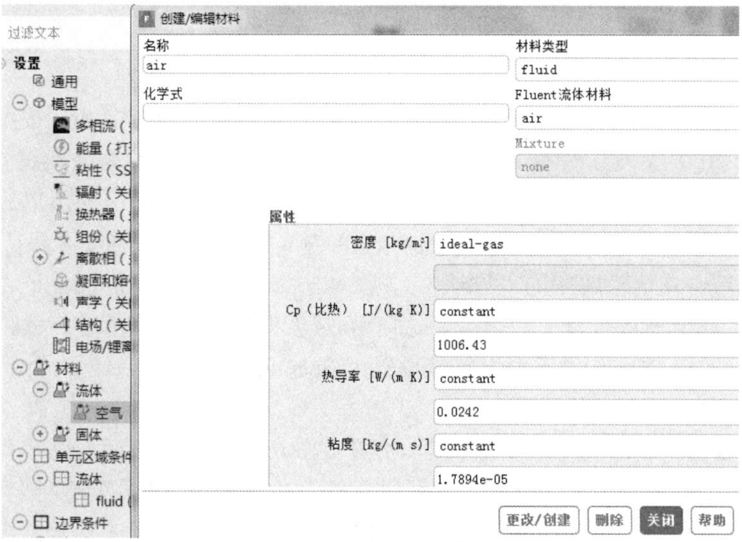

图 4.30　设置空气材料属性

步骤 6 双击"粘度"，打开如图 4.31 所示的湍流设置对话框。默认情况下，系统使用 KW-SST 模型。对于实际机翼，流动在某位置处开始转捩，使用 k-omega SST 模型将整个流场当作湍流处理，忽略了层流区域的存在，不符合实际情况，计算结果精度较低。为了解决这个问题，通过将转捩动量厚度雷诺数作为经验关联函数控制边界层内间歇因子的生成，通过间歇因子控制湍动能项，即利用转捩发生准则使湍流模型在层流区失效，能获得更高的求解精度。因此本例使用湍流模型中的 4 方程转捩 SST 模型。如图 4.31 所示，勾选"粘性加热"选项，其余参数保持默认值。

步骤 7 双击边界条件，在右侧面板中选中"inlet"，将类型修改为"pressure-far-field"。单击"工作条件"按钮，打开如图 4.32 所示的对话框，将工作压力设置为 59607.1Pa。

图 4.31　设置转捩 SST 湍流模型选项

图 4.32　设置工作条件

步骤 8 双击 inlet 压力远场边界条件，打开如图 4.33 所示的对话框。按图设置相应的动量及热量选项。其中 X 及 Y 分量为攻角的方向向量，分别为攻角的余弦及正弦值。

步骤 9 双击"outlet"，打开如图 4.34 所示的对话框。按图为压力出口边界条件设置相应的动量及热量选项。bottom-airfoil 和 top-airfoil 为 wall 类型边界条件，保持默认值即可。

步骤 10 双击左侧求解中的"方法"。如图 4.35 所示，在右侧面板中，将压力速度耦合设置 Coupled，耦合算法可以更快收敛。二阶算法可以获得更高的精度，故将"梯度"设置为 Least Squares Cell Based，"压力"算法设置为 Second Order，其余选项全部设置为 Second Order Upwind。取消勾选"伪瞬态"。

步骤 11 双击左侧求解中的"控制"。如图 4.36 所示，在右侧面板中，将库朗数设置为 50，"显示松弛因子"均设置为 0.3，"亚松弛因子"中"密度""湍流动能""比耗散率"设置为 0.5，"间歇性"及"Momentum Thickness Re"设置为 0.8。上述参数调低有助于初始迭代的稳定性。

图 4.33　设置压力远场选项

图 4.34　设置压力出口选项

步骤 12　双击"报告定义",打开如图 4.37 所示的报告定义对话框,选择"创建"→"力矩监控器"中的"阻力"选项,打开如图 4.38 所示的阻力定义报告对话框。将名称修改为 cd-1,报告类型设置为阻力系数,根据攻角计算出的方向向量,将力矢量设置为 0.97318 和 0.23005。"区域"中选择"top-airfoil"和"bottom-airfoil",勾选"报告图"及"打印到控制台"。

步骤 13　双击"报告计算监控"中的"残差",打开如图 4.39 所示的残差监控器。勾选"显示高级选项",将"收敛标准"设置为 none。

步骤 14　双击"初始化",如图 4.40 所示,选择"标准初始化",将"计算参考"设置为 inlet,单击"初始化"按钮进行初始化。

图 4.35 设置求解器"方法"选项　　　图 4.36 设置求解器"控制"选项

图 4.37 添加报告定义

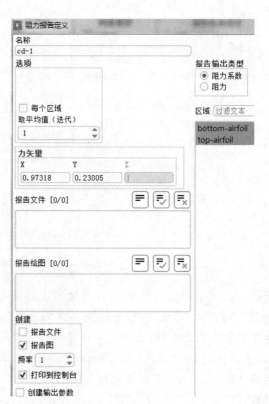

图 4.38 设置阻力报告定义

图 4.39　设置残差监控选项

图 4.40　设置标准初始

步骤 15　在命令窗口按回车键，输入"/solve/initialize/fmg-initialization"，命令窗口出现如图 4.41 所示的提示，输入"yes"后回车，系统进行 FMG 初始化，它能提供更合理的初值，有利于迭代稳定并减少迭代次数。

步骤 16　双击左侧参考值，如图 4.42 所示，在右侧面板中将"计算参考"设置为 inlet，后续的系数计算将引用此处的参考值，可根据机翼的实际面积调整此处的面积值。

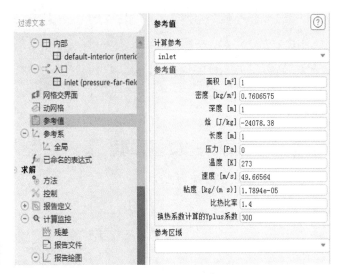

```
> /solve/initialize/fmg-initialization
Enable FMG initialization? [no] yes
```

图 4.41　开启 FMG 初始化选项　　　　　　　图 4.42　设置参考值

步骤 17　双击"求解"中的"运行计算"，如图 4.43 所示，将迭代次数设置为 250。单击"开始计算"，系统将显示残差曲线及阻力系数曲线，如图 4.44 所示。

步骤 18　如图 4.45 所示，在命令窗口中输入"/solve/monitors/force/clearmonitor"，将阻

力系数曲线中前 250 次计算结果对应的曲线清除。将迭代次数修改为 1750，再次单击"开始计算"，当系统显示如图 4.46 所示的提示时，选择"OK"，继续进行计算。这样做是由于初始迭代时，阻力曲线会从比较大的值快速衰减，纵坐标分辨率较低。除了通过分段计算，并清除第一段曲线数据外，还可以通过调整阻力曲线坐标范围达到同样的效果。如图 4.47 所示，双击"报告绘图"，选择轴，打开如图 4.48 所示的坐标轴设置对话框。将轴设置为"X"，取消勾选"自动范围"，将 X 轴的范围设置为 200～2000，再将轴设置为"Y"，取消勾选"自动范围"，将 Y 轴的范围设置为 0～0.1，应用后回到曲线设置对话框，单击"绘图"按钮，重绘阻力曲线。

图 4.43　设置迭代次数

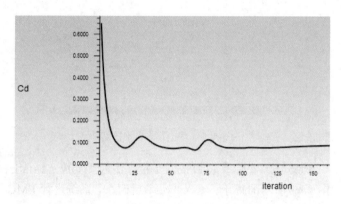

图 4.44　阻力曲线（迭代次数=250）

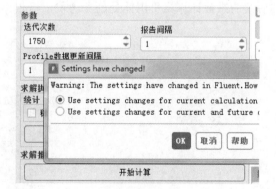

```
> /solve/monitors/force/clearmonitor
Clear all defined monitors data? [no] yes
```

图 4.45　清空阻力曲线

图 4.46　重启计算

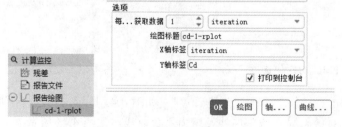

图 4.47　设置曲线属性

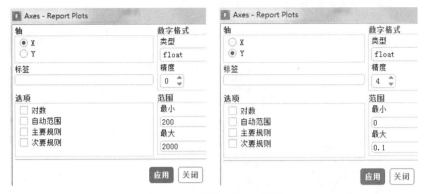

图 4.48 设置坐标轴范围

步骤 19 经过 2000 次迭代，残差曲线及阻力曲线分别如图 4.49 及图 4.50 所示。

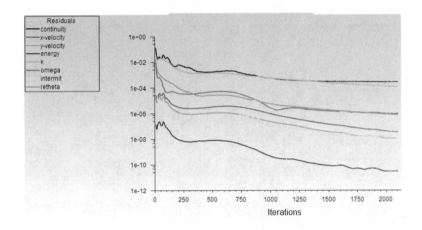

图 4.49 残差曲线（迭代次数=2000）

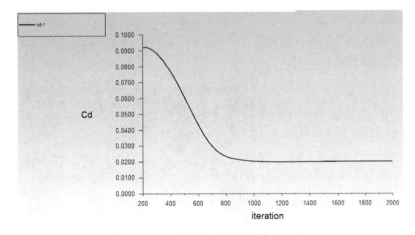

图 4.50 阻力曲线（迭代次数=2000）

步骤 20 在"结果"→"图形"中双击"云图"，打开如图 4.51 所示的云图设置对话框。将"着色变量"设置为 Velocity-Mach Number，单击"保存/显示"按钮，绘制如图 4.52 所示的马赫数云图。类似地，绘制如图 4.53 所示的压力云图。

图 4.51　设置云图

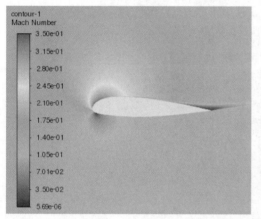

图 4.52　马赫数云图

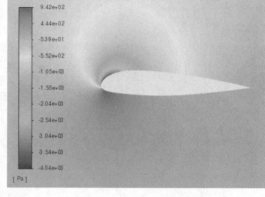

图 4.53　压力云图

步骤 21　将"着色变量"选项设置为 Turbulence-Intermittency，绘制如图 4.54 所示的云图。从该云图中可以看到在机翼表面沿着流动方向，Intermittency 从 0 过渡到 1，表明边界层中发生了从层流到湍流的转捩。

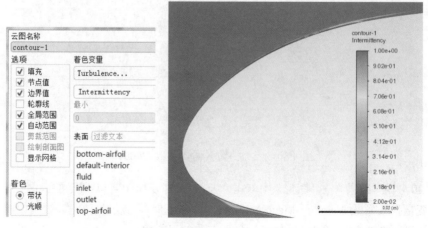

图 4.54　Intermittency 云图

步骤22 双击"矢量",显示如图4.55所示的矢量图设置对话框,将"类型"设置为filled-arrow,"比例"设置为0.02,单击"保存/显示"按钮。图4.56为对应的速度矢量图,从速度矢量方向可以判断出,边界层内存在流动分离现象。

图4.55 设置速度矢量图

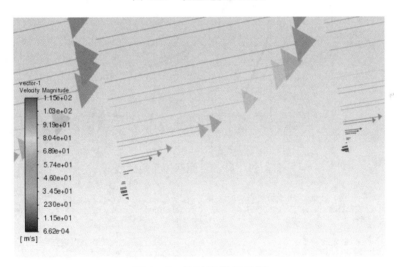

图4.56 显示速度矢量图

步骤23 为了验证仿真的精度,将其与风洞实验数据进行对比。如图4.57所示,双击XY图,取消勾选"节点值",将"Y轴函数"设置为Wall Fluxes-Skin Friction Coefficient,选择"top-airfoil"作为绘制曲线的表面。单击"加载文件"按钮,选择素材文件eg4.1_Cf.xy。单击"曲线"按钮,打开如图4.58所示的曲线设置对话框,通过上下箭头将当前曲线设置为1,将其尺寸设置为0.6,单击"应用"后关闭该窗口。返回到图4.57后单击"绘图",绘制如图4.59所示的表面摩擦系数曲线图。

步骤24 如图4.60所示,采用同样的方法,将"Y轴函数"设置为Pressure-Pressure Coefficient,加载eg.4.1_Cp.xy素材文件,绘制如图4.61所示的压力系数曲线图。

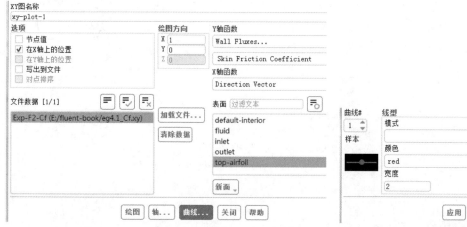

图 4.57　设置 XY 曲线图　　　　　　　　　图 4.58　设置曲线属性

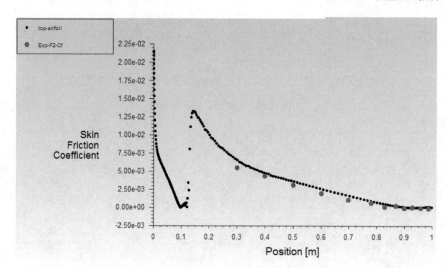

图 4.59　显示表面摩擦系数曲线

图 4.60　设置压力系数曲线图

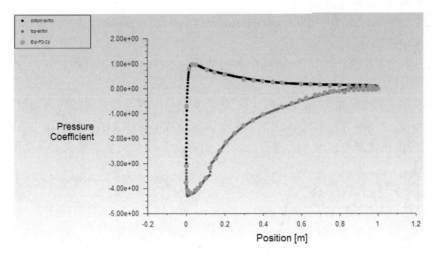

图 4.61　显示压力系数曲线图

步骤 25　关闭 Fluent 窗口，返回到 Workbench 主界面。如图 4.62 所示，在流体流动单元格上单击鼠标右键，选择"复制"，生成一个当前仿真的副本。

步骤 26　在生成的副本上，双击求解单元格，打开 Fluent 界面。如图 4.63 所示，将"模型"设置为 k-omega，"k-omega 模型"选择 SST 模型，勾选"黏性加热"选项，其余选项保持默认值。

图 4.62　生成仿真副本　　　　图 4.63　修改湍流模型

步骤 27　双击"初始化"，仍然将初始化方法设置为标准初始化，"计算参考"设置为 inlet，重新进行初始化。

步骤 28 在命令窗口中输入"/solve/initialize/fmg-initialization"，当出现提示时输入"yes"，重新进行 FMG 初始化。

步骤 29 双击"运行计算"，将迭代次数设置为 2000，单击"开始计算"按钮，对新设置进行求解。

步骤 30 分别绘制如图 4.64 及图 4.65 所示的表面摩擦系数曲线及压力系数曲线图。从这里可以看出，使用双方程的 k-ω、SST 模型和实验数据有较大的偏差，其中表面摩擦系数曲线没有出现先迅速减小再增大的过程，说明二者在边界层分离点的预测上存在很大的差别。

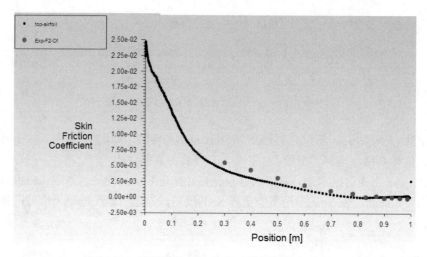

图 4.64 表面摩擦系数曲线（迭代次数=2000）

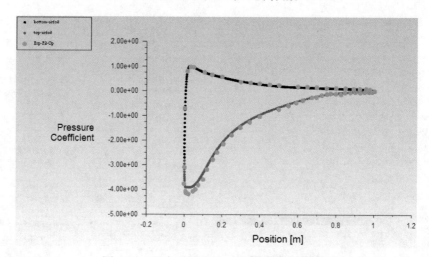

图 4.65 压力系数曲线（迭代次数=2000）

ANSYS
Fluent

第 5 章

求解器设置及结果后处理

Fluent 求解器参数、初始化、监控设置均会影响到求解精度和收敛性。虽然 Fluent 提供的默认参数能够满足一般问题的求解，但使用者仍需了解上述参数的含义及各参数对精度和收敛特性的影响。后处理是对求解结果的再加工，Fluent 提供的丰富云图、曲线图、动画、结果对比等后处理工具有助于以直观的方式呈现求解结果，便于分析与理解。

5.1 求解器及参数设置

5.1.1 求解器类型

Fluent 中有两种求解器类型：压力基求解器及密度基求解器。二者均在通用设置面板中进行设置。压力基求解器为默认的求解器类型，适用于马赫数低于 3 的大多数问题；密度基求解器仅用于高超声速仿真及类似于捕捉冲击波等特定类型的仿真中，这些问题中密度、能量、动量之间通常存在强耦合关系。在压力基求解器中又包括耦合算法和分离算法，耦合算法中连续性和动量方程同时求解，分离算法中先求解三个方向的动量方程，再求解连续性方程并更新经过压力场校正的速度场使其满足连续性方程。压力基求解器中能量方程、组分输运方程和湍流方程及其他标量方程均为顺序求解。密度基求解器中连续性方程、动量方程、能量方程、组分输运方程同时求解，仅湍流方程及其他标量方程顺序求解。

5.1.2 求解参数设置

Fluent 中可以通过调整压力速度耦合、空间离散、伪瞬态、松弛因子或柯朗数等求解参数对收敛迭代特性及精度进行控制。

如图 5.1 所示，压力速度耦合包括 SIMPLE、SIMPLEC、PISO 和 Coupled 四种方案。其中 Coupled 为默认选项，它同时求解连续方程、动量方程和能量方程，既适用于可压缩流动，也适用于不可压缩流动问题，尤其是在存在浮力效应及转动的问题中，常与伪瞬态选项搭配，可以有效降低迭代次数、加快求解速度。SIMPLE 是一种非常成熟的压力修正算法，同样适用于不可压缩流动。它对内存需求较低，在每个迭代步中得到的压强场都不能完全满足动量方程，因此需要反复迭代，直到收敛，需比较多的迭代次数，求解较慢。SIMPLEC 是 SIMPLE 的基础上对通量修正方法进行了改进，加快了计算的收敛速度。PISO 算法针对 SIMPLE 算法中每个迭代步获得的压强场与动量方程偏离过大的问题，在每个迭代步增加了动量修正和网格畸变修正过程，因此虽然 PISO 算法的每个迭代步中的计算量大于 SIMPLE 算法和 SIMPLEC 算法，但是由于每个迭代步中获得的压强场更准确，所以使得计算收敛得更快，它一般用于网格扭曲度较大场合及瞬态问题中。

如图 5.2 所示，空间离散中可以对梯度、压力、动量等离散算法进行选择。图 5.3 为梯度离散算法，它包括 Green-Gauss Cell-Based、Green-Gauss Node-Based 和 Least-Squares Cell-Based 三种算法。其中 Green-Gauss Cell-Based 计算量最小，但可能出现假扩散现象；Green-Gauss Node-Based 精度最高，适用于三角形及四边形混合网格；Least-Squares Cell-Based 计算量和精度适中，网格适应性强，为缺省算法。

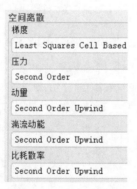

图 5.1　压力速度耦合　　　　图 5.2　空间离散选项　　　　图 5.3　梯度离散选项

图 5.4 为压力离散算法，它包括 Standard、PRESTO、Linear、Second-Order 和 Body Force Weighed 五种算法。Second-Order 为默认算法，具有二阶精度，注意不可将其用于渗透性介质、风扇、VOF 及混合相多相流中；Standard 算法在靠近壁面处及存在压力急剧变化的位置处精度较低，曾是默认算法，现已不推荐使用；PRESTO 适合于旋转流动、压力急速变化等场合；Linear 为一阶算法，仅在其他算法出现收敛困难时使用；Body Force Weighed 适用于流动中存在大的质量力（例如旋转流动中的离心力）或质量力为流动的主要驱动力时（例如自然对流）。

图 5.5 为动量、湍流动能及比耗散率的离散算法。First Order Upwind 最容易收敛，但仅为一阶精度；Second Order Upwind 比一阶算法收敛困难，但有二阶计算精度，适用于非六面

体网格，为默认算法；MUSCL 为局部三阶精度算法，适用于非结构化网格，在预测二次流动及存在旋涡时，精度更高；QUICK 适用于四边形/六面体网格，常用于旋转流动，具有三阶精度。

　　如图 5.6 所示，其他选项中"时间项离散格式"中，可以对时间离散阶次进行选择，仅在瞬态问题中可用。"无迭代时间推进"同样仅在瞬态问题中可用，它一般与 PISO 算法联合使用，此时瞬态计算每个时间步长内不需要迭代，求解精度仅取决于时间步长的大小。"通量冻结格式"仅用于瞬态非多相流问题，可以改善时间步长内的收敛性。伪瞬态选项常和 Coupled 算法联合使用，可以加快收敛速度，尤其对于稳态自然对流问题，可以有效解决残差振荡问题。"Warped-Face 梯度校正"可以改善因网格畸变导致的梯度计算精度降低及数值迭代收敛困难等问题。"高阶项松弛"选项可以用来设置高阶项（二阶及以上）的松弛因子，通常情况下我们为了提高求解精度，会使用二阶及以上算法，当使用高阶算法导致收敛困难时，可以适当降低高阶松弛因子改善收敛性。

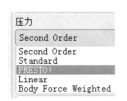

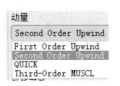

图 5.4　压力离散选项　　　图 5.5　其他离散选项　　　图 5.6　其他选项

　　如图 5.7 所示，选择不同的压力速度耦合选项，其求解控制选项也不同。对于 SIMPLE、SIMPLEC 和 PISO 算法，求解控制选项为亚松弛因子。单独使用 Coupled 算法时，还需要设置库朗数和显示松弛因子，Coupled 和伪瞬态配合使用时，则需设置伪瞬态显示松弛因子。

图 5.7　求解控制选项

这些参数均是用于控制稳态迭代过程中相邻迭代步之间的增量的，数值越小增量越小，迭代更稳态。当出现收敛困难时，可以通过降低松弛因子及库朗数改善收敛性，相应地降低这些参数会影响迭代收敛速度。对于大多数问题，保持默认值即可。

5.1.3 初始化方法的选择

Fluent 提供了 5 种初始化方法：标准初始化、混合初始化、FMG 初始化、局部初始化、利用上次的仿真结果进行初始化。

如图 5.8 所示，标准初始化通常选择某一边界条件作为计算参考，边界条件中的参数值作为初始值，赋予每个网格。混合初始化为默认的初始化类型，通过求解拉普拉斯方程对速度和压力进行赋值，其默认迭代次数为 10 次，当无法满足收敛条件时，可以通过单击"更多设置"按钮，打开如图 5.9 所示的混合初始化设置对话框，增加迭代次数。其他变量的初值则是通过将计算域中对应量取平均值获得。

图 5.8　标准初始化　　　　　　图 5.9　混合初始化

FMG 初始化通过在不同粗糙水平的网格上利用一阶精度算法求解欧拉方程作为初始化初值。通常利用 FMG 对大压力及速度梯度（例如可压缩流动及流体机械等）等复杂流动问题进行初始化。该初始化时间较长，能提供更合理的初值。需要通过命令行方式启动 FMG 初始化方法。其命令访问方式为/solve/init/fmg-initialization，还可以通过在命令行中输入/solve/init/set-fmg-initialization 对 FMG 中的参数进行设置。

注意：启动 FMG 初始化前须先进行标准初始化或混合初始化。

局部初始化可以为特定区域设定初值。通常先在区域寄存器中设定区域范围，如图 5.10 所示，在菜单栏中选择"自适应"中的"细化/粗化"，在打开的区域寄存器中通过设置区域形状及坐标范围生成所需局部初始化的设定区域。单击"局部初始化"按钮可以打开如图 5.11 所示的对话框，选择需要进行局部初始化的变量，设定该变量值及对应的区域。

注意：局部初始化前需要先进行全局初始化。局部初始化常用于射流、燃烧机多相流仿真中。

对于复杂问题，为改善收敛性、缩短求解迭代时间，可以先使用容易收敛的模型、算法及粗糙的网格求解近似解，以此仿真结果作为最终仿真的迭代初值，这是针对复杂仿真问题的一个常用技巧。其具体方法为在文件菜单中选择"插入"，打开如图 5.12 所示的内插数据对话框。在"单元区域"中选择需要导出的区域，"场"中选择所需导出的物理量。将"选项"设定为"写出数据"，导入简化版本仿真中对应的数据文件。对最终模型，将"选项"设定为"读入并内插值"，选择数据文件，对应好区域及物理量，Fluent 会对导入数据进行插值，实现对求解区域的数据填充。

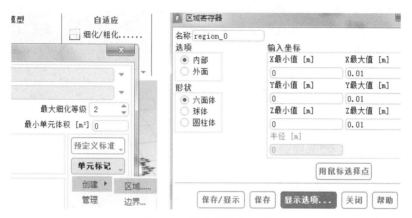

图 5.10　创建区域寄存器

图 5.11　局部初始化

图 5.12　数据插值

5.2 收敛判断准则

5.2.1 残差设置

残差值应随着求解迭代不断降低，默认情况下，系统会显示 continuity、x-velocity、y-velocity、z-velocity、energy、k、epsilon/omega 残差，energy 需达到10^{-6}，其他量需达到10^{-3}，全部残差均达到指定标准后，迭代就会停止。如图 5.13 所示，可以修改残差收敛标准、部分关闭或全部关闭收敛标准。

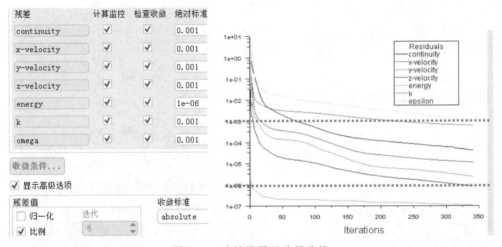

图 5.13 残差设置及残差曲线

5.2.2 守恒量通量收敛判据

守恒量需满足平衡条件：利用后处理中的通量报告功能（图 5.14），可以查看质量、能量是否守恒，一般要求最终不平衡量小于通过边界处最小通量的 1%。守恒量是判断是否收敛的重要准则，经常出现残差已达到收敛准则，但守恒量仍未平衡的情况，此时的结果非常具有误导性，若忘记查看通量报告，常常会得出错误结论。

图 5.14 查看通量报告

5.2.3 添加其他监控条件

根据求解问题类型，可以选择重要变量作为自定义监控变量，如图 5.15 所示，可以创建各种监控类型。选择具体监控类型后会打开如图 5.16 所示的监控量定义对话框，可以选中监控的物理量及监控位置并创建报告文件及报告图。自定义监控变量是否达到稳定值是一个重要的收敛判据。

图 5.15　创建监控报告　　　　图 5.16　定义监控量查看通量报告

一般情况下要求上述三个判据均需得到满足，但有些强耦合问题，可能会出现残差振荡无法降低到目标值，此时若可以满足后两个条件，也可以判定迭代已满足收敛条件。

5.2.4 不收敛的常见原因及解决方案

在 Fluent 求解迭代过程中会出现不收敛等问题，主要表现在残差曲线不断上升最终报错、围绕一个数值大范围上下波动、稳定到一个很大的残差后几乎不再随迭代而变化，如图 5.17 所示。不收敛的结果非常具有误导性，这些问题常常由于求解参数设置不当、网格质量差、边界条件设置不合理导致。当出现不收敛时，可以试着使用如下方法进行调试：

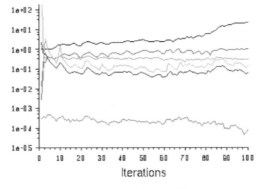

图 5.17　迭代不收敛

① 首次求解时可以将离散方法设置成 first-order，待残差较小时再将离散方法调整回来。

② 基于压力的求解器可以降低欠松弛因子，基于密度的求解器可以降低 Courant number。

③ 通过网格重绘或网格细化改善网格扭曲，提高网格质量。

【例 5.1】参数化仿真及内置后处理工具

Fluent 支持参数化仿真，通过对不同参数的仿真结果进行比较，可以很方便地实现设计优化。

步骤 1 新建一个 Workbench 工程，打开素材文件 eg5.1.wpbz。双击 Geometry 单元格，打开 DM 模块，该模型为车内空调系统，其进出口如图 5.18 所示，通过调节内部的阀门角度可以改变气流方向及流量。

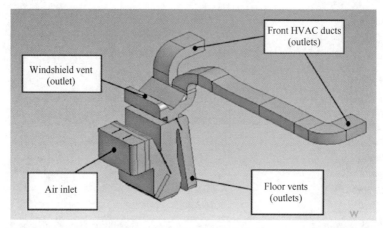

图 5.18　车内空调系统模型

步骤 2 如图 5.19 所示，Sketch5 为换热器蝶阀所在的草图，通过调节该蝶阀，可以控制入口空气是否流经下方的换热器。该草图所在平面为 Plane4，当前角度为 90°，此时蝶阀为关闭状态，角度前的 P 表示该角度为驱动参数。

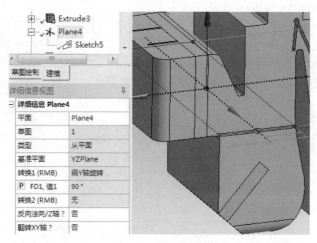

图 5.19　换热器蝶阀

步骤 3 如图 5.20 所示，Plane5 和 Plane6 分别为控制气流流向地面及流向风挡的蝶阀所在的平面。

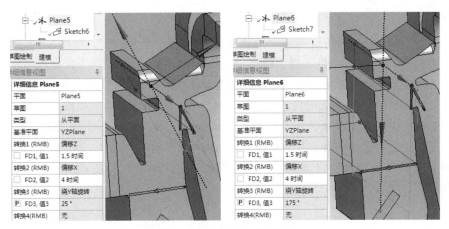

图 5.20 地面及风挡蝶阀

步骤 4 单击工具栏上的参数按钮,打开如图 5.21 所示的参数编辑器。参数 wsfpos、ftpos、hcpos 分别对应 Plane4、Plane5 和 Plane6,当前值分别为 175°、25° 和 90°。

图 5.21 参数及参数值

步骤 5 返回 Workbench 主界面,双击参数集,打开如图 5.22 所示的参数编辑表格。添加 P4、P5 和 P6 三个新参数。单击 P1 参数,在下方的表达式中输入"min(max(25,P4),90)",保证参数 hcpos 取值范围为 25~90。类似地,为 P2 和 P3 设置表达式"min(max(20,P5),60)"和"min(max(15,P6),175)"。通过添加新参数及表达式,将 P4~P6 设置为驱动参数,P1~P3 在限定范围内受 P4~P6 驱动。

	A	B	C
	ID	参数名称	值
⊟	输入参数		
⊟	Fluid Flow (FLUENT) (A1)		
P1		hcpos	25
P2		ftpos	25
P3		wsfpos	175
P4		input_hcpos	15
P5		input_ftpos	25
P6		input_wsfpos	90
新输入参数		新名称	新表达式
⊟	输出参数		
新输出参数			新表达式
图表			

	A
1	Fluid Flow (FLUENT)
2	DM Geometry ✓
3	Mesh ⟳
4	Setup ⟳
5	Solution ?
6	Results ?
7	参数

Fluid Flow (FLUENT)

参数集

属性 3: P1

	A
	属性
⊟ 一般	
表达式	min(max(25,P4),90)
使用	输入

图 5.22 参数及参数值

步骤 6 关闭参数设置窗口，返回 Workbench 主界面。由于修改了几何模型参数，需要刷新 Geometry 单元格。在 Geometry 上单击鼠标右键，选择"刷新"，双击 Mesh 单元格，进入网格划分界面。如图 5.23 所示，模型树中 assembly 为多体零件，由四个实体构成。Coordinate Systems 中包含一个全局坐标系和两个局部坐标系，两个局部坐标系分别位于换热器的蝶阀及换热器上。Named Selection 中为边界面及实体区域，结果命名的模型便于识别和选择，方便后续在 Fluent 中设置边界条件及进行结果后处理。由于模型具有对称性，为了降低计算量，取实际模型的一半，已为对称面赋予流量 symmetry 类型的命名选择。Mesh 中已经设置好了全局及局部参数，在 Mesh 上单击鼠标右键，选择"生成网格"。

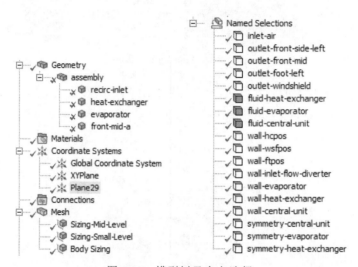

图 5.23 模型树及命名选择

步骤 7 关闭 Mesh 界面，返回 Workbench 主界面。在 Mesh 单元格上单击鼠标右键，选择"更新"，网格和命名选择会传递到 Fluent 中。双击 Setup，打开如图 5.24 所示的启动界面。勾选"Double Precision"启动双精度求解器，设置求解器核数为 2，单击"Start"启动 Fluent。

图 5.24 设置启动选项

步骤 8 如图 5.25 所示，在命令窗口中输入"mesh/reorder/reorder-domain"后按回车键，系统对网格编号进行重排，有利于提高运行速度。

步骤 9 保持默认的压力基求解器及材料设置。在"模型"中双击"能量"，勾选"能量方程"，将"黏性"模型设置为"SST k-omega"，如图 5.26 所示。

```
> mesh/reorder/reorder-domain

>> Reordering domain using Reverse Cuthill-McKee method:
      zones, cells, faces, done.
   Bandwidth reduction = 7575/7575 = 1.00
   Done.
```

图 5.25　网格编号重排

图 5.26　开启能量方程

步骤 10　双击入口边界条件中的"inlet-air"，打开如图 5.27 所示的对话框。将"湍流"设置为湍流强度和水力直径，湍流强度设置为默认的 5%，并根据入口尺寸计算出水力直径 0.061m［长方形入口水力直径计算公式：2×(长度×宽度)/(长度+宽度)］。在速度输入框右侧选择下拉三角箭头，打开如图 5.28 所示的参数设置对话框。将其名称定义为 in_velocity，数值为 0.5[m/s]，勾选下方的"用作输入参数"复选框，单击"OK"后返回入口边界条件对话框，此时速度输入框中为参数 in_velocity。切换到热量选项页，采用同样的方法设置温度输入参数，名称为 in_temp，数值为 310[K]。

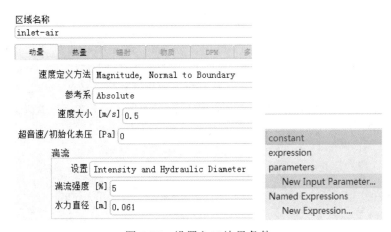

图 5.27　设置入口边界条件

图 5.28　设置速度输入参数

步骤 11　双击出口边界条件中的 outlet-foot-left，打开如图 5.29 所示的对话框。将"回流湍流强度"设置为 5%，"回流水力直径"设置为 0.052m。类似地，将 outlet-front-mid 和 outlet-front-side-left"回流湍流强度"设置为 5%，"回流水力直径"设置为 0.044m。将 outlet-windshield 的湍流选项设置为"回流湍流强度"和"回流湍流粘度比"并保持默认值。

步骤 12　如图 5.30 所示，在 Fluent 的"参数和定制"中可以查看输出参数列表。返回到 Workbench 主界面，双击"参数集"，打开如图 5.31 所示的参数列表，可以看到 Fluent 中定义的参数传递到 P7 和 P8 两个新参数中，参数名和数值与 Fluent 保持一致。

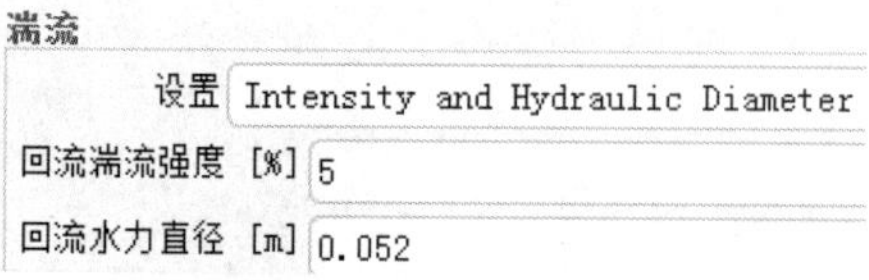

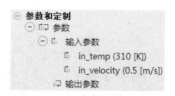

图 5.29　设置出口湍流参数

图 5.30　Fluent 中的参数列表

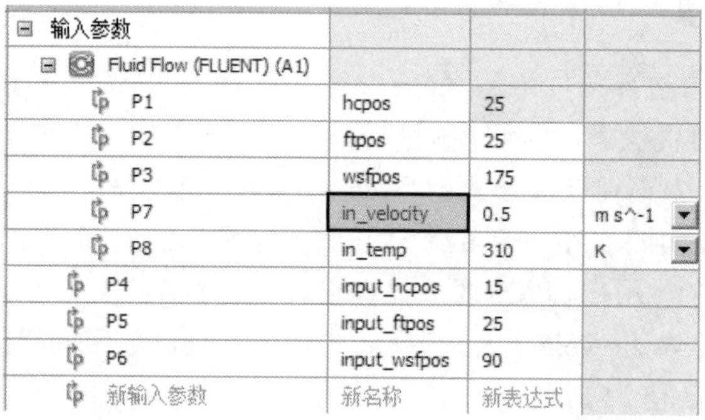

输入参数			
Fluid Flow (FLUENT) (A1)			
P1	hcpos	25	
P2	ftpos	25	
P3	wsfpos	175	
P7	in_velocity	0.5	m s^-1
P8	in_temp	310	K
P4	input_hcpos	15	
P5	input_ftpos	25	
P6	input_wsfpos	90	
新输入参数	新名称	新表达式	

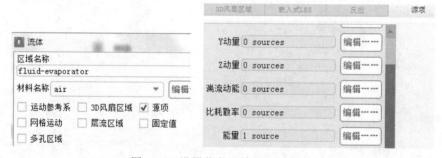

图 5.31　Workbench 中的参数列表

步骤 13　在单元区域条件中双击“fluid-evaporator”，打开如图 5.32 所示的对话框，勾选“源项”并切换到源项选项页，在能量输入框中选择“编辑”按钮，打开如图 5.33 所示的能量源项对话框。单击“能量源项数量”右侧箭头，将其数值调整为 1，将能量源类型设置为 constant 常数类型。根据蒸发器总吸热量及蒸发器的体积，计算得到单位体积的吸热功率为 787401.6W/m^3。注意吸热需要将能量源设置为负。

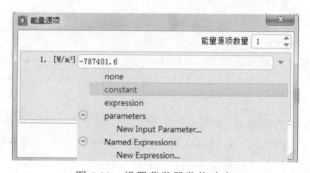

图 5.32　设置蒸发器单元区域条件

图 5.33　设置蒸发器发热功率

步骤 14　如图 5.34 所示，在"报告定义"中单击鼠标右键，选择"创建"→"通量报告"→"总传热速率"。打开如图 5.35 所示的通量定义对话框，在边界中单击"全选"按钮，选中所有边界面，勾选"报告图"。将名称定义为 flux-heat 后单击"OK"按钮，完成通量监控报告的定义。

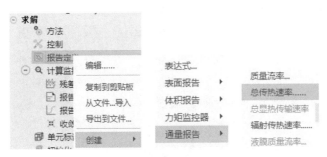

图 5.34　定义通量监控报告

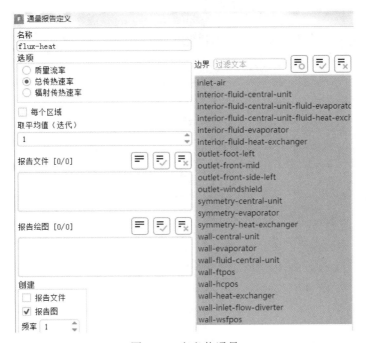

图 5.35　定义热通量

步骤 15　双击"求解方法"，如图 5.36 所示。此仿真为常规仿真，默认求解器参数可适用于大多数常规仿真，故本例保持默认值即可。

步骤 16　单击"初始化"按钮，如图 5.37 所示，使用默认的混合初始化方法进行求解初始化。如图 5.38 所示，在"迭代次数"中输入 120 后，单击"开始计算"，启动求解器和残差报告窗口开始迭代求解。经过 120 次迭代后，热通量曲线如图 5.39 所示，说明已达到稳态热平衡。

步骤 17　返回到 Workbench 主界面，单击"保存"按钮。不要关闭该窗口，我们将通过该实例演示 Fluent 的结果后处理功能。

图 5.36　设置求解器参数　　　图 5.37　初始化　　　　图 5.38　运行计算

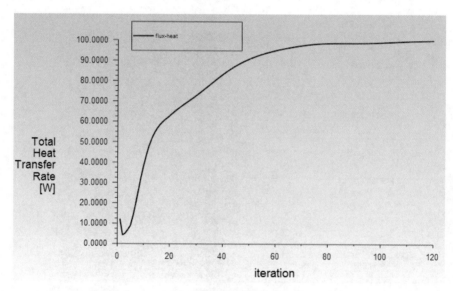

图 5.39　热通量曲线

5.3　结果后处理

　　Fluent 求解结束后，可以利用后处理工具对流动系统进行数据分析和可视化处理。Fluent 进行后处理时最常用的是内置后处理工具和 CFDPost 结果后处理模块，二者均可以绘制云图、向量图、等值线图、流线和迹线图，还可以创建数据曲线、图表及动画。

5.3.1　内置后处理工具

　　Fluent 内置后处理工具可以在求解界面直接调用，无须打开新窗口，节省了数据读写及加载过程的时间，可以方便快捷地随时暂停仿真来查看当前结果，及时对参数进行调整。如图 5.40 中显示了 Fluent 内置的常用后处理类型。双击"图形"，将显示如图 5.41 所示的显示效果选项面板，通过这些选项可以对配色、线型、线体粗细、光源角度及阴影、视角、注释的字体字号等进行设置，若不调整则系统使用默认设置显示后处理结果。

图 5.40   结果后处理工具 | 图 5.41   显示效果选项

双击"云图"，打开如图 5.42 所示的云图设置对话框。左侧选项中可以控制显示效果及所显示的云图的数值范围，在"着色变量"列表中可以选择不同的物理量，云图可以在现有面体中显示，也可以创建新面体。在上例中双击云图，将"着色变量"设置为 Temperature，在"表面"中选择全部表面，单击"保存/显示"按钮，将显示如图 5.43 所示的温度分布云图，同样方法可以显示速度、压力云图。

在"矢量"上双击，打开如图 5.44 所示的对话框。勾选"显示网格"，在打开的对话框中取消所有其他面，仅选择 Wall 类型壁面，这样做的目的是便于观察实体范围及内部矢量分布。在矢量对话框中选中所有表面，单击"保存/显示"按钮，将显示如图 5.45 所示的速度矢量图。

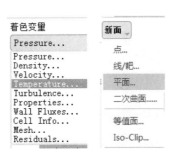

图 5.42   云图设置

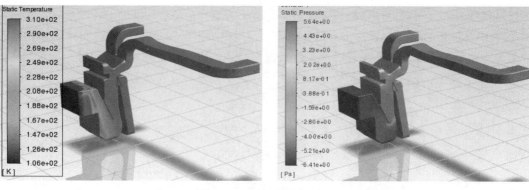

图 5.43　温度及压力云图

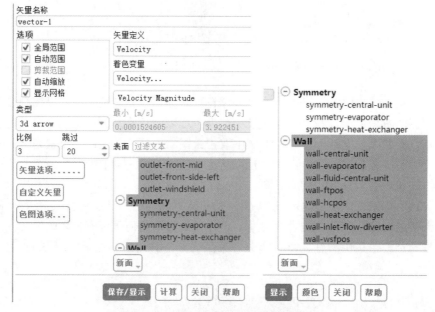

图 5.44　设置网格及速度矢量图选项

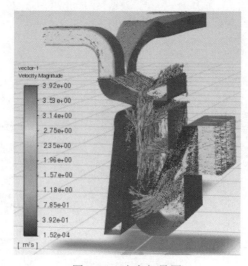

图 5.45　速度矢量图

在"迹线"上双击，打开如图 5.46 所示的迹线设置对话框。选择 Inlet，将"路径跳过"设置为 10，单击"保存/显示"按钮，显示如图 5.47 所示的以入口为起始位置的迹线图。其中"路径跳过"可以设置迹线的疏密。

图 5.46　迹线设置对话框

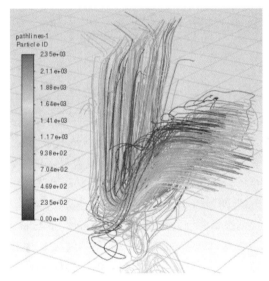

图 5.47　迹线图

5.3.2　CFD-Post

CFD-Post 是功能强大的结果后处理模块，提供了更多后处理选项。它可以依附于 Fluent 仿真流程，也可以单独打开。在 CFD-Post 中进行结果后处理一般包括如下步骤：

① 为绘制图形选择或创建位置（前处理中创建过命名选择的面可以直接选取）；

② 创建需要绘图的变量或表达式（基本物理量可以直接在变量列表中选择）；

③ 在指定位置生成图形（云图、矢量图、迹线图、体积渲染图）；

④ 生成数据图表、报告及动画。

如图 5.48 所示，在 CFD-Post 左侧为选项面板，包括特征树、变量、表达式及叶轮面板。可以在常用工具栏中选择 Location，利用它可以定义绘制位置。常用后处理工具如图 5.49 所示，利用它们可以创建云图、矢量图、迹线图、图表及动画。

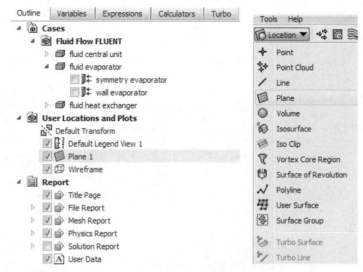

图 5.48　选项面板及位置类型

图 5.49　常用后处理工具

【例 5.2】参数化仿真及 CFD-Post 结果后处理

步骤 1　双击上例仿真流程中的 Result 单元格，打开 CFD-Post 界面，几何模型及 Fluent 仿真结果会自动加载，默认情况下几何模型将以轮廓线形式显示。

步骤 2　为了以更好的效果显示结果，我们可以设置显示选项。单击"Edit"菜单，选择"Options"，打开如图 5.50 所示的选项对话框，选择"Viewer"，默认情况下，背景为蓝白渐变色，本例将"Background"的"Color Type"修改为 Solid 类型。在 Color 色带上单击，色带将在预置颜色范围内轮换，选择白色。关闭 ANSYS Logo 和 Ruler Visibility 后单击"Apply"使修改生效。在 Units 中可以设置 CFD-Post 的单位制，默认情况下为 SI 国际单位制。将"System"修改为"Custom"后可以自定义不同物理量的单位，这里将温度单位修改为"C"，单击"OK"关闭该对话框。

步骤 3　修改默认图例的显示模式，如图 5.51 所示。在左侧双击"Default Legend View1"，下方的"Details"中可以修改标题、图例位置、字体字号及数值显示模式。将"Title Mode"修改为 Variable，切换到 Appearance 选项页，将"Precision"有效数字位数修改为 2，默认情况下图例以科学记数法显示数值，可以将其修改为 Fixed 定点小数模式，修改完成后单击"Apply"使修改生效。

步骤 4　如图 5.52 所示，在工具栏中选择"Vector"，在弹出的对话框中保持默认名称后单击"OK"。在下方详细设置窗口中将"Locations"设置为"symmetry central unit"，"sampling"

设置为"Equally Spaced",采样点设置为 10000,将"Variable"设置为"Velocity",投影方向设置为"Tangential"(切向)。切换到 Color 选项页,将"Mode"设置为"Variable","Variable"设置为"Pressure",这样矢量图的颜色将随着压力值大小而变化。切换到 Symbol 选项页,将"Symbol Size"设置为 0.05,勾选"Normalize Symbols",这样矢量符号将以统一大小显示。设置好后单击"Apply",为了以更好的视角观察,取消勾选 Wireframe 线框显示,单击右下角坐标轴图中的 Z 轴,以垂直 Z 轴的视角显示矢量图。

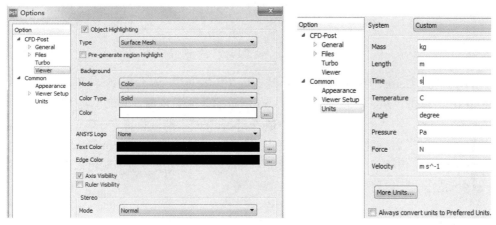

图 5.50　设置视图显示选项

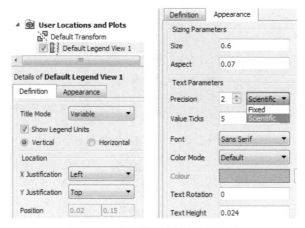

图 5.51　设置默认图例显示选项

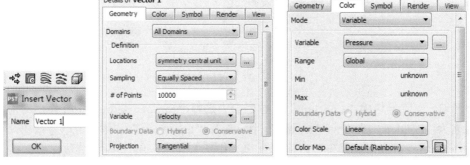

图 5.52

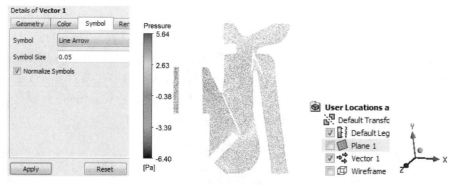

图 5.52　设置压力矢量图

步骤 5　将"Color"中的"Variable"修改为"Velocity"，将"Symbol"中"Symbol Size"设置为 0.15 后单击"Apply"，显示如图 5.53 所示的速度矢量图。同理，将"Variable"修改为"Temperature"，将"Range"修改为"User Specified"，温度设置 0～35℃，通过指定一个较窄的温度显示范围，可以更明显地呈现不同区域的温差，单击"Apply"，显示如图 5.54 所示的温度矢量图。需要说明的是温度虽然是标量，但通过速度变量的颜色以温度分布的方式来呈现这一技巧，可以用矢量图显示标量。

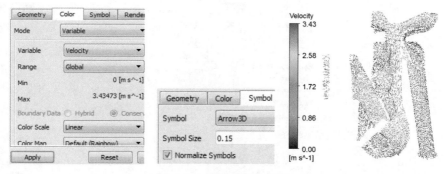

图 5.53　设置速度矢量图

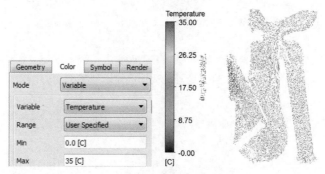

图 5.54　设置温度矢量图

步骤 6　在工具栏中"Location"下拉列表中选择"Surface Group"，在弹出的对话框中为其命名为 alloutlets，在左侧"Details"中，选择"Locations"右侧的省略号按钮，打开如图 5.55 所示的位置选择器列表。按住 Ctrl 键选中所有以"outlet"开头的边界面，在 Details 视图中单击"Apply"。

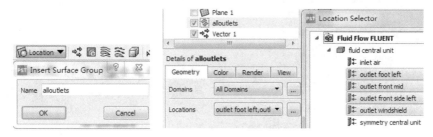

图 5.55　设置 outlet 面组

步骤 7　采用同样的操作，创建一个名字为 frontoutlets 的面组，在位置选择器列表中选择名字中含 front 的边界面，如图 5.56 所示，返回 Details 视图后单击"Apply"。

图 5.56　设置 front 面组

步骤 8　在 CFD-Post 中创建出口质量流量表达式，将其作为 Workbench 中的输出参数。如图 5.57 所示，切换到 Expressions 选项页，在空白处单击鼠标右键，选择"New"，在弹出的对话框中输入表达式的名称 floutfront。在下方的"Definition"中输入表达式"-(massFlow()@frontoutlets)*2"，其中负号代表从流体域内流出，"massFlow"为质量流量，可在"Variables"中"Solution"下找到该变量。由于仅取了对称模型的一半，因此将表达式乘以 2，表达式设置好后单击"Apply"，系统自动计算表达式的数值，如图 5.58 所示。在新创建的表达式上单击鼠标右键，选择"Use as Workbench Output Parameter"，将其设置为 Workbench 输出参数，如图 5.59 所示，设置好的参数前将出现一个 P 和箭头标志。

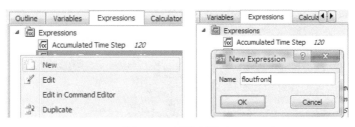

图 5.57　创建表达式

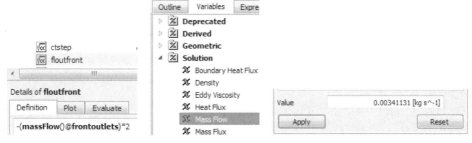

图 5.58　编辑表达式

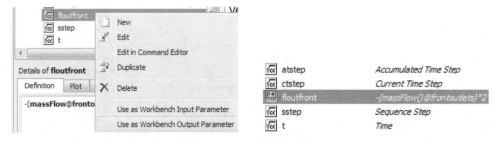

图 5.59 设置输出参数

步骤 9 采用类似的方法，分别创建"floutwindshield""floutfoot""outlettemp"三个变量，对应的表达式为"-(massFlow()@outlet windshield)*2""-(massFlow()@outlet foot left)*2""massFlowAveAbs(Temperature)@alloutlets"，它们分别用于计算对应边界处的质量流量及质量加权后的平均温度，将这些变量均设置为输出参数，最终的参数列表如图 5.60 所示。

P→	floutfoot	-(massFlow()@outlet foot left)*2
P→	floutfront	-(massFlow()@frontoutlets)*2
P→	floutwindshield	-(massFlow()@outlet windshield)*2
P→	outlettemp	massFlowAveAbs(Temperature)@alloutlets

图 5.60 添加输出参数

步骤 10 关闭 CFD-Post 窗口，返回到 Workbench 主界面，双击参数集查看参数列表。在表格设计点中当前设置点上单击鼠标右键，选择"复制设计点"，创建两组新设计点。在表格设计点右侧勾选"保留"复选框，确保每组设计点求解后数据可以得到保留。分别为新添加的两组设计点 DP1 和 DP2 修改位置、速度、温度等输入参数值，数值如图 5.61 所示。通过修改不同参数并进行计算，可以实现参数化仿真并在不同参数值及结果中筛选所需要的设计点实现设计优化。

表格 设计点

	A	B	C	D
1	名称 ▼	P1 - hcpos ▼	P2 - ftpos ▼	P3 - wsfp
2	单位			
3	DP 0(当前)	25		
4	DP 1	45		
5	DP 2	90		
*				

复制
按行设置更新顺序
显示更新顺序
优化更新顺序
复制设计点

N	O
☐ 保留	保留的数据
☑	✓
☑	⚡
☑	⚡

P4 - input_hcpos ▼	P5 - input_ftpos ▼	P6 - input_wsfpos ▼	P7 - in_velocity ▼	P8 - in_temp ▼
			m s^-1 ▼	K ▼
15	25	90	0.5	310
45	45	45	0.6	300
90	60	15	0.7	290

图 5.61 添加设计点

步骤 11 在工具栏中单击"更新全部设计点"按钮，此时若有其他窗口打开，系统会提示需要关闭其余窗口，确定后则对全部设计点进行仿真计算，也可以在某个设计点上单击鼠标右键，针对特定设计点进行仿真。计算完成后输出变量的结果如图 5.62 所示。

J	K	L	M
P9 - floutfront ▼	P10 - floutwindshield ▼	P11 - outlettemp ▼	P12 - floutfoot ▼
kg s^-1	kg s^-1	C	kg s^-1
0.0034113	0.0058788	18.85	0.0017359
0.0040403	0.0072476	11.927	0.0019355
0.0050666	0.0081054	4.0516	0.0022637

图 5.62　计算结果

步骤 12　如图 5.63 所示,选中三组设计点,单击鼠标右键,选择"导出选定的设计点"。设计点会以 eg5.1_dpn.wbpj 文件形式保存在当前文件夹中,保存工程后退出 Workbench。在保存文件夹中找到 eg5.1_dp1.wbpj,双击它打开如图 5.64 所示的设计点 1 文件。在 Results 单元格上双击,查看设计点 1 的仿真结果。与设计点 0 使用同样的设置,查看它的压力、速度和温度。关闭当前工程,在当前文件夹中双击 eg5.1_dp2.wbpj,以同样的方式查看设计点 2 的压力、速度和温度。对比不同的输入参数和输出参数及结果云图可以筛选出满足使用要求的设计参数。

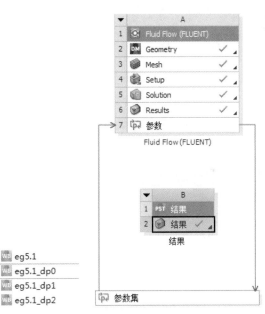

图 5.63　导出设计点　　　　　图 5.64　打开设计点文件

ANSYS
Fluent

第 6 章

热流场仿真

6.1 热分析基础

在空调、暖通、能源、石化、流体机械、灯具、航空航天领域，能量传递及转化是设计中需要关注的核心参量。随着通信产品、消费电子和新能源的快速发展，产品小型化、微型化已成为趋势，产品的功率密度在不断提高，这类产品在设计过程中面临越来越多散热方面的挑战。散热、温度感受与产品可靠性、安全性及用户体验密切相关，越来越多企业开始关注产品设计中的热设计。

从仿真软件的角度来看，热分析的目的是计算模型内的温度分布及热梯度、热流密度等物理量，热仿真中的热载荷主要包括温度、热源、热流量、对流及辐射通量。在热量传递过程中主要有三种方式：热传导、热对流及热辐射。

6.1.1 热传导

当物体内部存在温差时，热量从高温部分转移到低温部分；不同温度的物体相接触时，热量从高温物体传递到低温物体。这种通过直接接触产生的热量转移和传递称为热传导，这个过程中没有宏观上的相对运动，温差是热传导的动力。

热传导遵循傅里叶导热定律：

$$q_X = -k \frac{\partial T}{\partial X} \tag{6.1}$$

$$\phi_X = -kA\frac{\partial T}{\partial X} \qquad\qquad (6.2)$$

式中　q_X——X 方向的热流密度，其物理意义表示 X 方向上单位时间内在单位面积上通过的热量，W/m^2；

　　　T——温度；

　　　k——热导率（它与材料密切相关）；

　　　ϕ_X——X 方向的热通量，单位为 W；

　　　A——垂直于 X 方向的有效面积，负号表示热量从高温流向低温，与热量梯度方向相反。

傅里叶定律是通过实验总结出来的一维导热规律。它虽然也可以描述成三维形式，但在三维空间中热传导并不严格满足傅里叶定律，仅用来做定性分析，公式为

$$\phi_X = -kA\frac{\Delta T}{\Delta X} = -\frac{\Delta T}{\Delta X / kA} \qquad\qquad (6.3)$$

工程中经常类比欧姆定律引入热阻 R 的概念，公式为

$$R = \frac{\Delta X}{kA} \qquad\qquad (6.4)$$

6.1.2　热对流

热对流是指温度不同的各部分流体之间发生相对运动所引起的热量传递方式。热对流分为自然对流和强迫对流两种。自然对流是因为温度导致密度不同并产生浮力效应引起的流动；强迫对流主要是动力源提供的压力差引起的流动。工程中更普遍的是一种称为对流换热的工况，它指的是固体壁面与其相邻的流体之间的换热过程，它是一个对流和热传导的复合过程。对流换热通过牛顿冷却公式描述：

$$\phi = hA(T_w - T_f) \qquad\qquad (6.5)$$

式中　ϕ——热通量；

　　　h——对流换热系数或表面换热系数（膜系数）；

　　　A——换热面积；

　　　T_w——固体壁面温度；

　　　T_f——壁面附近流体温度。

牛顿冷却公式是一个定性公式，其中对流换热系数影响因素复杂，它不仅取决于流体的物理性质（热导率、黏度、比热容、密度等）以及换热面的几何形状，还与流体速度强烈相关。所有的影响因素全部归结到一个对流换热系数 h 中，因此严格意义上的对流换热仿真需要进行热流场耦合仿真。

6.1.3　热辐射

物体之间通过电磁波进行能量交换称为热辐射。一切温度高于绝对零度的物体都能产生热辐射。热辐射不需要介质，真空中的热辐射效率最高。热辐射与温度和物体表面特性相关，同一物体，温度越高，热辐射越强；同一温度下，黑体的热辐射能力最强。高温物体及自然对流换热中需要考虑热辐射，否则会引起比较大的误差，其他情况通常忽略辐射换热。辐射换热的公式描述为

$$Q_{rad} = \varepsilon A_s \sigma T^4 \tag{6.6}$$

式中，ε 为表面发射率；σ 为斯蒂芬-玻尔兹曼常数；A_s 为辐射表面积；T 为表面温度。当考虑多个物体之间同时辐射并吸收热量时，净辐射量可表示为

$$Q_{rad} = \varepsilon A_i \sigma F_{ij} (T_i^4 - T_j^4) \tag{6.7}$$

式中，F_{ij} 为 i 面相对于 j 面的影响因子，也称角系数，它与两面之间的相对位置有关。

6.2　Fluent 热仿真的一般流程

6.2.1　通用设置

Fluent 中热仿真与常规流动仿真基本流程相同，不同之处主要体现在以下几点：

① 需开启能量方程，若需要考虑热辐射，还需要开启辐射模型；

② 由于温度的默认单位为开氏温度，可根据需要调整温度的单位；

③ 为降低数值迭代截断误差，热仿真通常使用双精度求解器；

④ 热仿真中经常出现默认残差达到收敛标准，但热通量不平衡的情况，因此需养成求解结束后检查热通量平衡的习惯；

⑤ 默认的网格界面匹配、壁面边界条件参数通常无法满足热仿真要求，需要进行单独设置；

⑥ 不同类型散热有各自特点，材料、边界条件、求解器等参数需根据散热类型单独进行设置。

6.2.2　壁面边界条件

壁面边界条件也称 Wall 边界条件，在前处理中，没有设置类型的边界面导入 Fluent 中，默认情况下均被赋予壁面边界条件。壁面的法向方向不允许流体通过，切向方向可以指定剪切条件，如图 6.1 所示，默认为无滑移，即壁面所在位置处流体的切向速度为 0。对于可移动壁面，还可以指定运动参数。

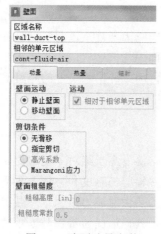

图 6.1　壁面动量参数

图 6.2　壁面热边界条件

如图 6.2 所示,壁面热边界条件包括热通量、温度、对流、辐射、混合和通过系统耦合等类型。当从壁面向外传热时,其热通量为正值,反之为负值。若壁面可以发热,还可以指定壁面的发热功率,常用于模拟 PCB 覆铜层的发热。当需要考虑接触热阻时,可以指定壁面厚度和壁面材料,当壁面厚度为 0 时,则忽略接触热阻。不同边界类型需要设置的参数如图 6.3 所示,温度类型只需设置一个固定温度值;对流类型需要设置传热系数和来流温度;辐射需指定辐射系数和外部辐射温度;混合类型为对流与辐射混合边界,需设置传热系数和来流温度、辐射系数和外部辐射温度 4 个参数。

图 6.3　壁面热边界条件

对于流固交界面,系统自动生成耦合壁面,二者以 wall 和 wall-shadow 形式成对出现。流体侧壁面可以设置动量参数,固体侧的阴影壁面不可设置动量参数。系统默认为流固交界壁面赋予耦合类型热边界条件,如图 6.4 所示,通过耦合壁面可以实现二者之间热量的传递。

图 6.4　耦合壁面

6.2.3　非共节点网格传热

非共节点网格之间若没有设置为耦合壁面,则二者之间为绝热壁面。如图 6.5 所示,对于非共节点壁面,需要在前处理或在 Fluent 中将需设置耦合壁面的非共节点面设置为 interface 类型。双击网格交界面,打开如图 6.6 所示的网格交界面对话框。单击"手动创建"按钮,打开如图 6.7 所示的对话框。在网格界面中设置耦合壁面名称,在区域侧 1 和区域侧 2 分别选择对应面,勾选"耦合壁面"复选框,即可创建耦合壁面对。在该界面中还可以创建非共节点周期边界条件及周期重复区域。

非共节点壁面可以对壁面两侧设置不同的网格类型及网格尺寸,但当边界面较多时,创建耦合壁面的工作量非常大且极易出错。共节点网格可以自动创建耦合壁面,保证节点之间热量的正确传递。在散热问题中条件允许时应优先使用共节点网格,在几何前处理模块中通过创建多体零件或设置共享拓扑可保证续生成的网格为共节点网格。

图 6.5　设置 interface 边界

图 6.6　设置 interface 边界

图 6.7　创建耦合壁面

6.2.4　薄壁热传导

当需要进行热传导的零件存在非常薄的壁面时，若按实际模型划分网格将产生数量庞大的网格。Fluent 中提供了两种简化方式：等效为接触热阻和壳传热。如图 6.8 所示，二者均在 Wall 边界条件中设置，接触热阻通过设置壁面厚度和材料进行设置。壳传热需勾选"薄壳

图 6.8　设置接触热阻和薄壳传热

传热"，同样需要设置薄壳的厚度和材料。二者均不需要创建实际壁厚模型，但壳传热会创建单层网格，而等效接触热阻则不创建网格。与创建真实实体并绘制网格不同，等效接触热阻和薄壳仅计算法向传热，忽略切向传热。

6.2.5　自然对流参数设置

流体受热后密度发生变化，在重力场中，密度差形成的浮力成为流体流动的驱动力，产生对流。因此，自然对流需要勾选"重力"选项，密度需由默认的常数设置为具有随温度变化的特性，如图 6.9 所示。

图 6.9　设置重力及密度选项

关于密度的设置，由于自然对流的流速不高，可以忽略流速引起压力与密度的变化，仅考虑温度导致的密度变化，因此可以将密度设置为不可压缩流体（incomprehensible-ideal-gas）类型。当将密度设置为不可压缩流体类型时，建议在工作条件中设置操作密度值，否则求解器在每次迭代时都会计算求解域平均密度作为操作密度值，影响求解速度。由于忽略了压力变化导致的密度变化，当密度变化小于 20% 时，可以仅考虑动量方程中体积力项中的密度变化值，将其他项中的密度值近似当作常数处理，此时可以将密度设置为 boussinesq 类型。如图 6.10 所示，当将密度设置为 boussinesq 后，需要输入密度、热膨胀系数并在工作条件对话框中输入工作温度。对于封闭求解域，若忽略压力变化导致的密度变化将使封闭区域内质量不守恒，因此封闭求解域不满足不可压缩流体使用条件。boussinesq 将动量方程中的密度值处理为常数，并将体积力项中的密度等效替换为参考密度、参考温度和热膨胀系数，从而保证了质量守恒，因此密闭求解器可以使用 boussinesq 密度类型。

图 6.10　设置 boussinesq 密度选项及工作点条件

对于自然对流，可以通过瑞利数 Ra_L 来判定对流状态。当 Ra_L 大于 10^9 时，流动为湍流；Ra_L 小于 10^6 时，流动为层流；Ra_L 处于 $10^6 \sim 10^9$ 之间时，为层流和湍流构成的混合流动。

瑞利数 Ra_L 计算公式如下：

$$Ra_L = Gr_L Pr = \frac{\beta g L^3 \Delta T}{v \alpha} \tag{6.8}$$

式中，Gr_L 为格拉晓夫数；Pr 为普朗特数；g 为重力加速度；β 为体膨胀系数；L 为特征长度；ΔT 为最大温差；v 为运动黏度；α 为热扩散系数。为了解析流动边界层及热边界层，建议在 Pr 小于等于 1 时，应保证 $y+<1$；当 $Pr>1$ 时，热边界层比流动边界层薄，但由于热边界层对网格敏感性低于流动边界层，在计算资源有限的情况下，只需保证流动边界层网格划分条件即可。

对于自然对流问题，求解器中的压力离散算法建议修改为 Body Force Weighted 或 PRESTO，标准离散算法在近壁面处无法获得正确的流速。

对流换热问题中，通常计算稳态温升，此时为减小固体的热惯性，可以将固体密度和比热容调小，一般取 1/1000 即可。

【例 6.1】自然对流散热仿真

步骤 1　新建一个 Workbench 工程，如图 6.11 所示，在工具箱中双击"流体流动（Fluent）"，添加 Fluent 仿真流程。

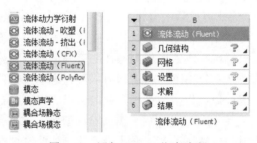

图 6.11　添加 Fluent 仿真流程

步骤 2　在几何结构单元格上单击鼠标右键，选择"导入几何模型"，选择素材文件 eg6.1.agdb。双击几何结构单元格，打开 DM，导入的模型为一个经过简化的电机模型，其中内部空气已在建模阶段创建好，并已设置为流体类型，如图 6.12 所示。

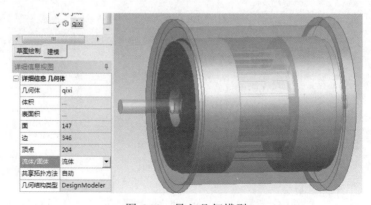

图 6.12　导入几何模型

步骤 3　选择工具菜单中的外壳选项，按图 6.13 中的参数设置外部空气域大小，并将其重命名为 outer。

步骤 4　如图 6.14 所示，选中模型树中的所有零件，单击鼠标右键，选择"形成新部件"。通过这种方式可以保证不同零件之间实现网格共节点，保证数据的正确传递。

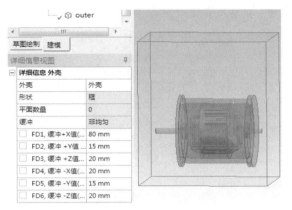

图 6.13　设置外部求解域　　　　　　　　　图 6.14　创建多体零件

步骤 5　关闭 DM，双击网格单元格，打开网格划分模块。如图 6.15 所示，在模型树上，选择 outer，单击鼠标右键，选择"隐藏所有其它几何体"。选中外部空气域的六个表面，单击鼠标右键，选中"创建命名选择"，如图 6.16 所示，将名称设置为 p-outlet。

图 6.15　隐藏几何模型　　　　　　　　　图 6.16　添加外部命名选择

步骤 6　如图 6.17 所示，在空白处单击鼠标右键，选择所有表面，再按住 Ctrl 键选择六个外表面进行反选，确保最终仅选中内部腔体表面。单击鼠标右键，添加名为 inflation 的命名选择。

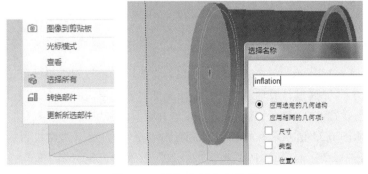

图 6.17　添加内部命名选择

步骤7 如图 6.18 所示，将全局网格尺寸设置为 4mm。打开"捕获邻近度"选项，并将跨间隙单元数量设置为 2。将"网格度量标准"设置为偏度，"平滑"设置为高。开启"膨胀"选项，将选择类型设置为命名选择，选中创建的内部命名选择 inflation，这样可以保证电机外表面与外部空气接触的部分生成膨胀层网格。设置好这些参数后，在网格上单击鼠标右键，选择"生成网格"选项，生成的网格最大偏度小于 0.9，满足仿真要求。

物理偏好	CFD		质量	
求解器偏好	Fluent		检查网格质量	是，错误
单元的阶	线性的		□ 目标偏度	默认 (0.900000)
□ 单元尺寸	4.e-003 m		平滑	高
导出格式	标准		网格度量标准	偏度
导出预览表面网格	否		□ 最小	2.4769e-006
尺寸调整			□ 最大	0.89996
使用自适应尺寸调整	否		□ 平均	0.23653
□ 增长率	默认 (1.2)		□ 标准偏差	0.13937
□ 最大尺寸	默认 (8.e-003 m)		**膨胀**	
网格特征清除	是		使用自动膨胀	选定的命名选择…
□ 特征清除尺寸	默认 (2.e-005 m)		命名选择	inflation
捕获曲率	是		膨胀选项	平滑过渡
□ 曲率最小尺寸	默认 (4.e-005 m)		□ 过渡比	0.272
□ 曲率法向角	默认 (18.0°)		□ 最大层数	5
捕获邻近度	是		□ 增长率	1.2
□ 邻近最小尺寸	默认 (4.e-005 m)		膨胀算法	前
□ 跨间隙的单元数量	2		查看高级选项	否

图 6.18　设置网格参数

步骤8 关闭网格划分模块，返回到 Workbench 主界面，如图 6.19 所示，在网格单元格上单击鼠标右键，选择"更新"，将网格及命名选择等数据传递到 Fluent 模块。双击"设置"，打开如图 6.20 所示的启动界面，勾选"Double Precision"双精度选项，根据需要设置求解器核数，这里设置为 2。设置好启动参数后，启动 Fluent。

图 6.19　设置启动参数（1）

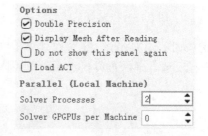

图 6.20　设置启动参数（2）

步骤9 如图 6.21 所示，单击"单位"按钮，将温度单位设置为摄氏度。双击"能量"选项，勾选"能量方程"。通过计算瑞利数，可知该自然对流为层流和湍流的混合流动。如图 6.22 所示，将湍流模型设置为 Realizable k-e 双方程模型并设置增强壁面函数，其他参数保持默认值。

步骤10 如图 6.23 所示，在材料列表中双击"空气"，将其密度设置为 boussinesq，为降低热惯性，将"比热"设置为 1，"热膨胀系数"设置为 0.00366。在"空气"上单击鼠标右键，选择"复制"，创建名为 air-1 的空气，将其密度设置为 1.225，热导率设置为 0.05，air-1

用于等效内部的旋转空气。

步骤 11　在固体材料中双击，选择 Fluent 材料库，将类型设置为 solid。如图 6.24 所示，选择 cu、steel 和 wood，将它们从材料库中拷贝到当前仿真中。

图 6.21　设置单位

图 6.21　设置能量方程及湍流模型

图 6.23　设置空气属性

图 6.24　拷贝固体材料

步骤 12　在固体材料类别中双击"wood"，将它的名称修改为 insulation，并将它的热导率设置为 0.3，如图 6.25 所示。单击下方的"更改/创建"按钮，在弹出的对话框中选择"Yes"。

图 6.25　设置绝缘材料

图 6.26　设置工作条件

步骤 13　在单元区域条件上双击，打开如图 6.26 所示的工作条件设置对话框。勾选"重力"，将 X 方向重力加速度设置为-9.81，将 Boussinesq 的参考工作温度设置为 25℃。

步骤 14　双击单元区域条件中的定子，打开如图 6.27 所示的对话框，将其材料设置为钢，勾选"源项"。在源项选项页中单击"编辑"按钮，通过上下箭头，将能量源项数量调整为 1，并将源项类型设置为 constant。将发热功率设置为 1000W/m³。同理如图 6.28 所示，将线圈材料设置为铜，并勾选"源项"，将其发热功率设置为 1e5W/m³，依次将其他线圈进行同样的设置。

步骤 15　依次为其他零部件设置材料，将绝缘部分的材料设置为 insulation，机壳设置为铝，转子和永磁体设置为钢，如图 6.29 所示。

图 6.27　设置铁芯发热功率

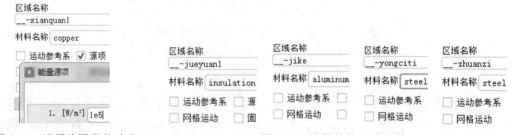

图 6.28　设置线圈发热功率　　　　　图 6.29　设置其他区域材料

步骤 16　如图 6.30 所示，分别将 outer 和电机内部中的空气设置为 air 和 air-1。这样的设置可以保证外部空气按自然对流处理，电机内部空气根据等效热导率按热传导处理。

图 6.30　设置流体区域材料

步骤 17　在边界条件中双击 p-outlet，打开如图 6.31 所示的压力出口边界条件设置对话框。保持表压为 0Pa，切换到热量选项卡，将出口处的温度设置为环境温度 25℃。

步骤 18　双击任意一个壁面边界条件，如图 6.32 所示，固体与流体之间壁面为耦合热边界条件，忽略热阻，因此壁面厚度为 0。

图 6.31　设置压力出口边界条件　　　　　图 6.32　壁面边界条件

步骤 19　双击"求解方法"，因对流是由温度和流动耦合引起的，将压力-速度耦合设置为 Coupled，压力离散方法设置为 Body Force Weighed，勾选"伪瞬态"选项。相应设置如图 6.33 所示。

步骤 20　在"结果"→"表面"上单击鼠标右键，选择"创建"→"平面"。将创建方法设置为点+法向单位向量方式，按图 6.34 设置坐标点和法向单位向量。

图 6.33　求解器参数　　　　　　　　　图 6.34　创建截面

步骤 21　单击"混合初始化"，命令行中将显示如图 6.35 所示的警告信息。按警告信息的提示，在命令行中输入如下命令：/mesh/modify-zones/slit-interior-between-diff-solids，Fluent 将对不同材料实体零件进行区域拆分，并将二者交界面上的 interior 转换为耦合壁面类型边界。

步骤 22　再次单击"混合初始化"，并在初始化完成后，选择局部初始化。在打开的局部初始化对话框中，选择 Temperature，将其值设置为 80℃，选中除外部空气域外的所有区域，如图 6.36 所示。局部初始化的目的是用更接近于终值的数值作为迭代初值，加速求解迭代过程。

```
Warning: zone of type interior found between different solids!
Material of cell zone 44 is insulation, while material of cell zone 45 is steel.
    This will adversely affect the solution.
    It is recommended that you fix this issue via the TUI command
    /mesh/modify-zones/slit-interior-between-diff-solids
```

图 6.35　警告信息

图 6.36　初始化及局部初始化

步骤 23　创建云图，将云图变量设置为 Temperature，选择刚创建的截面，将生成如图 6.37 所示的初始化温度云图分布。

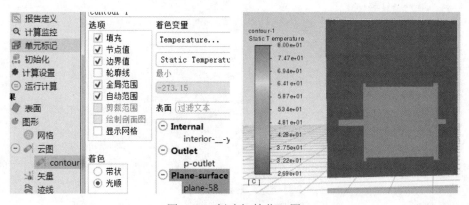

图 6.37　创建初始化云图

步骤 24　如图 6.38 所示，在"报告定义"上单击鼠标右键，选择创建总传热速率通量报告。在弹出的对话框中选中所有区域，勾选"报告图"选项。

步骤 25　双击"运行计算"，打开如图 6.39 所示的对话框，将迭代次数设置为 150，其余参数保持为默认值，单击"开始计算"按钮。

步骤 26　求解器启动后将显示残差曲线及热通量曲线，如图 6.40 所示。在未达到迭代次数前，残差曲线已达到预设的收敛值，且热通量曲线已经稳定到一个定值，表明求解迭代已达到热平衡。在云图设置中，分别设置温度及速度，得到如图 6.41 所示的温度及速度云图。

图 6.38 创建热通量曲线

图 6.39 设置运行参数

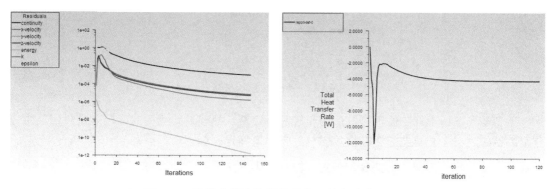

图 6.40 残差曲线及热通量曲线（迭代次数=150）

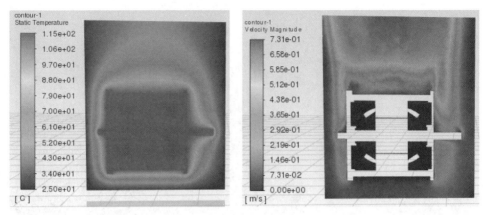

图 6.41　查看温度及速度云图

6.2.6　强制对流参数设置

强制对流包括强制风冷及强制液冷两种。其中液冷只需在常规流动仿真中保留固体并开启能量方程，设置相应热源即可。在设置边界条件时，需同时设置流动边界及热边界条件。强制液冷换热时通常忽略流体内部的对流，仅考虑液体与固体之间的热量交换，因此也称共轭换热。

强制风冷换热若不考虑具体风冷设置，仅需设置进出口冷却气体的流速、流量、压力等参数。若涉及风机，由于风机的仿真需要用到 MRF、滑移网格或动网格，这部分我们将在后面章节进行讲解。

6.2.7　辐射换热参数设置

随着温度升高，在低温和常温下通常可以忽略的辐射换热占比逐渐增大，对于高温物体，辐射则是主要的换热形式。图 6.42 为 Fluent 中提供的辐射换热模型。可以看到，Fluent 不仅提供了多种辐射换热模型，还可计算太阳辐射。不同模型有不同的适用范围，需要根据光学厚度、求解精度、计算资源消耗量、是否支持多核并行计算等原则综合考虑后进行选择。

图 6.42　Fluent 的辐射模型

当光学厚度小于特定值，可以认为介质对特定波长热辐射是透明的，辐射换热仅发生在介质边界处，反之介质内部会吸收热辐射。光学厚度定义如下：

$$(a+\sigma_s)L \tag{6.9}$$

式中，a 为吸收系数；σ_s 为散射系数；L 为平均射线行程。

表 6.1 为各个辐射模型的主要特点和适用范围。

表 6.1　辐射模型特点及适用范围

模型	光学厚度	适用范围
S2S	0	当光学厚度为 0 时，它与 DO 模型精度相当且计算量较小，是比较常用的模型
太阳辐射载荷模型	0	与 DO 模型比，计算量小，仅适用于太阳辐射
Rossland	>3	适用范围窄，计算量是各种模型中最小的
P1	>1	精度、适用范围、计算量均适中
DO	全部	精度高、计算量大，适用各种场合，是非常常用的模型
DTRM	全部	精度较高、计算量适中，适用各种场合，因无法用于并行求解器，很少使用
MC	全部	精度最高、计算量最大，适用于各种场合

表 6.2 为工业中常见的辐射换热应用领域及模型类型。

表 6.2　常用领域及模型类型

应用领域	模型类型
发动机舱	S2S、DO
头灯	DO(non-gray)
大型锅炉内的燃烧	DO、P1(WSGGM)
燃烧	DO、DTRM(WSGGM)
玻璃行业	DO、P1
温室效应	Rossland、P1、DO(non-gray)
紫外线消毒（水处理）	DO、P1(UDF)
暖通空调	DO、S2S

【例 6.2】头灯辐射换热仿真

步骤 1　新建一个 Workbench 工程，在工具箱中双击 Fluent，添加一个 Fluent 仿真流程，双击设置单元格，如图 6.43 所示。在启动界面中设置双精度求解器，将求解核数设置为 4 核。在文件菜单中选择"导入"→"网格"，选择素材文件 eg6.2.msh.gz，加载网格文件。

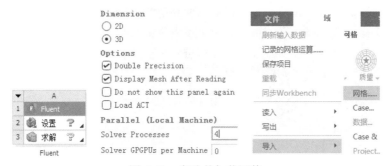

图 6.43　启动并加载网格

步骤 2　由于原始网格长度按"mm"创建，Fluent 默认以"m"为长度单位导入网格，因此需要对网格尺寸进行缩放。如图 6.44 所示，单击"比例"按钮，打开缩放网格对话框。将网格生成单位设置为 mm，单击"比例"按钮，网格此时按 1/1000 比例进行缩放。缩放后网格质量可能下降，单击"报告质量"按钮，在命令窗口中显示网格的正交质量和宽高比，确保无负体积网格，最小正交质量不小于 0.1。

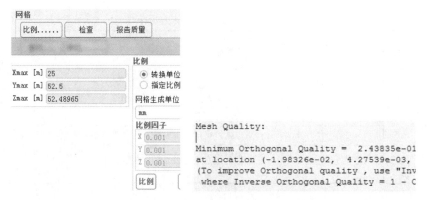

图 6.44　网格缩放及检查网格质量

步骤 3　图 6.45 为模型各组成部分，在内部流体域内存在对流换热，各固体部分进行辐射换热。头灯与外界通过辐射和对流进行热量交换。内部流体域空间小且温差不大，故其对流为层流。将"粘性"模型设置为"层流"，并开启"能量"选项，如图 6.46 所示。

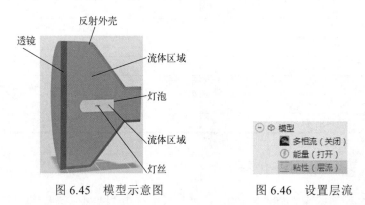

图 6.45　模型示意图　　　　　　图 6.46　设置层流

步骤 4　双击"辐射模型"，按图 6.47 设置辐射模型选项，选择灯具仿真中常用的 DO 辐射模型。角度分割中提高空间离散角度分数或提高像素数均可提高仿真精度及分辨率。由于半透明实体的辐射仿真计算量很大，提高空间离散角度分数对计算效率影响较大，因此这里选择通过提供像素数提高仿真分辨率。由于本例中辐射是主要的热量交换形式，因此将迭代参数设置为 1，确保每次能量方程迭代时都进行辐射迭代。单击"确定"时系统会提示需对材料特性进行更新，单击"确定"即可。

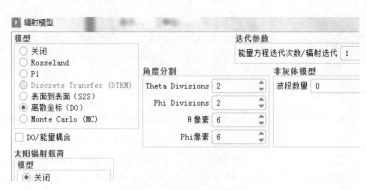

图 6.47　辐射模型选项

步骤 5　在材料设置中新建三种固体材料，名称及材料特性如图 6.48 所示。材料表面光滑，因此将散射系数设置为 0，当询问是否覆盖默认的铝材料时，选择"否"。

图 6.48　模型示意图

步骤 6　双击"空气"，打开材料设置对话框。将密度设置为 incompressible-ideal-gas，由于温度较高，需将热导率设置为随温度变化的多项式形式，在打开的对话框中将多项式系数设置为 4，温度范围设置为 280～350K，系数如图 6.49 所示，保持其他参数为默认值。

图 6.49　设置空气属性

步骤 7　按图 6.50 为各单元区域设置材料并勾选"参与辐射"，所有勾选"参与辐射"的固体区域内部均计算投射和吸收，液体区域均在与固体的交界处计算面-面辐射。

图 6.50　设置单元区域属性

步骤 8　在单元区域条件任务面板中的"工作条件"按钮上单击，打开如图 6.51 所示的对话框。勾选"重力"选项，将 Y 方向设置为-9.81。对于 incompressible-ideal-gas，在计算动量方程时，将使用可变密度参数中指定的操作密度值，若未设置该值，求解器将使用每次迭代时求解域内的平均密度值作为操作密度。

步骤 9　在边界条件中双击灯丝"filament"，打开如图 6.52 所示的壁面边界条件设置对话框。将其热通量设置为 5760000W/m²，其他参数保持默认值。

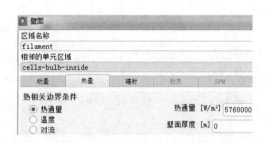

图 6.51　设置工作条件　　　　　　　　图 6.52　设置发热源

步骤 10　在边界条件中双击灯泡外表面"bulb-outer"，打开如图 6.53 所示的边界条件设置对话框，将其设置为半透明边界，"扩散分数"为 0.05，双击"bulb-outer-shadow"进行同样的设置。双击灯泡内表面"bulb-inner"，将边界设置为半透明，"扩散分数"设置为 0.05，双击"bulb-inner-shadow"进行同样的设置。

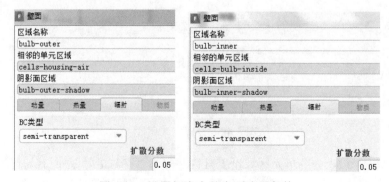

图 6.53　设置灯泡内外表面边界条件

步骤 11 在边界条件中双击透镜的内表面"lens-inner",打开如图 6.54 所示的壁面边界条件设置对话框。将其设置为散射系数 0.5 的半透明边界,同理将其耦合面"lens-inner-shadow"进行同样的设置。

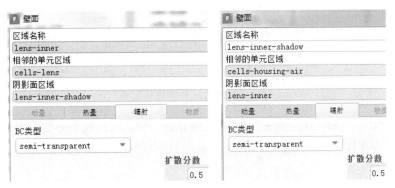

图 6.54 设置透镜内表面边界条件

步骤 12 双击"bulb-coatings",打开如图 6.55 所示的对话框。在热量选项页中勾选"薄壳传热",单击右侧"编辑"按钮,将材料设置为"coating",厚度设置为 0.0001m。薄壳传热不必创建几何实体,它利用虚拟网格模拟切向和法向的热传导。

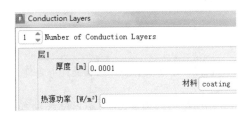

图 6.55 设置涂层厚度

步骤 13 在边界条件中双击透镜的外表面"lens-outer",在热量选项页中将透镜外表面设置为对流+辐射的混合边界条件。按图 6.56 设置对流系数及外部辐射发射率,由于被外界环境完全包围,因此将外部发射率设置为 1。切换到辐射选项页,将边界设置为半透明,其余参数保持默认值。

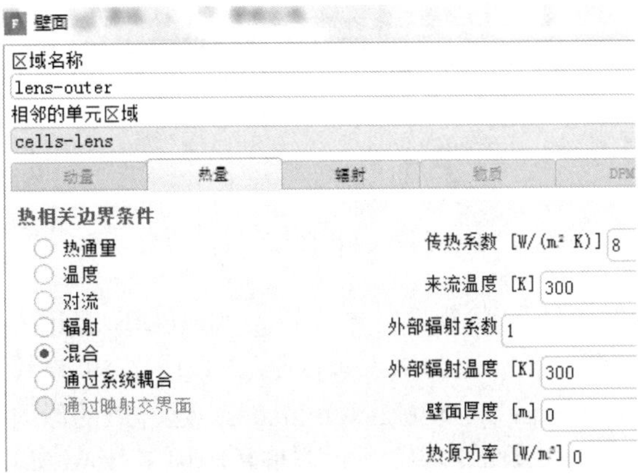

图 6.56

图 6.56　设置透镜外表面边界条件

步骤 14　双击"reflector-inner"，如图 6.57 所示，将其内部辐射系数设置为 0.2，扩散分数设置为 0.3。同理，将 reflector-inner-shadow 进行同样的设置。

图 6.57　设置反射壳体内表面边界条件

步骤 15　双击"reflector-outer"，如图 6.58 所示，将其设置为混合散热类型并设置相应参数，保持默认的不透明边界及内部辐射参数。

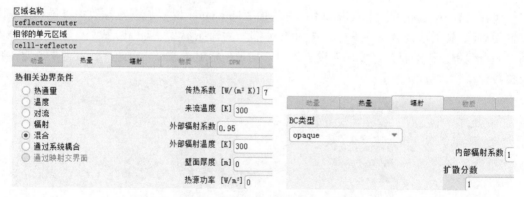

图 6.58　设置反射壳体外表面边界条件

步骤 16　双击"求解方法"，将耦合方案设置为 SIMPLE，将压力离散项改为 Body Force Weighted，其余选项保持默认值。双击"求解控制"，按图 6.59 设置亚松弛因子。单击下方的"方程"按钮，仅选中 Energy 和 Discrete Ordinates。这样做的原因在于辐射换热仿真计算量大，收敛慢，仿真开始时，为防止振荡，先降低松弛因子且不考虑对流换热，待稳定一段时间后逐步增加松弛因子和对流换热。

图 6.59　设置求解参数及控制方程

步骤 17　如图 6.60 所示，进行混合初始化后，单击"局部初始化"按钮，为 cells-bulb-inside 设置 500K 初始温度。

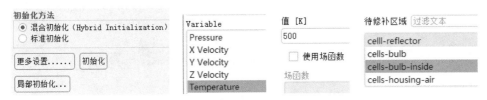

图 6.60　初始化及局部初始化

步骤 18　双击"运行计算"，将迭代次数设置为 20 次后单击"开始计算"，显示如图 6.61 所示的残差曲线，该曲线应呈现逐步下降的趋势。

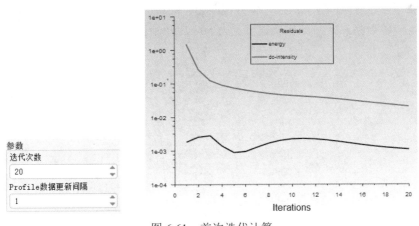

图 6.61　首次迭代计算

步骤 19　在"报告定义"上单击鼠标右键，选择"表面报告"→"小平面最大值"，打开如图 6.62 所示的对话框。将"场变量"设置为"Temperature"，选择"reflector-inner"，勾选"报告图"，创建反射面的温度监控曲线图。

步骤 20　再次双击"求解控制"，将能量和离散坐标的欠松弛因子设置为 1。双击"运行计算"，将迭代次数设置为 500，单击"开始计算"按钮。当弹出对话框时，单击"OK"将其关闭。其收敛曲线如图 6.63 所示。

图 6.62　创建温度监控曲线

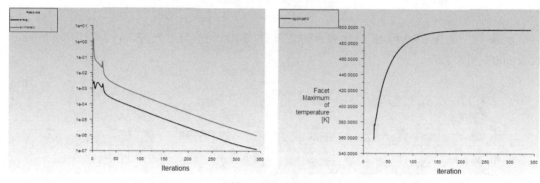

图 6.63　收敛曲线

步骤 21　双击"求解控制"，单击"方程"按钮，这次选择"Flow"和"Energy"，取消选择"Discrete Ordinates"，仅计算自然对流散热。将迭代次数设置为 50，单击"开始计算"。

步骤 22　自然对流计算完成后，将方程改为"Flow""Energy"和"Discrete Ordinates"，计算自然对流+辐射换热。将迭代次数设置为 500 后开始计算。残差曲线如图 6.64 所示。

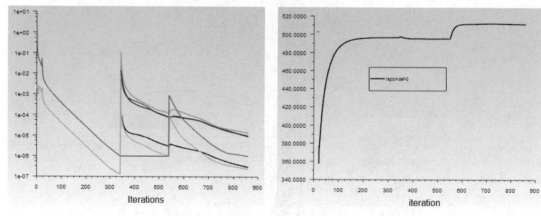

图 6.64　最终收敛曲线

步骤 23　如图 6.65 所示，在结果-矢量上双击，将类型设置为 arrow 2D 箭头类型，选中所有 Symmetry 平面后创建速度矢量图。

步骤 24　在"结果"→"云图"上双击，取消勾选"全局范围"，选中 housing-inner 和 lens-inner 两个表面，显示二者的温度云图如图 6.66 所示。

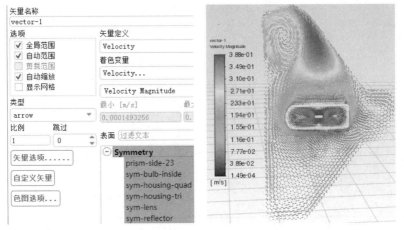

图 6.65　速度矢量

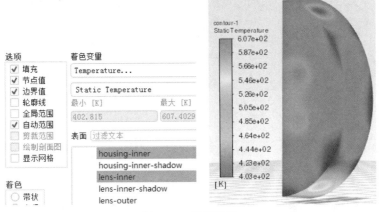

图 6.66　温度云图

步骤 25　在"结果"→"云图"上双击，取消勾选"全局范围"，选中 housing-inner 和 lens-inner 两个表面，显示二者的辐射入射通量云图如图 6.67 所示。由于角度及像素分割数量少，云图分辨率低，导致云图中出现两个集中的光斑，可通过增加角度及像素分割数量解决该现象，读者可自行完成。

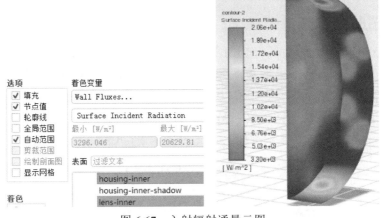

图 6.67　入射辐射通量云图

ANSYS
Fluent

第 7 章

瞬态场仿真

　　流动本质上都是瞬态过程，当仅关心动态平衡状态或时均化处理后的流场参数时，可以将流场当稳态场处理。由于稳态场仿真计算量小，容易进行结果后处理，若可以将求解问题当作稳态场处理则应优先使用稳态场仿真。当需要模拟的问题中流场参数随时间变化且需要获取变化过程中的流场参数时，则需要进行瞬态场仿真。

7.1　瞬态场仿真参数设置

7.1.1　设置时间步长

　　瞬态仿真是在一系列离散的时间点上进行迭代求解，相邻离散点之间的时间间隔称为时间步长。瞬态仿真中时间步长是非常重要的参数，它不仅直接影响求解过程的收敛性，还直接决定了仿真结果能否真实刻画该瞬态过程。一般通过 Courant 数估算时间步长，Courant 刻画了一个时间步内流体流经的网格数。Courant 数典型值一般为 1～10，随着迭代的进行，可以适当调大 Courant 数，加快求解过程。Courant 数的表达式如下：

$$\text{Courant 数} = \frac{\text{特征流速} \times \Delta t}{\text{典型单元尺寸}}$$

　　除 Courant 数外，也经常用下列参数估算时间步长：

常规仿真：

$$\Delta t = \frac{L}{3V}$$

其中 L 为特征长度，V 为典型速度。

旋转机械：

$$\Delta t = \frac{1}{10} \times \frac{叶片数}{旋转速度}$$

自然对流：

$$\Delta t = \frac{L}{(g\beta\Delta TL)^2}$$

其中 L 为特征长度，g 为重力加速度，β 为热膨胀系数，ΔT 为温差。

固体内部导热：

$$\Delta t = \frac{L^2}{\left(\frac{\lambda}{\rho C_p}\right)}$$

其中 L 为特征长度，λ 为热导率，ρ 为密度，C_p 为比热容。

在保证求解稳定的前提下，一般建议一个典型的运动周期内至少设置 10～20 个时间步，防止较低的时间分辨率导致瞬态求解过程失真。

时间步长设置如图 7.1 所示，其中"时间推进"可以设置为固定或自适应类型，固定步长类型需要设置步长值，自适应类型则根据 CFL 原则在求解过程中自动调整时间步长。外插变量选项可以利用泰勒展开式预测下一个时间步初值，从而为下一个时间步迭代时提供更合理的初始值，从而加快下一个时间步内的迭代收敛速度。

图 7.1　设置时间步长

在每个时间步内，仍需要通过多次迭代保证达到默认的残差收敛标准，默认情况下每个时间步内最多迭代 20 次，当迭代 20 次仍未收敛则该时间步内的仿真结果为无效值。一般仅允许最初几个时间步内存在未满足收敛标准的情况，其余时间步均应满足收敛标准，瞬态仿真典型的迭代残差曲线如图 7.2 所示。当存在大量不收敛时间步时，可以适当调整每个时间步内的默认迭代次数，但通常调整时间步长效果更好。

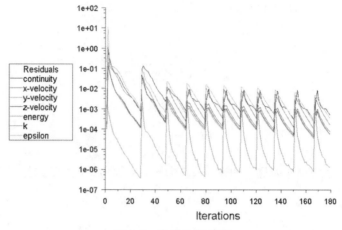

图 7.2　典型收敛曲线

7.1.2　求解参数设置

求解参数设置选项如图 7.3 所示，瞬态求解压力速度耦合及空间离散包含的选项及其含义同稳态仿真一致。PISO 是瞬态仿真中比较常用的压力速度耦合选项，"无迭代时间推进"选项通常和 PISO 联合使用，此时瞬态计算每个时间步长内不需要迭代，求解精度仅取决于时间步长的大小。"通量冻结格式"仅用于瞬态非多相流问题，可以改善时间步长内的收敛性。First Order Implicit 更容易收敛，为默认的时间离散格式，当需要提高求解精度时，可以选择 Bounded Second Order Implicit 二阶离散格式。

图 7.3　求解参数设置选项

7.1.3　初始化

在瞬态仿真中，初始条件和边界条件同等重要，虽然仍可以使用默认初始化方法设置初始条件，但强烈建议先进行稳态仿真，再将稳态仿真的结果作为瞬态仿真的初始条件。当将预估值设置为初始条件时，最初几个时间步的仿真结果将是不准确的，结果分析时通常忽略前几步的结果。

7.1.4　瞬态仿真一般流程

瞬态仿真的基本流程与稳态仿真类似，其通用流程如下：

① 设置瞬态求解器；

② 设置物理模型、材料及边界条件；

③ 设置初始条件；

④ 设置求解器参数及监控曲线；

⑤ 设置动画及数据保存选项；

⑥ 选择时间步长及每个时间步长内的最大迭代次数；

⑦ 设置总时间步数；

⑧ 迭代求解及结果后处理。

7.2　瞬态仿真典型应用举例

【例 7.1】移动高斯热源仿真

移动高斯热源常用于结构焊接过程的模拟，只能使用瞬态仿真，热源的热通量满足如下表达式：

$$q = Q \times e^{-3 \times \frac{(x-0.05)^2 + (y-v \times t)^2}{R^2}}$$

其中：$Q=4\times10^7 \text{W/m}^2$，$R=0.005\text{m}$，$v=0.005\text{m/s}$。

在 Fluent 中可以利用 UDF 编写上述表达式，将其挂载到热边界条件上。关于 UDF 在后面章节中会详细讲解。读者目前只需按操作步骤加载该 UDF 即可。UDF 代码如下所示。

```
#include "udf.h"
DEFINE_PROFILE(flux_profile, t, i)
{
    real d[ND_ND];
    real x;
    real y;
    face_t f;
    real flow_time = RP_Get_Real ("flow-time");

    begin_f_loop (f, t)
        {
        F_CENTROID(d, f, t);
        x = d[0];
        y = d[1];
        F_PROFILE(f, t, i) = 4e7 * exp(-3 * (pow((x-0.05), 2) + pow((y-0.005 *
flow_time), 2))/0.005/0.005);
        }
    end_f_loop(f, t)
}
```

步骤 1　新建 Workbench 工程，在工具箱中双击"流体流动（Fluent）"，添加一个 Fluent 仿真流程。在几何结构单元格上单击鼠标右键，选择"导入几何模型"，选择素材文件 eg7.1.x_t。双击网格单元格，打开网格划分模块。

步骤 2　如图 7.4 所示，将全局网格尺寸修改为 2mm。在网格上单击鼠标右键，插入面网格剖分，选择如图 7.5 所示的面。为方便观察和选择，将工具栏切换到显示选项页，单击

"显示网格"，将其弹起，按下"显示顶点"选项，此时将显示顶点但不显示网格。单击指定的边后选择中间的 5 个顶点，单击"应用"按钮。

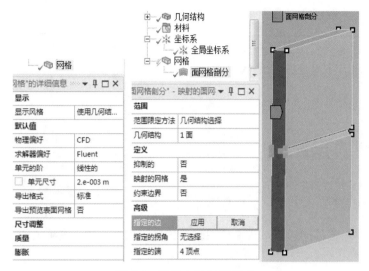

图 7.4　设置全局网格尺寸　　　　　　　　　　　　图 7.5　设置面网格剖分

步骤 3　如图 7.6 所示，在空白区域单击鼠标右键，将光标模式切换为边模式。选择如图 7.6 所示的 4 条边线，在网格上单击鼠标右键，插入尺寸调整，按图设置分段数、行为及偏移类型。

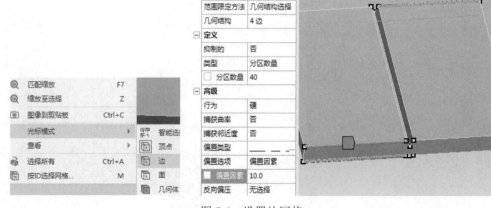

图 7.6　设置边网格

步骤 4　类似地，按图 7.7 设置另外 4 条边线。再次添加尺寸调整，选择如图 7.8 所示的 10 条纵向边线，将分区数量设置为 100。

步骤 5　选中如图 7.9 所示的 4 条边线，将分区数量设置为 6，"行为"设置为"硬"。在网格上单击鼠标右键，选择"生成网格"，生成的网格如图 7.10 所示。

步骤 6　如图 7.11 所示，选中 V 形面，单击鼠标右键，创建名称为 V-face 的命名选择。类似地，为 2 个顶面、4 个底面和 4 个侧面分别创建命名选择 top、bottom 和 side。

步骤 7　返回 Workbench 主界面，在网格上单击鼠标右键，选择"更新"后在"设置"上单击，将求解器数量设置为 1，勾选"双精度"复选框后单击"Start"，启动 Fluent。

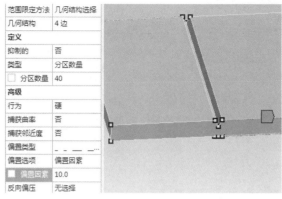
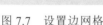

图 7.7　设置边网格

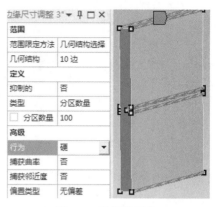

图 7.8　设置边网格

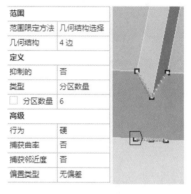

图 7.9　设置边网格

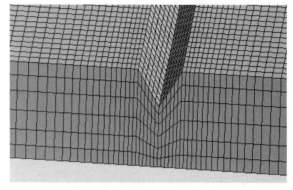

图 7.10　生成网格

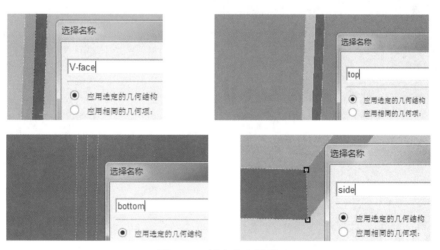

图 7.11　创建命名选择

步骤 8　如图 7.12 所示，在通用设置中，将求解器设置为瞬态。在模型中将能量方程开启，"黏性"模型设置为层流。如图 7.13 所示，在单元类型中选中单元，单击鼠标右键，将其类型设置为固体，当弹出对话框时，保持默认值后将其关闭。

步骤 9　在上方工具栏中，选择用户自定义选项页。单击函数下的解释选项，打开如图 7.14 所示的对话框。选择素材文件 eg7.1.c 源文件，单击"解释"后关闭该对话框。

图 7.12　设置模型和求解器　　　　图 7.13　设置单元类型

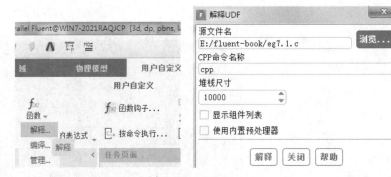

图 7.14　添加 UDF

步骤 10　在边界条件中双击"v-face"，打开如图 7.15 所示的对话框。将其热通量设置为 udf flux_profile，则该面将被赋予高斯热源。

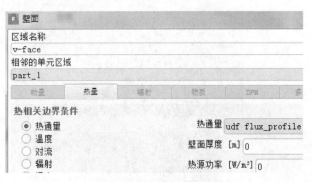 

图 7.15　设置边界条件　　　　　　图 7.16　关闭流动方程

步骤 11　双击"求解控制"，在面板中单击"方程"按钮，打开如图 7.16 所示的方程设置对话框，取消 Flow 流动方程的求解，仅求解 Energy 能量方程。

步骤 12　双击"初始化"，使用默认的标准初始化参数进行初始化。

步骤 13　在"云图"上双击，打开如图 7.17 所示的云图设置对话框。将云图类型设置为温度，选中所有表面，完成设置后关闭该对话框。

步骤 14　双击"计算设置"中的"解决方案动画"选项，打开如图 7.18 所示的对话框。将"记录间隔"设置为每个时间步保存一次，选中云图并将"动画视图"设置为 front（前视图），后续将以温度云图的前视图作为动画帧，按时间步创建动画。

图 7.17 创建云图 图 7.18 设置动画

步骤 15 双击"运行计算",打开如图 7.19 所示的对话框。时间步长设置为 0.5s 固定时间步长,并将时间步数设置为 40,保持每个时间步内 20 次的迭代次数。设置好后单击"开始计算"按钮,图形创建将显示如图 7.20 所示的温度云图动画。

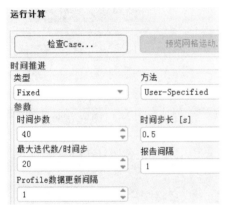

图 7.19 设置运行参数 图 7.20 显示动画

步骤 16 迭代求解过程中的残差曲线如图 7.21 所示,可以看出每个时间步均达到了收敛标准。

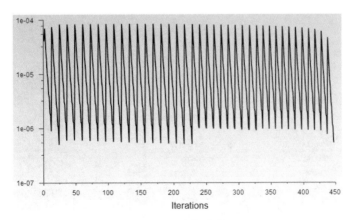

图 7.21 残差曲线

步骤 17 在"结果"→"动画"中双击"播放"选项，打开如图 7.22 所示的播放对话框。在"播放模式"中可以选择单次播放或循环播放，单击"播放"按钮即可在图形窗口中播放动画。在"记录格式"中可以选择 Video File 类型，单击右侧"视频选项"可以设置视频格式，单击下方"写出"，可以将动画以指定的视频格式导出。

图 7.22　设置播放选项及视频格式

【例 7.2】超声速喷管——马赫环仿真

马赫环是超声速气流内压缩波和膨胀波相互干涉形成的驻波，我们可以利用 Fluent 的瞬态仿真模拟出该现象。

步骤 1 新建一个 Workbench 工程，在工具箱中双击"流体流动（Fluent）"，添加流体仿真模块。

步骤 2 在几何结构单元格上单击鼠标右键，加载素材文件 eg7.2.x_t 后双击网格单元格，打开网格划分模块。如图 7.23 所示，将全局网格尺寸设置为 0.18m。在网格上单击鼠标右键，插入一个面网格剖分，将几何结构设置为图中最大的面域，其余选项保持默认值，如图 7.24 所示。

图 7.23　设置全局网格尺寸

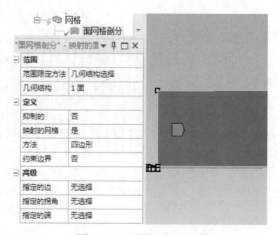

图 7.24　设置映射面网格

步骤3 再添加一个面网格剖分,如图7.25所示,选中下方除最大面域外的其余面域,并选中14个节点,将其设置为指定的端。

步骤4 在"网格"上单击鼠标右键,添加面尺寸调整。如图7.26所示,将光标模式切换为面选择模式。选中下方6个面,将其尺寸设置为0.08m。

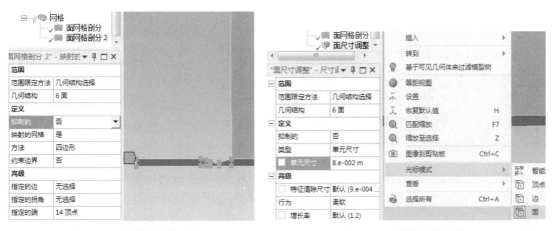

图7.25 设置面网格剖分   图7.26 设置局部面尺寸

步骤5 再次添加尺寸调整,将光标模式修改为边选择模式。选中如图7.27所示的两条边线,将单元尺寸设置为0.08m,并将"行为"设置为"硬",强制网格严格按设定尺寸划分。

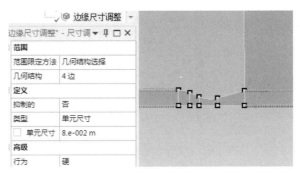

图7.27 设置边线网格

步骤6 在网格上单击鼠标右键,选择生成如图7.28所示的网格。

步骤7 如图7.29所示,在边线选择模式下,选择左侧入口边线,单击鼠标右键,添加名称为inlet的命名选择。类似地,选择除喷管边界、入口及与X轴重合的边线外的其他4条边,添加名称为p-outlet的命名选择。

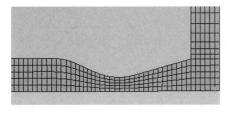

图7.28 生成网格   图7.29 创建进出口边界条件

步骤 8　如图 7.30 所示，选择与 *X* 轴重合的 6 条边线，单击鼠标右键，创建名称为 axis 的命名选择。

步骤 9　返回 Workbench 主界面，在网格上单击鼠标右键，选择"更新"，将网格数据传递到 Fluent 中。在设置单元格上双击，打开如图 7.31 所示的启动界面。勾选"双精度"选项，将求解器数量设置为 4，单击"Start"启动 Fluent。

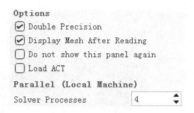

图 7.30　创建对称轴边界条件　　　　图 7.31　设置启动选项

步骤 10　该仿真中流体的压力和密度均会有明显变化，因此将求解器类型设置为密度基瞬态求解器。模型关于 *X* 轴中心对称，但壁面不旋转，因此将对称类型设置为轴对称。如图 7.32 所示，开启"模型"中的"能量"方程，将"黏性"模型设置为 k-epsilon，并将"壁面函数"设置为增强壁面函数。

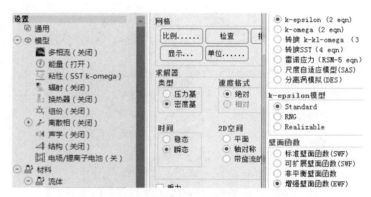

图 7.32　设置求解器及湍流模型

步骤 11　如图 7.33 所示，双击"材料"中的"空气"，在打开的对话框中将密度模型设置为 ideal-gas，单击"更改"按钮后关闭对话框。

图 7.33　设置流体材料属性

步骤 12　选中边界条件中的入口 inlet，单击鼠标右键，将其类型修改为压力入口类型。如图 7.34 所示，在弹出的对话框中将总压和初始压力设置为 7MPa，切换到热量选项页，将总温度设置为 1500K。

步骤 13　单击"通用"中的"检查"按钮，可以在命令窗口中显示当前模型的坐标范围，双击"边界条件"，在其面板中单击"工作条件"按钮，打开如图 7.35 所示的对话框。将参考压力位置设置为压力出口右上角所在的坐标位置。

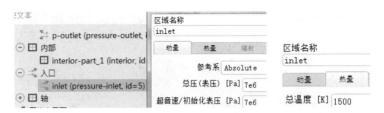

图 7.34　设置压力入口边界条件

图 7.35　设置参考压力点

图 7.36　设置亚松弛因子

步骤 14　在"求解控制"上双击，按图 7.36 将亚松弛因子调小到 0.5，防止迭代过程中出现求解发散。

步骤 15　在"初始化"上双击，切换到混合初始化后单击"初始化"按钮，对模型进行初始化。

步骤 16　在上方工具栏中选择"查看"，单击"视图"，打开如图 7.37 所示的对话框，选中"axis"后单击"应用"，显示对称视图。

步骤 17　双击"结果"→"图形"中的"云图"，在打开的对话框中按图 7.38 设置速度云图。

图 7.37　显示对称视图

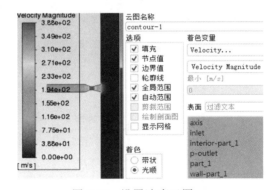

图 7.38　设置速度云图

步骤 18　在"计算设置"中双击"解决方案动画"，打开如图 7.39 所示的对话框。将"记录间隔"设置为 20 个时间步保存一帧，将速度云图设置为动画对象。单击"使用激活"按钮，将当前视图状态设置为动画显示的视图。

步骤 19　双击"运行计算"，按图 7.40 设置时间步长和时间步，单击"运行"后开始求解，窗口中将实时显示收敛曲线及运动动画。最终得到的云图如图 7.41 所示，可以看到明显的马赫环。

图 7.39　设置动画选项　　　　　　　　图 7.40　设置运行参数

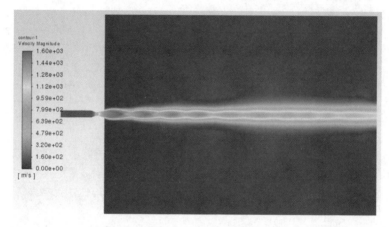

图 7.41　马赫环云图

步骤 20　双击"结果"→"动画"中的"播放"选项，打开如图 7.42 所示的播放对话框。单击"播放"按钮可以播放动画，将记录格式设置为 Video File，在右侧的"视频选项"按钮中可以设置视频格式。单击"写出"按钮可以将视频以指定格式导出。

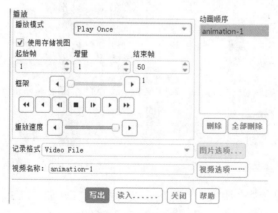

图 7.42　动画播放选项

步骤 21　关闭 Fluent 窗口，返回到 Workbench，保存工程文件。

Fluent 中需要使用瞬态仿真的场景非常多，在动网格、多相流、熔化凝固或涉及化学反应和燃烧时，通常都需要进行瞬态仿真。这部分的仿真实例在后续涉及时再进行讲解。

ANSYS
Fluent

第 8 章

动网格仿真

8.1　动参考系模型

前面章节中流道的壁面或流动所在的求解域边界是固定不动的，实际工程应用中存在大量的运动壁面，例如活塞运动导致的腔体变化、旋转机械叶片转动、刚体在流体中下沉、变形体在流体中游动、流固耦合问题等。这些问题均可以利用 Fluent 中的动网格功能进行仿真。Fluent 在仿真运行过程中按特定标准对网格进行拉伸、增减及网格重绘实现流动边界处及内部网格的运动。在此过程中，原网格中存储的流场数据以插值方式刷新新网格处的数据。由此可见，动网格本质上是瞬态仿真，且运算量较大。对于工程中广泛应用的旋转机械仿真，使用动网格方式代价过大，在处理这类问题时，Fluent 提供了一种更经济的方式——动参考系法。

8.1.1　动参考系理论基础

动参考系法是将参考系设置在运动物体上（例如旋转叶片中心），则此时叶片壁面相对于随其运动的参考系仍处于相对静止状态。静止坐标系中的流体若在动参考系下观察，仅需增加一个动参考系与静参考系之间的相对速度即可，所需处理的流动方程形式不变，仅速度项增加一个相对速度，这样就将运动壁面产生的瞬态问题转换成了壁面不动的稳态问题。根据动参考系类型的不同，Fluent 中提供了三种动参考模型：SRF（单参考系模型）、MRF（多参考系模型）和 MPM（混合平面模型），它们均是稳态求解方法。

    SRF（单参考系模型）是最简单的一种动参考系模型。该模型中整个求解域以特定速度做平动或转动。对于转动模型，与参考系一起运动的壁面可以是任意形状，对于静止壁面，必须是以旋转中心为圆心的圆，若不满足该条件则需对求解域进行分割，利用 MRF 法进行求解。如图 8.1 所示，左侧静止外壁面满足该条件，可以应用 SRF 模型；而右侧静止外壁面不满足该条件，需要使用 MRF（多参考系模型）。

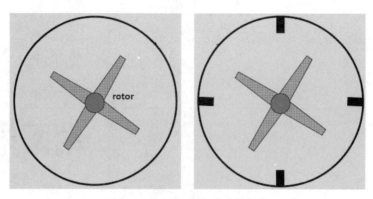

图 8.1　单参考系模型适用条件

    当涉及多个不同速度的运动部件或包含非旋转体的壁面时，需要对求解域进行分割，不同求解域之间利用 interface（交界面）进行数据传递，这种方法称为多参考系法，包括 MRF（多参考系模型）和 MPM（混合平面模型）。

8.1.2　MRF 选项设置

    MRF 将求解域进行分割，可以对不同区域指定不同旋转或平移速度，当只有一个区域时，MRF 即为 SRF。在使用 MRF 时需要注意：其分界面上法向速度必须为零，即对于平移运动区域，运动边界必须平行于平移速度向量；对于旋转问题，分界面必须为以旋转轴为中心的旋转面。由于 MRF 为稳态求解方法，计算过程中网格不发生真实的运动，因此是一种近似方法，仅适用于定转子之间相互作用较弱的旋转问题，例如旋转机械等。

    【例 8.1】强制风冷散热实例

    对流散热除了自然对流散热外，还有强制对流散热，它包括强制风冷和液冷。强制风冷散热一般是利用风扇提供动力，由于强制对流散热能力一般远大于自然对流散热，因此存在强制对流散热时，为了降低仿真复杂程度，一般忽略自然对流散热。

    在 Fluent 中，强制对流散热风扇有两种添加方式：一种是在求解域中添加 fan 类型边界条件，在 fan 的设置界面中添加 P-Q 曲线模拟风扇；一种是导入实际的风扇模型，通过设置风扇转速，让 Fluent 计算流场流速及压力来模拟风扇。这种方式需设置旋转区域及旋转坐标系，本例采用第二种方式。

    步骤 1　新建一个 Workbench 工程，双击"流体流动（Fluent）"，添加 Fluent 仿真流程。在几何结构单元格上单击鼠标右键，导入素材模型 eg8.1.x_t，在 DM 中打开如图 8.2 所示的几何模型。

    步骤 2　由于后续要设置旋转区域，故需设置一个仅包围风扇的圆柱体，圆柱体的轴线与风扇旋转轴线相重合。在工具菜单栏中选择"外壳"，按图 8.3 设置参数，将形状修改为圆柱体，"圆柱体对齐"设置为"Y-轴"，将目标对象设置为选定几何体，并选择风扇作为目标对象。

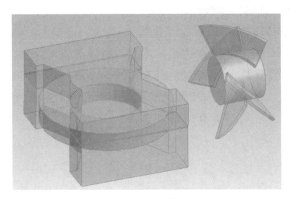

图 8.2　几何模型

详细信息 外壳1	
外壳	外壳1
形状	圆柱体
圆柱体对齐	Y-轴
平面数量	0
缓冲	非均匀
□ FD1, 缓冲半径(>0)	0.002 m
□ FD2, 缓冲(>0) +ive 方向	0.002 m
□ FD3, 缓冲(>0), -ive 方向	0.002 m
目标几何体	选定几何体
几何体	1

图 8.3　设置旋转包围区域

步骤 3　再次添加一个外壳，按图 8.4 设置包围参数，为了让变压器后侧的扰流充分发展，适当扩大 Y 方向尺寸。

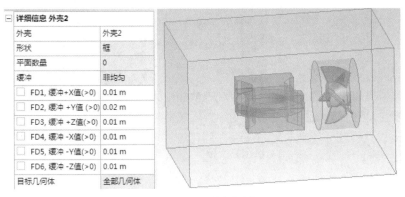

详细信息 外壳2	
外壳	外壳2
形状	框
平面数量	0
缓冲	非均匀
□ FD1, 缓冲+X值(>0)	0.01 m
□ FD2, 缓冲 +Y值 (>0)	0.02 m
□ FD3, 缓冲 +Z值 (>0)	0.01 m
□ FD4, 缓冲 -X值(>0)	0.01 m
□ FD5, 缓冲 -Y值(>0)	0.01 m
□ FD6, 缓冲 -Z值(>0)	0.01 m
目标几何体	全部几何体

图 8.4　设置求解域

步骤 4　为了便于后续创建接触对，选择创建菜单中的几何体操作，将类型设置为压印面，并将模型树中生成的两个包围区域重命名为 rotor 和 stator，如图 8.5 所示。

步骤 5　由于不计算风扇的温度，我们将风扇实体压缩。如图 8.6 所示，在"fan"上单击鼠标右键，选择"抑制几何体"，并将变压器三个零件分别重命名为 up、down 和 core。

步骤6 如图 8.7 所示，选中除风扇外的其余零件，单击鼠标右键，选择"形成新部件"。

步骤7 回到 Workbench 主界面，双击网格单元格，打开网格设置模块。

步骤8 按图 8.8 设置网格参数，将"单元尺寸"设置为"1.e-003m"，将"捕获曲率"设置为"是"，将"捕获邻近度"设置为"是"，并将"跨间距的单元数量"设置为 2。隐藏除了 rotor 外的全部实体，在网格上单击鼠标右键，选择"插入"中的"膨胀"，将 rotor 设置为创建膨胀层的实体。设置 Boundary 时，可以先全选 rotor 的所有面，再按住 Ctrl 键选择 3 个外表面将其排除，剩余的面就是需要设置膨胀层的扇叶面，如图 8.9 所示，其余参数保持默认值。生成的膨胀层网格如图 8.10 所示。

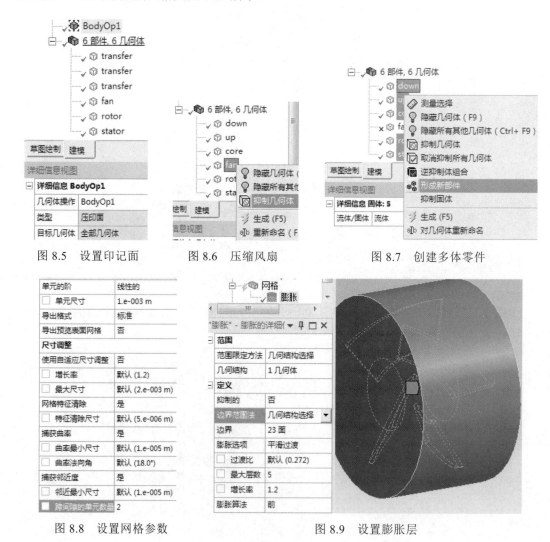

图 8.5 设置印记面　　　图 8.6 压缩风扇　　　图 8.7 创建多体零件

图 8.8 设置网格参数　　　图 8.9 设置膨胀层

步骤9 选择立方体的 6 个外表面，单击鼠标右键，选择"命名选择"，将其命名为 p-outlet，如图 8.11 所示。

步骤10 回到 Workbench 主界面，在网格上单击鼠标右键，选择"更新"，将网格传递到 Fluent 中。双击"设置"，如图 8.12 所示，勾选"Double Precision"，将核心数设置为 4 后单击"Start"启动 Fluent。

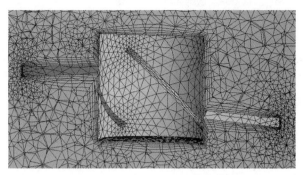

图 8.10　膨胀层网格截面

图 8.11　设置命名选择

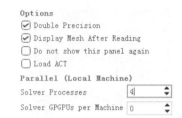

图 8.12　设置启动参数

步骤 11　在 Units 中，将 "angular-velocity" 设置为 "rev/min"，将 "temperature" 设置为 "C"，如图 8.13 所示。

图 8.13　设置单位

步骤 12　由于忽略自然对流，因此无须开启重力选项，也无须调整空气的密度模型，保持默认值即可。

步骤 13　在模型中开启能量选项，双击 "Viscous"，将湍流模型设置为 k-epsilon，由于旋转导致流线扭曲，故旋转 RNG 类型，并将壁面函数设置为 Enhanced Wall Treatment，如图 8.14 所示。

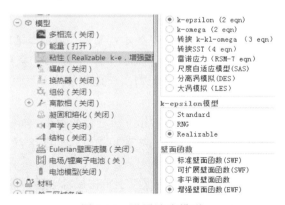

图 8.14　设置湍流模型

步骤 14 双击"材料"→"固体"→"铝"，打开如图 8.15 所示的材料面板。将名称设置为铁氧体磁芯 pc95，删除化学式，将其热导率设置为 5W/(m·K)，单击"更改/创建"按钮，当弹出对话框时，选择"No"。同样的方法添加 fr4 材料，将其热导率设置为 6.5W/(m·K)。

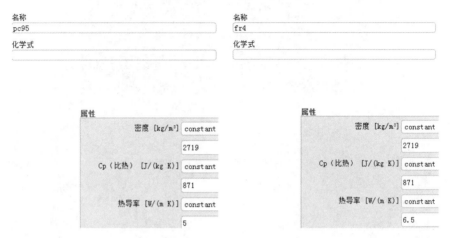

图 8.15 添加材料

步骤 15 如图 8.16 所示，在单元区域条件中双击"core"，将其材料设置为 fr4，勾选"源项"。将其热源类型设置为 constant，并为其赋值为"2e6W/m3"。

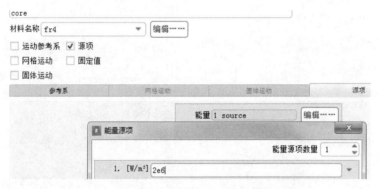

图 8.16 设置单元区域条件

步骤 16 采用同样的方法，双击另外 2 个固体零件，为它们赋予 pc95 材料，其余保持默认值。

步骤 17 在"rotor"上双击，如图 8.17 所示，勾选"运动参考系"，设置旋转坐标系参数。将旋转轴方向的 Y 轴设置为 1，由于旋转满足右手定则，因此将转速设置为−3000r/min。

步骤 18 在"p-outlet"上双击，打开压力出口边界条件设置面板。如图 8.18 所示，将温度设置为 25。

步骤 19 如图 8.19 所示，选择混合初始化方法进行初始化，命令创建会显示警告信息。

步骤 20 按警告信息给出的提示，在命令窗口中输入如图 8.20 所示的命令，该命令可在不同材料所属区域之间创建耦合壁面。

步骤 21 如图 8.21 所示，在"报告定义"上单击鼠标右键，选择"创建"→"通量报告"。在打开的对话框中选中所有边界面，勾选"报告图"。

图 8.17　设置运动区域条件

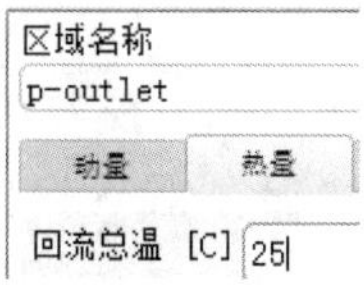

图 8.18　设置边界条件 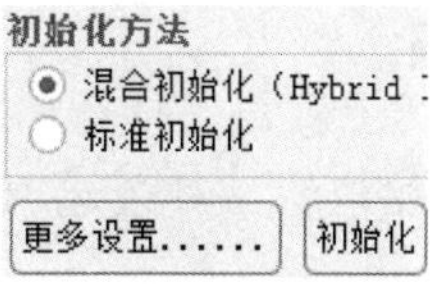　　　　　图 8.19　初始化

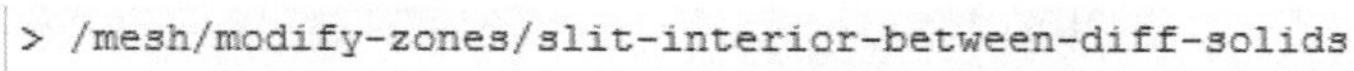

> /mesh/modify-zones/slit-interior-between-diff-solids

图 8.20　创建耦合壁面

图 8.21　创建通量监控报告

步骤 22　保持求解方法和求解控制默认选项,双击"运行计算",将迭代次数设置为100,单击"开始计算"。

步骤 23　求解结束后,在"结果"→"云图"上双击,打开如图 8.22 所示的云图设置对话框,在"新面"按钮中选择平面,在弹出的对话框中选择 YZ Plane,创建 *YZ* 截面。将云图变量设置为 Temperature,选中刚创建的截面,其余选项保持默认值后单击"保存"按钮,创建如图 8.23 所示的温度云图。

图 8.22　设置云图

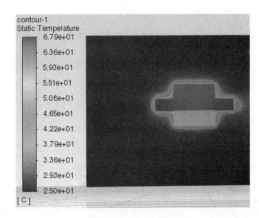

图 8.23　温度云图

步骤 24　在迹线上双击，打开如图 8.24 所示的对话框。将"路径跳过"设置为 10，选择 rotor 作为迹线起始位置，其余选项保持默认值，单击"保存/显示"按钮，显示如图 8.25 所示的迹线图。

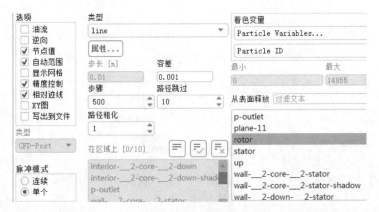

图 8.24　创建迹线

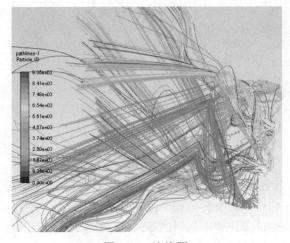

图 8.25　迹线图

8.1.3　MPM 选项设置

对于多级流体机械，各级之间的叶片数量不一定相同，若使用 MRF 或滑移网格很难利用周期重复特性降低计算量。此时若将各级内的叶片沿圆周方向做平均处理，消除圆周变化导致的非稳定性，并在不同级之间取一个交界面作为混合平面，将相邻流体域内的流场数据在该平面上混合后进行传递，则可以解决周期性问题，并可将瞬态流场简化为时间平均流场，大大降低计算量。

【例 8.2】轴流风机实例

图 8.26 为轴流风机模型，其中定子部分的导叶数量为 12，转子中的旋转叶片数量为 9，二者数量不相等，根据各自叶片数量将定子和转子划分为两个区域，每个区域仅包含一个叶片。其中转子的出口与定子的入口的交界面构成混合平面，转子出口处的流场数据和定子入口处的流场数据经过圆周平均后在混合平面处传递。

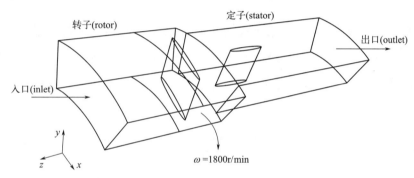

图 8.26　轴流风机模型

步骤 1　新建一个 Workbench 工程，在工具箱中双击 "Fluent"，加载一个 Fluent 仿真流程，双击设置单元格，在弹出的启动界面中将类型设置为 3D，核心数设置为 4 后单击 "Start" 启动 Fluent。在文件菜单中选择 "导入" → "网格"，选择素材文件 eg8.2.msh，加载网格文件，如图 8.27 所示。

步骤 2　单击 "单位" 按钮，将角速度设置为 "rev/min"，如图 8.28 所示。

图 8.27　加载网格模型

图 8.28　设置单位

步骤 3　双击 "模型" → "粘性"，如图 8.29 所示，将湍流模型设置为标准 k-epsilon，并设置标准壁面函数。

图 8.29　设置湍流模型

步骤 4　在菜单栏中选择"域"，单击网格模型中的"混合平面"，打开如图 8.30 所示的对话框。将上游区域选择为 pressure-outlet-rotor，下游设置为 pressure-inlet-stator。混合平面结构设置为径向，平均法设置为面积类型，这样的设置可以将出口和入口数据在径向方向上进行面积加权平均，消除径向物理量的数据波动，将瞬态问题转换为稳态问题。单击"创建"按钮，系统将创建转子压力出口与定子压力入口面之间的混合平面，并生成 profile 文件，profile 文件中定义了混合平面之间传递的物理量。在菜单栏中选择"结果"，单击 Profile 数据可打开如图 8.31 所示的对话框，该对话框显示了 Profile 中包含的数据。

图 8.30　创建混合平面

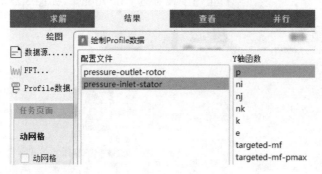

图 8.31　查看 Profile 文件

步骤 5　在单元区域中双击 fluid-rotor，打开如图 8.32 所示的对话框。勾选"运动参考系"，将转轴方向设置为−Z 方向，转速设置为 1800r/min。

图 8.32 设置单元区域条件

步骤 6 双击周期边界条件,如图 8.33 所示,分别将两个周期边界设置为旋转周期类型边界条件。

步骤 7 双击转子压力入口,如图 8.34 所示,将坐标系设置为方向向量形式,并将"湍流强度"和"湍流粘度比"均设置为 5%。

图 8.33 设置周期边界条件 图 8.34 设置转子压力入口边界条件

步骤 8 双击定子压力出口,如图 8.35 所示,勾选"径向平衡压力分布",对于轴向流动,该选项用于模拟流线为接近直线的流动。

步骤 9 双击转子压力出口,如图 8.36 所示,其中各参数由系统自动填写,参数值来自于 Profile 文件。可以看出,转子压力出口的参数与定子压力入口相关,从而保证了二者之间的数据传递。同理,双击定子压力入口可以看到其参数与转子压力出口参数相关。

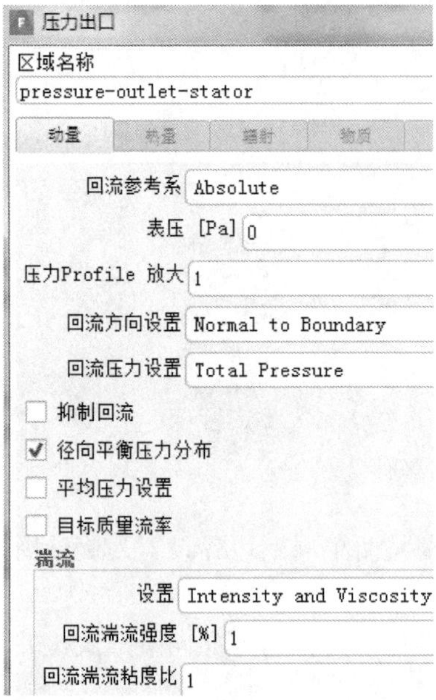

图 8.35　设置定子压力出口边界条件 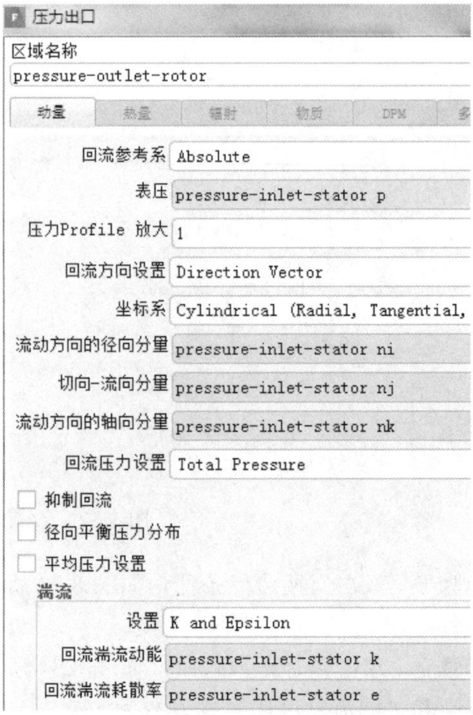　　　图 8.36　设置转子压力出口边界条件

步骤 10　如图 8.37 所示，双击 rotor-blade 壁面，叶片壁面显然应与转动区域一同旋转，在 Fluent 中，静止壁面指的是与相邻单元区域相对静止，因此转动区域内的旋转壁面与静止区域内的静止壁面均保持默认值即可。

步骤 11　由于转子入口处的 inlet-hub、inlet-shroud、shroud 三个面均为静止面，但与旋转区域相邻，因此需为其指定绝对速度。双击 rotor-inlet-hub，打开如图 8.38 所示的对话框。设置"移动壁面"，将其类型设置为绝对旋转类型，转速为 0，方向为−Z 方向。同理设置 rotor-inlet- shroud 和 rotor-shroud 面。

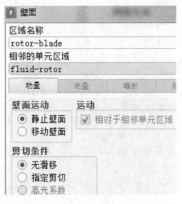

图 8.37　设置旋转壁面边界条件

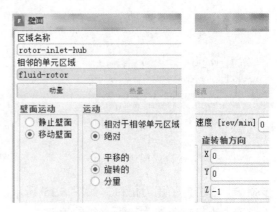

图 8.38　设置静止壁面边界条件

步骤 12　双击"控制"，打开如图 8.39 所示的对话框，将压力松弛因子设置为 0.2，湍流动能和湍流耗散率设置为 0.5。

步骤 13　如图 8.40 所示，在"报告定义"上单击鼠标右键，选择"创建"→"表面报告"→"质量流率"。打开如图 8.41 所示的对话框。选择 pressure-outlet-stator，勾选"报告文件"和"报告图"。

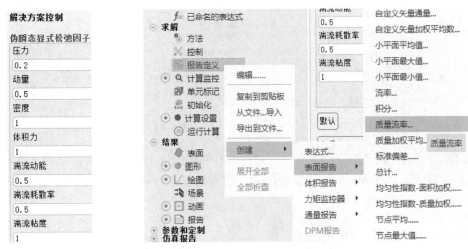

图 8.39　设置松弛因子　　　　　　　　　图 8.40　创建监控报告

图 8.41　设置监控面

步骤 14　选择混合初始化选项，单击"初始化"按钮进行初始化。初始化结束后，命令窗口显示如图 8.42 所示的警告信息，表明默认初始化设置未达到收敛要求。

步骤 15　单击"更多设置"按钮，打开如图 8.43 所示的对话框，将迭代次数设置为 15，其余参数保持默认值后重新进行初始化。

步骤 16　双击"运行计算"，如图 8.44 所示，将迭代次数设置为 300，时间步长设置为用户自定义，步长设置为 0.005 后单击"开始计算"。

```
Hybrid initialization is done.

Warning: convergence tolerance of 1.000000e-06 not reached
during Hybrid Initialization.
```

图 8.42　初始化警告

图 8.43　初始化警告　　　　　　　　　　图 8.44　设置运行参数

步骤 17　在"结果"→"矢量"上双击，打开如图 8.45 所示的对话框，在新面上选择等值面，常数表面选择 Mesh 和 Y-Coordinate，将等值设置为 0.12，为新面赋予名称：y=0.12。类似地，创建 z=-0.1 等值面。

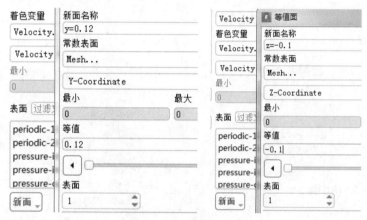

图 8.45　创建等值面

步骤 18　如图 8.46 所示，选择 y=0.12 面，将"比例"设置为 10，"跳过"设置为 2 后生成速度矢量图。

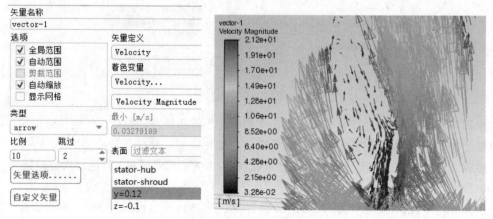

图 8.46　创建速度矢量图

步骤 19　如图 8.47 所示，在"结果"→"表面中的 z=-0.1"上单击鼠标右键，选择"显示"。在显示的面上单击鼠标右键，命令创建将显示该面相关信息，可以看到该面的 id 为 15。

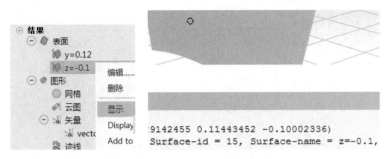

图 8.47　显示平面 id

步骤 20　在命令窗口中输入如图 8.48 所示的命令，利用命令在 id=15 的表面计算沿圆周方向的平均总压，并将其保存在 circum-plot.xy 文件中。

```
> plot

/plot> circum-avg-radial

averages of> total-pressure
on surface [] 15
number of bands [5] 15

 Computing r-coordinate ...|
 Clipping to r-coordinate ... done.
 Computing "total-pressure" ...
 Computing averages ... done.
 Creating radial-bands surface (30 29 28 27 26 25 24 23 22 21 20 19 18 17 16)
filename [""] circum-plot.xy
order points? [no]
```

图 8.48　创建周向平均总压

步骤 21　在"绘图"→"数据源"上双击，打开如图 8.49 所示的绘制数据源对话框。单击"加载文件"按钮，选择 circum-plot.xy 文件，其余选项保持默认值后单击"绘图"按钮，创建如图 8.50 所示的曲线图。该图显示了圆周方向平均总压随半径的变化情况。

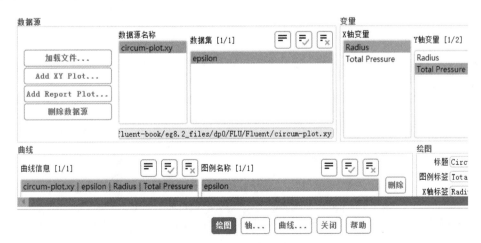

图 8.49　创建周向平均总压

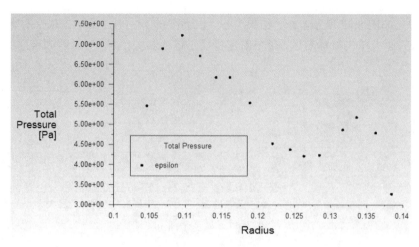

图 8.50　曲线图

步骤 22　双击云图，选择 rotor-blade 和 rotor-hub，将类型设置为 Pressure，绘制如图 8.51 所示的压力云图。

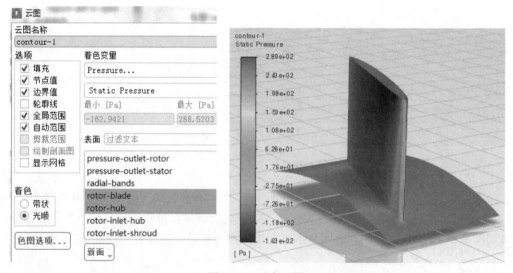

图 8.51　压力云图

步骤 23　双击"绘图"→"Profile 数据"，如图 8.52 所示，选择 pressure-outlet-rotor，选择 p0，单击"绘图"按钮，生成如图 8.53 所示的总压曲线。

图 8.52　创建 Profile 曲线

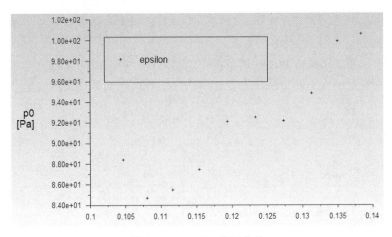

图 8.53　Profile 总压曲线

8.1.4　滑移网格模型

　　MRF 和 MPM 忽略了分界面两侧的非定常流动，在某些工程应用中，当分界面两侧相互存在强烈的交互作用时，将其作定常处理会严重影响该物理过程模拟的精度，此时应使用滑移网格进行瞬态求解。与动参考系法相比，滑移网格存在区域运动，因此需使用瞬态求解器，但由于滑移网格只允许特定形状的区域运动，且其边界形状保持不变，因此其仍不是真正意义上的动网格。滑移网格在网格界面设置的要求与 MRF 相同，如图 8.54 所示，在单元区域条件中，只需勾选"网格运动"后按需要设置平移及转动条件即可。

图 8.54　设置滑移网格

8.2　Fluent 动网格模型

　　Fluent 中的动网格模型可以用于模拟流体域边界随时间变化的问题。边界运动包括变形运动及刚体运动，运动参数可以已知，也可未知（由计算结果决定）。内部网格运动无须用户指定，它由求解器根据迭代过程中边界的运动情况自动更新。动网格一般设置过程包括：导入初始网格、定义运动边界并指定运动区域、为求解器指定网格更新方法。在定义运动边界时，可以使用 Profile 文件或 UDF 等方式。

激活瞬态求解器后，双击 Fluent 模型树中的动网格，勾选如图 8.55 所示的"动网格"选项后，可以依次设置网格更新方法，设置动网格区域及对运动区域及网格运动进行预览。

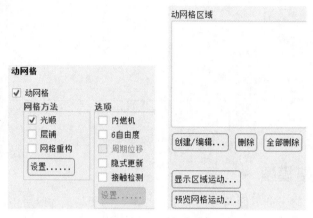

图 8.55　动网格选项

网格更新方法指的是在迭代计算过程中，由于边界的运动导致计算域网格发生改变，求解器对网格进行更新的方法。Fluent 中包含三种网格更新方法：层铺法、光顺法和网格重构法。

8.2.1　层铺法

层铺法仅适用于四边形、六面体及棱柱类型的网格。它根据与运动边界相邻的网格层高度的变化，合并或分裂网格，实现网格的动态更新。当边界运动时，与运动边界相邻的网格层高增大到设定值，网格将分裂为两个网格层；当网格层高度降低到设置值时，与边界相邻的两层网格将坍缩为一层。层铺法通常用于线型运动或纯转动运动，例如活塞在缸体内的直线运动或蝶阀绕轴的纯转动运动。如图 8.56 所示，层铺法包括基于高度和基于比率两种方法设置分离及坍塌因子。基于高度方法中新生成的各个网格层都有相同的高度，而基于比率的方法中则保持各网格层之间有相同的高度增长率。

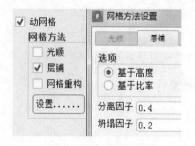

图 8.56　层铺法选项

图 8.57　设置基准高度

层铺法按如下两个表达式计算网格分裂及坍缩临界值：

$$h_{\max} = (1+\alpha_s)h_{\text{ideal}}$$

$$h_{\min} = \alpha_c h_{\text{ideal}}$$

式中，$h_{\max}$ 为分裂临界值，当网格拉伸至该临界值时，发生网格分裂；$h_{\min}$ 为坍缩临界值，网格压缩至该临界值时，发生网格坍缩；α_s 和 α_c 为分离因子和坍缩因子；h_{ideal} 为高度基准值，在动网格区域界面中设置，如图 8.57 所示。

8.2.2　光顺法

光顺法通过移动内部节点吸收边界处的运动，其最大的特点是不改变网格数量，也不改变节点之间的连接关系，它适用于各种类型的网格。如图 8.58 所示，光顺法包括弹簧/Laplace/边界层、扩散、线性弹性固体三种类型，单击"高级"按钮可以对每种类型参数进行设置。

弹簧光顺法假设区域中的各节点之间及与运动边界之间通过弹簧连接，边界运动前，节点受力平衡。当边界运动时，节点会受到与位移成比例的力，力的大小由胡克定律计算。节点在力的作用下移动，直到各节点构成的弹簧系统重新达到新的受力平衡。弹簧光顺参数设置如图 8.59 所示，其中 Spring Constant Factor 用于设置弹簧刚度，取值范围为 0～1，刚度越小，边界运动影响的范围越大，反之刚度越大，网格变形越集中于运动边界附近。收敛容差及最大迭代次数用于设置迭代终值条件，当节点受力平衡方程迭代次数达到设定的最大值或达到指定残差范围内时，迭代停止。Laplace 光顺法通过将网格节点调整到网格的中心实现网格变形，这种变形方法实现简单，但无法保证变形后的网格质量，它一般用于 2.5D 网格重构中，由求解器自动控制，求解器会在保证不破坏网格质量的前提下优先使用该方法。

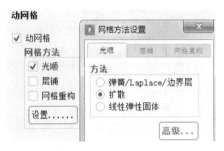

图 8.58　光顺法类型

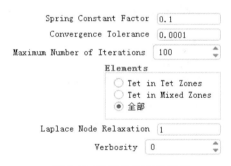

图 8.59　弹簧光顺参数设置

弹簧光顺适合运动与边界垂直等边界运动形式比较简单的情况，对于复杂的边界运动，可以使用扩散光顺法。

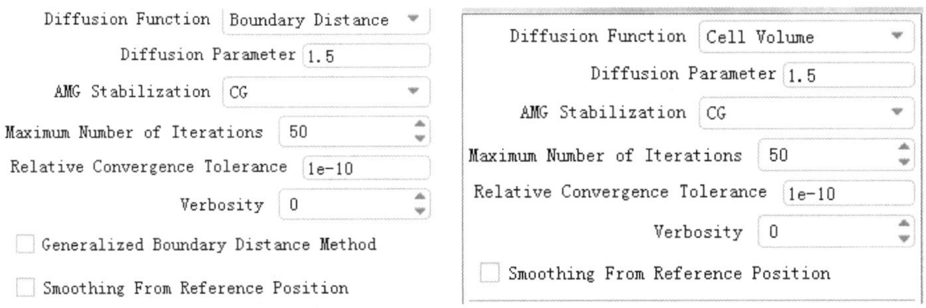

图 8.60　扩散光顺法参数设置

扩散光顺法的参数设置如图 8.60 所示。对于基于 Boundary Distance 的扩散光顺，它允许用户以边界距离作为变量来控制边界运动扩散至内部网格节点，可以通过调整扩散参数来间接控制扩散过程。扩散参数区域范围为 0～2，取值为 0 时，计算域将产生一致的扩散。取值大于 1 时，远离运动边界的区域可以吸收更多的运动，从而保留更多壁面附近的网格。旋转运动边界时，建议将该值设置为 1.5。对于基于 Volume 的扩散光顺，它允许用户以网格尺寸作为函数，定义边界运动对内部网格节点的影响，利用大网格吸收运动，保证小网格的质量。扩散光顺适用于任何类型的网格，计算量比弹簧光顺法大，但能获得更好的网格质量。

线性弹性固体光顺将运行区域网格当作线弹性固体单元处理，其参数设置如图 8.61 所示。计算量大，收敛困难，但可以获得更好的网格质量。当使用该类型时，在运动区域设置中可以将与变形区域相邻的入口或出口设置为 unspecified 类型，允许边界在运动区域作用下自由运动。线性弹性固体光顺仅需设置泊松比参数，其范围为 -1～0.5，通常保持默认参数即可。

图 8.61　线性弹性固体

8.2.3　网格重构法

当运动边界位移较大时，仅采用光顺法会导致网格严重畸变甚至出现负体积。此时需要对畸变率过高的网格进行局部网格重绘，用新的高质量网格代替原始网格。Fluent 中一般将网格畸变率及网格尺寸作为网格重绘的判断标准。当网格尺寸大于设定的最大尺寸或小于最小尺寸，以及网格畸变率大于设定的畸变率时，对应的网格被标记为需要重绘的网格并在下一个网格更新周期内进行网格重绘，重绘的网格既可以是内部的体网格，也可以是构成运动边界的面网格。网格重绘时是通过增加或删除网格实现的，并改变网格节点数量及原有网格之间的连接关系。保存在原始网格中的数据会以插值的形式更新到重绘的网格中。

网格重构参数设置如图 8.62 所示。网格重构仅适用于三角形、四面体网格及 2.5D 三棱柱网格。通常将网格重构与光顺共同使用，从而获得更好的网格质量并降低网格重构的频率（在保持相同重构频率时允许使用更大的时间步长）。

网格重构方法包括局部单元、局部面、区域面及 2.5D 和统一网格划分 5 种。局部单元法对内部网格进行重构；局部面法针对 3D 模型中的边界面网格进行重构；区域面法用于与运动边界相邻的面网格进行重构；2.5D 网格仅适用于三棱锥网格；统一网格根据尺寸参数及扭曲度对面网格及内部体网格进行网格重构。

当激活尺寸函数时，可以利用尺寸函数控制计算区域内网格变化与运动边界间的关系，通常保持默认值即可。

如图 8.63 所示，在参数中可以设置全局网格大小、偏斜度及网格重构频率。其中网格大小和偏斜度在设置时通常需要参考当前网格尺寸及偏斜度值，可以单击"网格尺度信息"按钮查看相关值。网格大小和偏斜度可以保持当前默认值，也可以令网格重构标准略高于当前值。尺寸重构间隔定义了求解迭代次数与网格重构频率之间的关系，更新频率越高，网格质量越好。

图 8.62　网格重构参数设置

图 8.63　网格尺寸信息

8.2.4　运动的描述

在 Fluent 中，有两种方式描述边界运动：瞬态 Profile 文件及 UDF。瞬态 Profile 文件是最简单的运动指定方式，它是利用特定格式描述边界运动的文本文件。其格式包括标准格式及列表格式两种。

标准格式见图 8.64。profile-name 为 Profile 文件的文件名，field_name 为变量，各变量中至少有一个为 time，且其参数值需升序排列。n 为变量中参数值的个数，periodic 用于指定 Profile 是否具有时间周期性，当设置为 1 时，代表具有时间周期性，为 0 则无时间周期性。

```
((profile-name transient n periodic?)
(field_name-1 a1 a2 a3 .... an)
(field_name-2 b1 b2 b3 .... bn)
.
.
.
(field_name-r r1 r2 r3 .... rn))
```

图 8.64　标准格式 Profile

列表格式如图 8.65 所示，第一行为表头，第二行为变量列表，第三行起为数据表。第一行中 profile-name 代表 Profile 文件的名称，n_field 表示数据表的总列数，n_data 代表数据表的总行数，periodic 为 1 时表示具有周期性，为 0 时代表无周期性。第二行中第一个变量总为 time，其余变量可以是坐标值、速度、角速度、温度等参数。

```
profile-name n_field n_data periodic?
field-name-1 field-name-2 field-name-3 .... field-name-n_field
v-1-1  v-2-1... ... ... ... v-n_field-1
v-1-2  v-2-2... ... ... ... v-n_field-2
.
.
.
.
v-1-n_data v-2-n_data ... ... ... ... v-n_field-n_data
```

图 8.65　列表格式 profile

图 8.66 和图 8.67 分别为非周期和周期性列表实例，第一列为时间变量，第二列为速度沿 X 方向的分量。对于周期性列表，数据表中首行和末行非时间变量需相等，满足周期性封闭条件。编写好的 Profile 文件可以保存为.txt 或.prof 文件。如图 8.68 所示，在文件菜单中选择"读入"→"Profile"，选择编写好的 Profile 文件将其加载到当前工程后，即可在动网格设置，运动属性选项页中选择该 Profile。

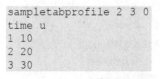

图 8.66　非周期列表格式

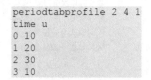

图 8.67　周期性列表格式

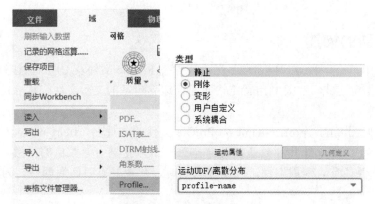

图 8.68　加载 Profile 文件

8.2.5　运动的描述——UDF 文件

UDF 文件即用户自定义函数文件，它是用户按指定格式编写的 C 语言源文件。源文件需按标准 C 语言语法进行编写，通过预编译语句加载合适的头文件后可以调用标准库函数及 Fluent 内置宏定义等预定义函数。Fluent 中大部分内置宏定义都需要加载"udf.h"头文件，部分动网格的宏定义则位于"dynamesh_tools.h"头文件中。读者仅需具备基本的 C 语言基础，参考 Fluent 帮助文档中的典型案例,对其特定语句进行调整就可以编写出自己的 UDF 文件。本节重点讲解动网格相关的宏定义,当需要调用其他宏定义时, 会给出针对性的讲解。

与动网格相关的 UDF 宏定义主要包括以下几类:

① DEFINE_CG_MOTION   用于定义刚体运动,其格式为:

DEFINE_CG_MOTION(name,dt,vel,omega,time,dtime)

其中:name 为 UDF 的名称;Dynamic_Thread *t 为存储用户定义的动网格参数的指针,Dynamic_Thread 为内置数据结构,用于存放动网格参数;real vel[]为线速度;real omega[]为角速度;real time 为当前时间;real dtime 为时间步长。real 为 Fluent 内置实数数据类型,real[]为实数型数组。该宏无返回值,宏名称由用户指定,dt、time、dtime 为 Fluent 求解器自动获取, vel 与 omega 由用户指定并传递给 Fluent 求解器。

② DEFINE_GEOM   定义变形体运动,其格式为:

DEFINE_GEOM(name,d,dt,position)

其中:name 为 UDF 名称;Domain *d 为指向域的指针,其中 Domain 为内置域数据类型;Dynamic_Thread *dt 为存储用户定义的动网格参数的指针;real *position 为指定 X、Y、Z 位置的数组。

③ DEFINE_GRID_MOTION   定义变形体的边界运动,其格式为:

DEFINE_GRID_MOTION(name,d,dt,time,dtime)

其中: name 为 UDF 名称;Domain *d 为指向域的指针;Dynamic_Thread *dt 为存储用户定义的动网格参数的指针;real time 为当前时间;real dtime 为时间步长。

④ DEFINE_DYNAMIC_ZONE_PROPERTY   定义动网格属性,包括旋转中心、网格层高等,其格式为:

DEFINE_DYNAMIC_ZONE_PROPERTY(name,dt,swirl_center)

其中: name 为 UDF 名称;Dynamic_Thread *dt 为存储用户定义的动网格参数的指针;real * swirl_center 为一维数组,定义旋转中心的 X、Y、Z 坐标。第三个参数也可以用于定义网格层高,此时该参数为一个实数指针,直接赋予高度值即可。

图 8.69 中 Profile 文件及等价的 UDF 文件均可以用来定义随时间变化的 Y 方向的平动速度及 z 方向的转动速度。该 UDF 名称为 object,编译并加载后可以在运动属性下拉列表中找到该 UDF, NV_S 为 UDF 中预定义的为向量赋值的函数,cg_vel 及 cg_omega 为速度及角速度向量, X、Y、Z 三个方向的分量分别用数组下标[0]、[1]、[2]表示。对于二维仿真,仅包含前两个分量。

```
                                          #include "udf.h"
                                          DEFINE_CG_MOTION(object,dt,cg_vel,cg_omega,time,dtime)
                                          {
                                                  NV_S(cg_vel,=,0);
                                                  NV_S(cg_omega,=,0);
                                                  if(time<=3)
                                                  {
                                                          cg_vel[1]=-time/3.0;
                                                  }
                                                  else
                                                  {
                                                          cg_vel[2]=-1;
((pod 3 point)                                    }
(time 0 3 10)                                     cg_omega[2]=0.15;
(v_y 0 -1 -1)
(omega_z 0.15 0.15 0.15))        }
```

图 8.69 Profile 文件及 UDF 文件

Fluent 中的 UDF 可以使用编译或解释方式运行，由于使用解释方式运行的 UDF 在部分特性的实现上存在限制，因此建议尽量使用编译方式运行 UDF。为了对 C 源代码进行编译，需安装 C 编译器，并对 Fluent 安装路径上的 udf.bat 文件进行必要的配置。如图 8.70 所示，在 Fluent 安装路径 fluent/ntbin/win64 文件夹下找到 udf.bat 文件，用记事本将其打开，将对应版本下的 "set MSVC_DEFAULT=" 后的路径修改为 visual studio 的安装路径，这里以 visual studio 2017 编译器为例，保存该文件后退出即可。若读者安装的是其他版本的 visual studio，只需在对应版本下修改对应语句即可。

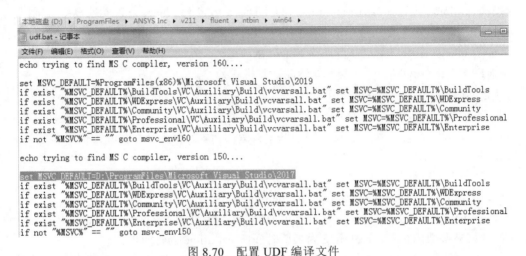

图 8.70　配置 UDF 编译文件

调用 UDF 时，需先对源文件进行编译。如图 8.71 所示，在用户自定义菜单中选择 "函数" → "编译"，在打开的对话框中选择 "添加"，选择所需源文件。单击 "构建" 后对源文件进行编译，命令行窗口中会显示编译过程及警告、报错等信息。若编译过程没有错误，可以单击 "载荷" 按钮，载入编译后的 UDF。此时在动网格运动属性中可以找到编译好的 UDF 函数进行功能调用，如图 8.72 所示。

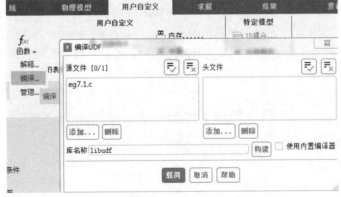

图 8.71　编译 UDF　　　　　　　　图 8.72　调用 UDF

8.2.6　动网格区域设置

设置好动网格更新方法后，需要对动网格区域进行设置。在动网格区域下单击 "创建/

编辑"按钮，打开如图 8.73 所示的对话框。区域名称下拉列表中可以选中边界或区域。运动区域类型包括静止、刚体、变形、用户自定义及系统耦合 5 种，每一种类型与下方 4 个属性页相关联，依次对各选项进行设置即可完成动网格区域设置。

图 8.73　定义动网格区域

（1）静止类型

默认情况下，若没有为边界或单元设置运动或变形参数，则该区域为静止类型，网格更新时会忽略该区域，因此通常不需要特意指定为静止类型。在某些情况下，需要保持边界位置不动，但区域内的网格及边界处的节点均需要更新，则需要明确将该边界指定为静止类型。

（2）刚体类型

仅位置变化，但形状保持不变的动网格类型，是应用最多的一种动网格类型。它既可以用于边界，也可用于单元区域。如图 8.74 所示，选择刚体类型后，需要在运动属性中以 UDF 或 Profile 形式指定运动参数，同时需设置重心位置及刚体方向。网格划分选项页中需设置运动区域相邻处的单元高度，一般设置为初始网格高度尺寸。

图 8.74　设置刚体类型参数

（3）变形类型

Fluent 求解器通过更新节点位置实现边界及单元运动，因此它并不知道几何体的变形情况，需要用户将节点运动限定在具体的边界上，通过设置边界形状实现所需的变形运动，内部节点则随边界节点更新而自动更新。

如图 8.75 所示，"几何定义"中可以指定网格面、平面、柱面及用户自定义等几种变形边界类型。指定网格面类型，则不对网格变形进行控制，允许其自由变形，最终运动及变形由与之相邻的区域决定。平面及柱面则需指定平面方向、圆柱半径、轴线方向等参数。用户自定义类型则是通过 DEFINE_GEOM UDF 对节点运动所在边界进行灵活定义。在网格划分选项中，可以根据需要选择局部网格更新方法。

图 8.75　设置变形类型参数

（4）用户自定义类型

它通过 DEFINE_GRID_MOTION 函数来定义区域运动，利用该函数可对具体节点进行独立控制，具有最高等级的控制灵活度。

（5）系统耦合类型

系统耦合通常用于流固耦合仿真，设置为系统耦合类型的运动边界或运动区域，在结构仿真模块中计算运动数据，通常是位移、应变等参数，Fluent 则通过耦合边界或区域，将流体的压力、流速等流场参数传递给结构仿真模块。为了控制求解稳定性，常需要对求解器参数进行设置，如图 8.76 所示。

图 8.76　设置稳定性参数

8.3　参数设置及实例详解

8.3.1　层铺法实例

【例 8.3】隧道炉实例

步骤 1　新建一个 Workbench 工程，在工具箱中双击"流体流动（Fluent）"，添加一个 Fluent 仿真流程。在"几何结构"上单击鼠标右键，选择导入几何模型。选择素材文件 eg8.3.agdb，在网格单元格上双击，打开网格划分模块。如图 8.77 所示，模型中包括三个区域——up、down 和 middle，其中 middle 区域包含一个移动物体，将 middle 分块后设置为多体零件，其目的是便于划分四边形网格。

步骤 2　如图 8.78 所示，选中空心区域的四条边，单击鼠标右键，选中"创建命名选择"，将其命名为 box。选中 middle 区域左侧三条边线，创建名称为 inlet 的命名选择，同理为 middle 区域右侧三条边线创建名为 outlet 的命名选择。

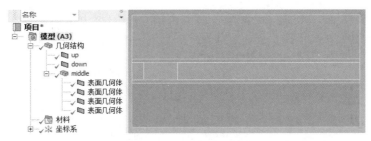

图 8.77　几何模型结构

图 8.78　创建命名选择

步骤 3　隐藏 middle 和 down 零件，仅显示 up。切换到边线选择模式，选中其下边线，创建名为 interface1-up 的命名选择。类似地，为 middle 零件上下边线分别创建 interface1-middle 和 interface2-middle 的命名选择。为 down 零件上边线创建 interface2-down 命名选择。最终创建的交界面命名选择如图 8.79 所示。

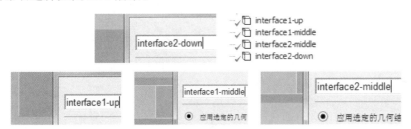

图 8.79　创建交界面命名选择

步骤 4　选中"模型树"中的"网格"，将单元尺寸设置为 1mm，其余参数保持默认值。在工具栏中单击"生成"，划分如图 8.80 所示的网格。

步骤 5　返回 Workbench 主界面，在网格上单击右键，选择"更新"，将网格传递到 Fluent 中。在设置单元格上双击，勾选"双精度"选项后，其余选项保持默认，启动 Fluent。

步骤 6　如图 8.81 所示，将求解器设置为压力基瞬态类型，单击"单位"按钮，将"temperature"设置为"C"。

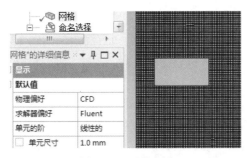

图 8.80　网格划分

图 8.81　基本设置

步骤 7 在"模型"中，双击"能量"，打开能量方程。湍流模型保持默认的 SST k-omega 类型。流体材料为默认的空气，单元区域材料均为空气，如图 8.82 所示。

图 8.82 模型及材料设置

步骤 8 在 down 单元区域上双击，打开如图 8.83 所示的对话框。勾选"层流区域"及"固定值"，切换到固定值选项页，在温度设置处单击右侧下拉箭头，选择 constant 类型后在输入框中输入 100。通过这些设置，将 down 区域设置为恒温层流区域，模拟隧道炉恒温区域。对 up 单元区域进行完全相同的设置。

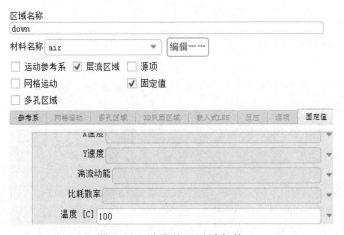

图 8.83 设置单元区域条件

步骤 9 在边界条件中找到 inlet，在其上单击鼠标右键，将其类型修改为压力入口，其余的边界条件保持默认值即可。

步骤 10 双击"模型树"中的"网格交界面"，打开如图 8.84 所示的对话框。在边界区域中选中四个 interface，单击"创建"按钮，系统自动匹配并创建两组网格交界面。网格交界面可以保证非共节点界面之间的数据传递。通过这种方式，默认情况下，交界面之间将创建 interior 类型边界，它可以保证流体介质的自由流动。选中具体的网格交界面，单击"边界"按钮，可以将其设置为耦合壁面类型，此时流体介质不能在界面自由流动，但可以保证热量的正常传递。

步骤 11 在文件菜单中选择"读入"→"Profile"，在打开的对话框中将文件类型修改为 All Files，选择素材文件 eg8.3.txt。Profile 文件内容如图 8.85 所示，该文件定义了 0～5s 内 X 方向的速度均为 0.01m/s。

步骤 12 双击"动网格"，在动网格设置面板中勾选"层铺"，保持其默认参数值。单击"动网格区域"中的"创建/边界"按钮，打开如图 8.86 所示的对话框。在区域名称下拉列表中选择 interior-middle，将其类型设置为刚体，该区域将按 Profile 文件定义的运动参数沿 X 方向以 0.01m/s 的速度运动。切换到网格划分选项页，将网格尺寸设置为 0.008，该参数可在网格划分模块中获得。设置好这些参数后单击"创建"按钮，生成运动区域。在区域名称中选择 inlet，将其类型设置为"静止"，网格参数设置为 0.008 后单击"创建"按钮，保证边界不随区域运动而运动。类似地，将 outlet 设置为静止类型边界。

图 8.84　设置网格交界面

图 8.85　设置网格交界面

图 8.86　设置动网格区域

步骤 13　双击"初始化"，使用默认的标准初始化方法进行初始化。

步骤 14　在"结果"→"云图"上双击，打开如图 8.87 所示的云图设置对话框。将温度设置为显示类型，选中全部边界后单击"显示"按钮。

步骤 15 在"计算设置"→"解决方案动画"上双击，打开如图 8.88 所示的对话框。选中刚创建的云图作为动画显示对象，记录间隔设置为 50 time-step。

图 8.87 设置云图   图 8.88 设置动画

步骤 16 双击"运行计算"，将时间步长设置为 0.001，时间步数设置为 4000，如图 8.89 所示，这样才能保证在温度参与计算时迭代的稳定性。

步骤 17 由于动网格预览后无法恢复到初始时刻，因此需要在预览前将当前状态以 Case 文件形式导出。在文件菜单中选择"导出"→"Case"，将当前设置以 eg8.3.cas 文件格式导出到自定义的位置，如图 8.90 所示。

图 8.89 设置运行参数   图 8.90 导出 Case 文件

步骤 18 双击动网格，单击"预览网格运动"按钮。打开如图 8.91 所示的对话框，将时间步数设置为 400。保持当前对话框为打开状态，双击左侧通用，选中全部边界后单击"显示"按钮，确保全部对象处于显示状态。单击"预览"按钮，此时可以看到中间区域的 box 随着区域的运动而运动，网格在左右边界处生成和消失。

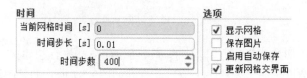

图 8.91 预览动网格

步骤 19　在文件菜单中选择"导入"→"Case",选择刚才保存的 Case 文件。重新进行初始化后双击"运行计算"按钮,单击"开始计算"按钮,启动求解器。

步骤 20　在动画中双击"播放",打开如图 8.92 所示的对话框,单击"播放"按钮即可播放动画。将记录格式修改为 Video File 类型,单击"写出"按钮即可将动画导出为视频文件。

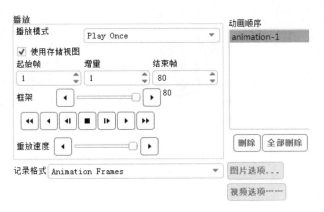

图 8.92　播放及保存动画

8.3.2　弹簧光顺法实例

【例 8.4】活塞内气体可压绝热过程仿真

步骤 1　新建一个 Workbench 工程,在工具箱中双击"流体流动(Fluent)",添加一个流体仿真流程。

步骤 2　在几何模型单元格上单击鼠标右键,选择"新建 DesignModeler 几何结构",在打开的 DM 界面中将单位设置为 mm。

步骤 3　单击模型树中的"XY 平面",在创建菜单中选择圆柱体。在详细信息视图中,将其高度设置为 100mm,半径设置为 25mm,如图 8.93 所示。

步骤 4　关闭 DM 界面,在网格单元格上双击,打开网格划分界面。该模型若使用默认网格划分方法,将生成全六面体网格。由于我们后续需要使用弹簧光顺动网格方法,需要划分全四面体网格,故在网格上单击鼠标右键,插入方法,将方法设置为四面体。将网格的全局尺寸设置为 2mm,如图 8.94 所示。

基准平面	XY平面
操作	添加材料
原点定义	坐标
☐ FD3, X坐标原点	0 mm
☐ FD4, Y坐标原点	0 mm
☐ FD5, Z坐标原点	0 mm
轴定义	分量
☐ FD6, 轴X分量	0 mm
☐ FD7, 轴Y分量	0 mm
☐ FD8, 轴Z分量	100 mm
☐ FD10, 半径(>0)	25 mm

图 8.93　创建圆柱体

网格
　补丁适形法

"补丁适形法" - 方法的详细信息 ▾

范围	
范围限定方法	几何结构选择
几何结构	1 几何体
定义	
抑制的	否
方法	四面体
算法	补丁适形

网格
　补丁适形法

"网格"的详细信息

⊞ 显示	
⊟ 默认值	
物理偏好	CFD
求解器偏好	Fluent
单元的阶	线性的
☐ 单元尺寸	2.0 mm

图 8.94　设置网格划分参数

步骤 5　在窗口空白处单击鼠标右键，将光标模式修改为边选择。如图 8.95 所示，选中圆柱体底面，单击鼠标右键选择"创建命名选择"，将其命名为 bottom。类似地，将侧面及顶面分别命名为 side 和 top。

图 8.95　创建命名选择

步骤 6　返回到 Workbench 主界面，在网格上单击鼠标右键，选择"更新"。双击"设置"，打开 Fluent 启动界面，勾选"双精度"选项后单击"Start"启动 Fluent。

步骤 7　如图 8.96 所示，将求解器类型设置为瞬态，开启能量方程并将流动设置为层流。由于我们模拟的是理想气体的绝热压缩及膨胀过程，因此将气体密度设置为理想气体类型。

图 8.96　基本设置

步骤 8　本例通过 UDF 定义底面的运行参数。其代码如图 8.97 所示。该 UDF 通过 DEFINE_CG_MOTION 定义刚体运动。在函数体内，通过为 vel[2] 赋值，定义了 Z 方向的运算速度，printf 定义的输出语句可以在命令窗口显示 Z 方向的速度信息。

```
#include "udf.h"
#include "math.h"
#include "dynamesh_tools.h"

DEFINE_CG_MOTION(object, dt, vel, omega, time, dtime)
{
  /* reset velocities */
  NV_S (vel, =, 0.0);
  /* compute velocity formula */
  vel[2]=8*M_PI*cos(100*M_PI*time);
  printf("\n");
  printf("\n x_velocity = %g \n",vel[2]);
}
```

图 8.97　UDF 源代码

步骤 9　在用户自定义菜单中，选择"函数"按钮下的"编译"，打开如图 8.98 所示的对话框。添加素材文件 eg8.4.c 源文件，单击"构建"按钮进行编译。若读者没有安装第三方编译器，也可以勾选"使用内置编译器"选项，用内部编译器进行编译。编译结束后单击"载荷"按钮加载编译好的库文件。

步骤 10　双击动网格，在选项页中勾选"动网格"并勾选"光顺"选项。单击"设置"

按钮，打开如图 8.99 所示的对话框。选择扩散法，该方法效果及计算量适中，单击"高级"按钮可打开更多设置选项，这里保持默认值即可。

图 8.98　编译 UDF

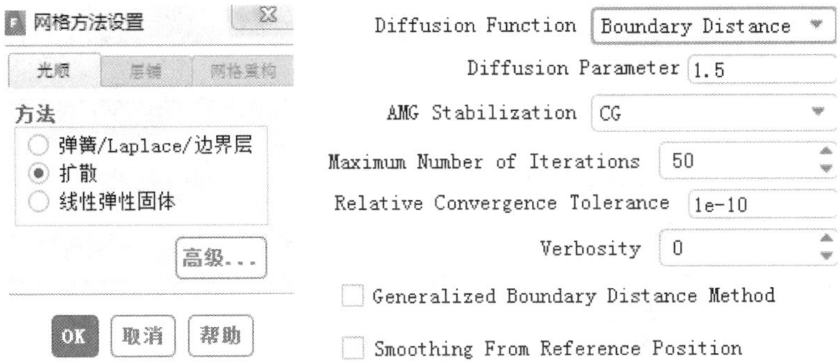

图 8.99　设置动网格方法

步骤 11　在动网格区域下单击"创建"按钮，打开如图 8.100 所示的对话框。在下拉列表中选择 bottom，将其类型设置为刚体。运动属性中将自动加载编译好的库文件，其余参数保持默认值。切换到网格划分选项页，将单元高度设置为 0.001。

图 8.100　设置动网格区域

步骤 12　在下拉列表中选择 side，将其类型设置为变形体。如图 8.101 所示，在几何定义中将其变形限制在半径为 0.025m 的圆柱面上，并设置底面圆心及轴线的方向向量。切换到网格划分选项页，这里是局部网格更新选项，一般光顺和网格重构总是配合使用，既可以引用全局参数设置，也可以为局部更新设置单独参数。如图 8.102 所示，这里保持与全局参数一致，由于全局更新中未设置网格重构，因此网格重构在这里不起作用。

图 8.101　设置变形区域参数

图 8.102　设置网格划分选项

步骤 13　双击"初始化"，利用默认的初始化参数进行初始化。

步骤 14　在"结果"上单击鼠标右键，选择"创建"→"平面"。打开如图 8.103 所示的对话框，选择 ZX 平面，将 Y 值设置为 0。再次在表面上单击鼠标右键，选择创建 Iso-Clip，打开如图 8.104 所示的对话框。选择刚创建好的平面，将剪切类型设置为 Mesh-X-Coordinate，最小值设置为 0，最大值设置为 0.025。将其名称设置为 clip-x+，单击"创建"按钮，创建 X 轴正方向的截面。类似地，创建最小值为 –0.025，最大值为 0 的 X 轴负方向的截面。

图 8.103　创建平面

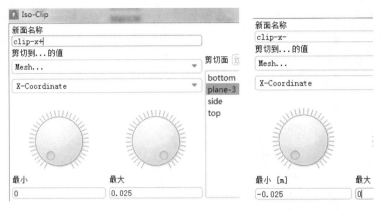

图 8.104　创建截面

步骤 15　在"云图"上双击，打开如图 8.105 所示的云图设置对话框。将温度作为变量，选中 clip-x+平面。

步骤 16　在"矢量"上双击，打开如图 8.106 所示的矢量设置对话框。将比例设置为 0.02，选择 clip-x-平面。

图 8.105　创建云图

图 8.106　创建矢量图

步骤 17　在"表面"→"网格"上双击，打开如图 8.107 所示的网格显示对话框。仅选中"边"作为显示选项，将显示表面设置为圆柱体表面。

步骤 18　在"场景"上双击，打开如图 8.108 所示的场景设置对话框。将"云图""矢量"及"网格"全部勾选上，单击"保存和显示"按钮。

图 8.107　设置网格显示效果

图 8.108　创建场景

步骤 19　在创建右下角坐标系图表中单击 *Y* 轴，令视图与 *Y* 轴正交。在"计算设置"→"解决方案动画"上双击，打开如图 8.109 所示的对话框。将保存间隔设置为 1time-step，选中场景作为动画对象，单击"使用激活"，将当前视角作为动画显示视角。

步骤 20　双击"运行计算"，将时间步长设置为 0.0001s，步数设置为 100，如图 8.110 所示。单击"运行"按钮，启动求解器。

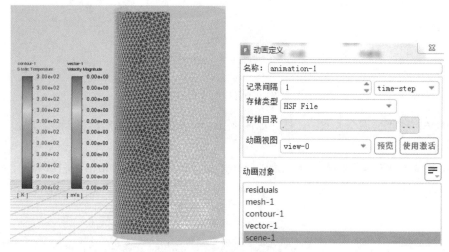

图 8.109　设置动画选项

图 8.110　设置网格划分选项

步骤 21　求解完成后，在动画中双击"播放"，打开如图 8.111 所示的播放器。可以看到，初始网格及经过压缩后的网格质量有明显的区别，压缩量越大，网格质量越差。在实际应用中，通常将光顺与网格重构配合使用，当网格质量低于设定的限制后将发生网格重构。单独使用光顺网格仅限于压缩量小或模型比较简单的场合。本例也可以使用层铺法或网格重构法实现同样的效果，若使用层铺法，需要将网格设置为六面体或棱柱类型，读者可以自行尝试。

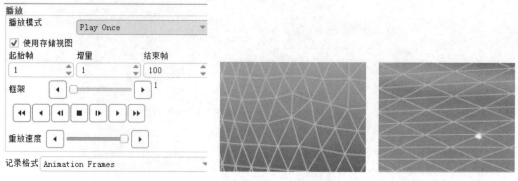

图 8.111　查看动画及网格

8.3.3　网格重构法实例

【例 8.5】单向阀仿真

步骤 1　新建一个 Workbench 工程，在工具箱中双击"流体流动（Fluent）"，添加一个流体仿真流程。

步骤 2　在几何模型上单击鼠标右键，选择"新的 DesignModeler 几何结构"，打开 DM 界面。

步骤 3　在文件菜单中选择"导入外部几何结构文件"，选择素材文件 eg8.5.agdb，单击工具栏中的"更新"按钮，显示几何模型，可以看到几何模型中已经对边界及移动要素创建好了命名选择。

步骤 4　返回 Workbench 主界面，双击网格，进入网格划分模块。在网格上单击鼠标右键，添加方法。选中几何模型，将方法设置为三角形，如图 8.112 所示。单击网格，将全局网格尺寸设置为 0.3mm，开启捕获邻近度选项，将间歇单元数量设置为 4，如图 8.113 所示。

图 8.112　设置网格类型

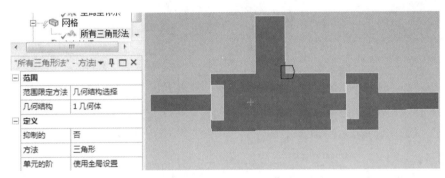

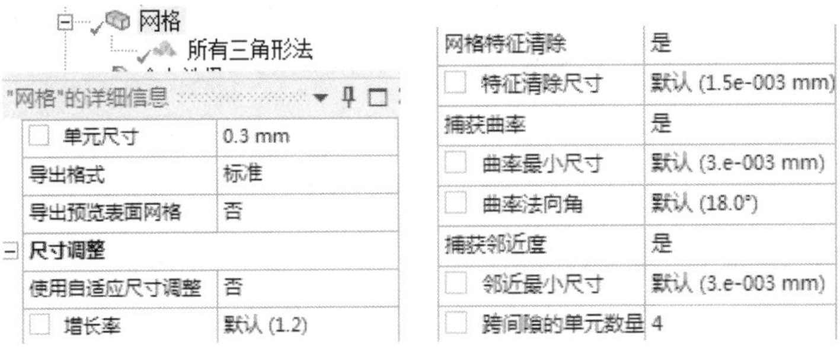

图 8.113　设置全局网格参数

步骤 5　返回 Workbench 主界面，在网格上单击鼠标右键，选择"更新"，将网格传递到 Fluent 中。双击"设置"，在 Fluent 启动界面中勾选"双精度"选项后单击"Start"，进入 Fluent 主界面。

步骤 6　选择瞬态求解器类型，勾选"重力"选项，将 Y 方向设置为重力方向，如图 8.114 所示。

步骤 7　双击"模型树"中的"动网格"，在动网格面板中勾选"光顺"及"网格重构"，单击"设置"，打开如图 8.115 所示的设置界面。在光顺选项页中，选择弹簧光顺，单击"高级"

按钮，打开如图8.116所示的对话框。将弹簧刚度系数设置为0.7，该值越大，光顺影响的范围越小，其余参数保持默认值即可。

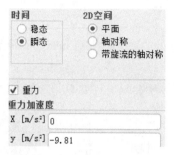

图8.114　设置求解器　　　　　　　　　　图8.115　设置动网格方法

步骤 8　切换到网格重构选项页，勾选"局部单元"和"区域面"选项，如图8.117所示。选项中的"2.5D"适合棱柱类型网格模型。

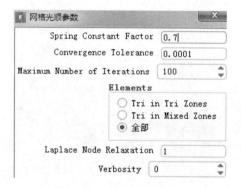

图8.116　设置光顺参数　　　　　　　　　图8.117　设置网格重构方法

步骤 9　单击"网格尺度信息"按钮，Fluent将自动统计尺寸范围及网格偏斜度。参考这些信息填写对应的网格重构尺寸参数，如图8.118所示。

图8.118　查看及设置网格尺寸

步骤 10　在"物理模型"菜单→"区域"中选择"Profile"，打开如图8.119所示的对话框，单击"读入"按钮，将文件类型设置为All Files。找到素材文件eg8.5.txt，导入该Profile文件。该文件定义了Y方向的速度，除time中定义的时间点外，其余速度值通过线型插值获得，该速度具有周期性。

步骤 11　单击动网格区域下的"创建"按钮，打开如图8.120所示的对话框。将区域mov设置为刚体类型，在网格划分选项页中，将其尺寸设置为"5e-5"后单击"创建"按钮。

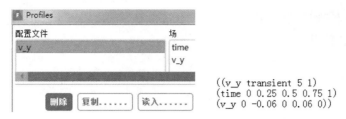

((v_y transient 5 1)
(time 0 0.25 0.5 0.75 1)
(v_y 0 -0.06 0 0.06 0))

图 8.119 导入 Profile 文件

图 8.120 设置刚体运动边界

步骤 12 选择 deform1,将其类型设置为变形,将其运动限制在 X=0.015 的平面内,如图 8.121 所示。切换到网格划分选项页,取消"光顺"选项,防止该区域因网格拉伸及压缩导致网格质量变差。取消网格重构"全局设置"选项,为该区域设置局部网格重构尺寸,局部尺寸设置会覆盖全局尺寸。按图 8.122 设置局部网格尺寸参数后单击"创建"按钮。

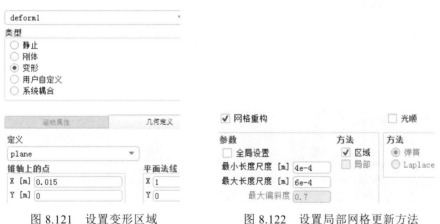

图 8.121 设置变形区域 图 8.122 设置局部网格更新方法

步骤 13 选择 deform2,将其设置为平面变形类型,尺寸为 0.025m,其余参数设置同moving1,如图 8.123 所示。

步骤 14 如图 8.124 所示,在动网格选项中勾选"6 自由度"和"隐式更新"。6 自由度方法用于模拟在流体作用力下的刚体运动。与其他动网格方法不同,它不需要明确指定网格节点的运动参数与轨迹,是一种可以在 Fluent 内部即可完成的流固耦合方法,与多物理场交互的流固耦合仿真的区别在于,在流场作用力作用下的物体只有 6 个自由度,因此适用对象仅限于刚体。早期版本的 6 自由度动网格仿真,所有参数均需通过 UDF 指定,新版本中大部分参数均可通过对话框指定，更方便直观。默认情况下网格均使用显示更新法，隐式更新通常与 6 自由度配合使用。

图 8.123　设置局部网格更新方法　　　　　　图 8.124　设置 6 自由度

　　步骤 15　单击"设置"按钮，在打开的对话框中单击"创建"按钮，打开如图 8.125 所示的对话框。将左侧阀芯命名为 mv1，勾选"一个 DOF 平移"，将平移方向设置为 X 方向。为阀芯设置一个与运动方向相反的阻尼，它是利用弹簧力方法实现的。勾选"约束"，参考点为阀芯重心的 X 坐标，通过设置最大和最小值约束阀芯的运动范围。类似地，为右侧阀芯设置名称为 mv2 的 6 自由度属性。

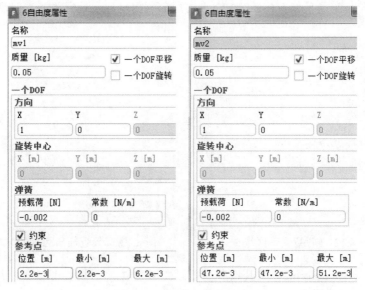

图 8.125　设置 6 自由度属性

　　步骤 16　单击动网格区域下的"创建"按钮，打开如图 8.126 所示的对话框。选择 moving1，将类型设置为刚体，勾选"6 自由度"选项，将属性设置为 mv1。将左侧阀芯的重心坐标添加在重心位置输入框中。切换到网格划分选项页，将网格尺寸设置为"3e-05m"。类似地，为 moving2 设置如图 8.127 所示的 6 自由度参数。

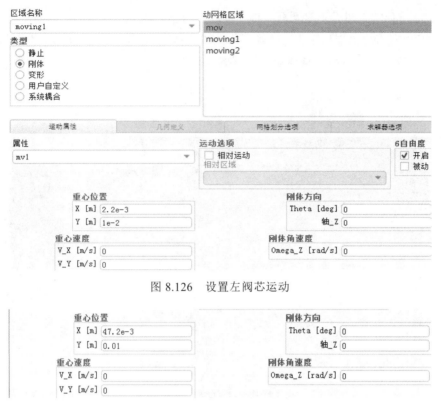

图 8.126 设置左阀芯运动

图 8.127 设置右阀芯运动

步骤 17 选项 mov，默认情况下其 6 自由度为开启状态。由于我们已经为 mov 区域指定了明确的主动运动参数，因此需将其 6 自由度选项关闭，如图 8.128 所示。

图 8.128 设置 mov 自由度选项

步骤 18 在边界条件中，选中 inlet 入口边界条件，单击鼠标右键，将入口边界条件由速度入口类型修改为压力入口类型，如图 8.129 所示。

步骤 19 单击"初始化"，使用默认初始化参数进行初始化。

步骤 20 双击"模型树"中的"图形"→"云图"，打

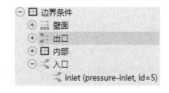

图 8.129 修改入口边界条件

开如图 8.130 所示的云图设置对话框。将变量设置为速度，选中所有边界后创建速度云图。

步骤 21 双击"模型树"中的"图形"→"网格"，打开如图 8.131 所示的网格显示对话框。勾选"边"选项，选中全部表面后显示网格。

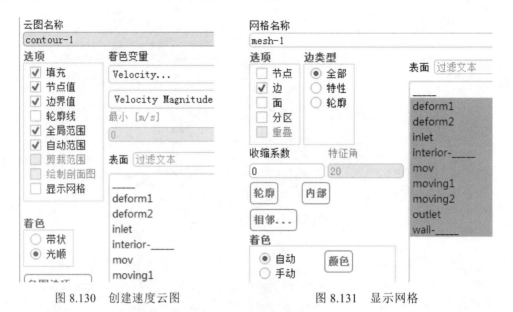

图 8.130 创建速度云图　　　　图 8.131 显示网格

步骤 22 在"计算设置"→"解决方案动画"上双击，打开如图 8.132 所示的对话框。将保存间隔设置为 10 timestep，选中云图创建动画 1。同样的方法，选中网格图创建动画 2。

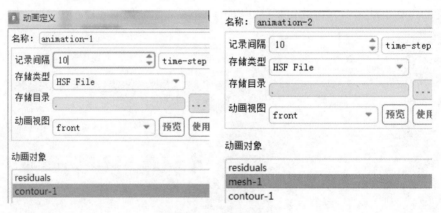

图 8.132 创建动画

图 8.133 设置运行参数

步骤 23 双击"运行计算"，按图 8.133 的参数设置时间步长与时间步数。单击"开始计算"，启动 Fluent 求解器开始求解迭代。

步骤 24 双击"动画"→"播放"，打开如图 8.134 所示的播放器。选中对应的动画后单击"播放"按钮后可以分别显示速度云图动画及网格运动动画。观察速度动画可判断运动的正确性，查看网格动画可观察网格压缩、拉伸及重绘。

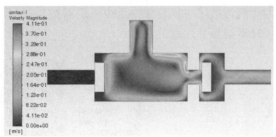

图 8.134 查看动画

8.3.4 综合实例

【例 8.6】双向流固耦合仿真

在动网格类型中还有一种系统耦合类型，它一般用于双向流固耦合仿真。双向流固耦合是通过结构和流体求解器之间的循环调用来实现数据传递与交互的。双向流固耦合需要借助如图 8.135 所示的系统耦合模块。流场仿真中可以获得作用于固体的流速、压力等参数，结构仿真将流速、压力作为边界条件计算出固体的应力和应变，通过动网格中的系统耦合类型实现流场中固体及壁面的变形，进而改变流场中流速和压力的分布。双向交互的数据在系统耦合模块中进行管理。

步骤 1 如图 8.136 所示，由超弹性材料构成的簧片受到入口高压高速气流的冲击发生变形，阀口打开，气流随阀口开度变化，其流动状态也发生变化。由此可见二者的状态存在着强烈耦合，需要进行双向耦合仿真，需要求解当入口气流的表压为 15kPa 时，阀口开度多大流动状态会最终稳定。从图中可以看出，流体壁面会随着固体变形而发生位置变化，且网格会随之发生变形和扭曲，当网格扭曲到一定程度时需要进行网格重绘，因此需要使用 Fluent 中的动网格功能。

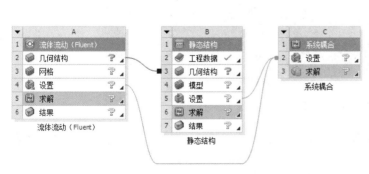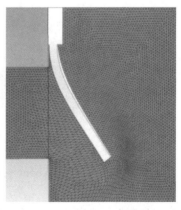

图 8.135 双向流固耦合框图　　　　图 8.136 簧片阀双向流固耦合

步骤 2 打开素材文件 eg8.6.wbpz，素材已经提前进行了区域划分并设置好了网格和命名选择。双击 Fluent 的 Mesh 单元格，打开流体网格设置界面。如图 8.137 所示，在模型中已经将固体部分压缩了。为了方便后续进行动网格设置，将流体区域分成了 4 个部分，并将其设置为多体零件，零件之间共享拓扑，无须进行接触对设置。由于 Fluent 中动网格区域要求为一连通域，所谓的连通域指的是，动网格在变化过程中不允许改变流体连通区域的数量。因此阀门关闭时仍要保持至少一层网格与入口区域相通，如图 8.138 所示，这是划分几何区域时需要额外注意的。

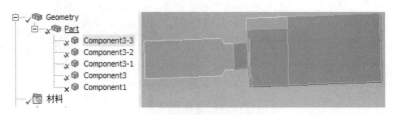

图 8.137 流体模型

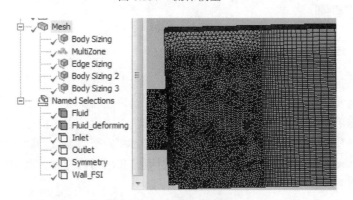

图 8.138 动网格连通域

步骤 3 如图 8.139 所示，对不同的区域分别设置局部网格。为保证动网格区域的求解精度，将该区域网格尺寸设置为 0.5mm。分别为入口和出口面设置名称为 Inlet 和 Outlet 的命名选择。Fluid_deforming 为动网格流体区域，Fluid 为其他区域。由于只取一半求解域，因此将对称面选中后命名为 Symmetry。选中流体与固体交接面，将其命名为 Wall_FSI。

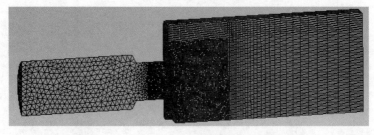

图 8.139 网格设置及命名选择

步骤 4 返回 Workbench 主界面，右击"网格"，选择"更新"，将网格传递给 Fluent 求解器。

步骤 5 双击 Setup，如图 8.140 所示，勾选"Double Precision"，将求解器设置为 Parallel，

将 Processes 设置为 3。在结构仿真模块 Mechanical 中选中主页下的"求解"选项，将核设置为 1，这里需要注意的是双向耦合中流场和结构场求解器均需占用 CPU 资源，因此需要在二者之间合理分配 CPU 核数，由于结构场的计算量相对较小，本例将 Fluent 求解器设置为 3 核，将 Mechanical 设置为 1 核。

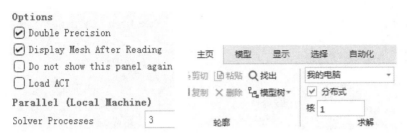

图 8.140　网格设置及命名选择

步骤 6　进入 Fluent 中，由于本例仅关注簧片最终的平衡位置，为减小计算量，使用稳态求解器，将求解器类型保持为问题类型。

步骤 7　在模型中，将能量设置为开启状态。在"黏性"中将湍流模型设置为 k-epsilon，类型为 Realizable，壁面函数为标准壁面函数类型，如图 8.141 所示。

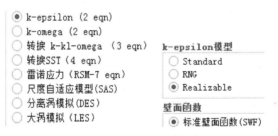

图 8.141　设置湍流模型

步骤 8　如图 8.142 所示，在材料设置中，将空气的密度属性设置为 ideal-gas 类型。默认的 constant 类型意味着忽略气体的压缩性，此时压力波的传播速度为无穷大。在流固耦合仿真中，同样的位移在不可压缩流体中会产生更大的压力波动，比可压缩流体更难收敛。瞬态仿真中，若流体域为一封闭区域，位移变化还会导致无穷大的压力变化，产生非物理解。

图 8.142　修改空气密度属性

步骤 9　如图 8.143 所示，在边界条件中，右击"inlet"，将"Type"修改为"压力-入口"，打开如图 8.144 所示的压力入口边界条件设置对话框。将总表压设置为 15000Pa，湍流边界条件修改为 Intensity and Length Scale，并将湍流长度尺寸设置为"1e-4m"。

步骤 10　双击 outlet，打开如图 8.145 所示的出口边界条件，保持默认表压为 0Pa，将湍流边界条件修改为和入口参数相同。

图 8.143 修改入口边界条件类型

图 8.144 设置压力入口边界条件参数

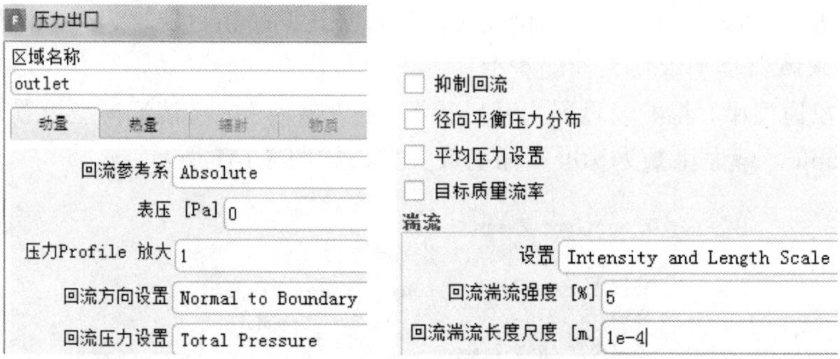

图 8.145 设置压力出口边界条件

步骤 11 双击左侧动网格。如图 8.146 所示，在出现的面板中勾选"动网格"，并勾选"光顺"和"网格重构"。这两个选项分别用于网格重绘及对网格进行平滑处理。由于簧片大范围的运动导致原始的网格会在运动过程中发生变形和扭曲，当扭曲超过设定的容差后系统会对相应网格进行重绘，增加或删除部分网格。光顺处理通常总是和网格重构配合使用，让网格更平滑，从而降低网格重绘的次数，并允许使用更大的时间步长，从而减少求解时间。单击"设置"按钮，打开参数设置对话框。在光顺选项中，有三种方法可供选择，线型弹性固体采用类似塑性材料固体变形的方式处理网格光顺问题，与之相比，弹簧光顺和扩散光顺更为常用。其中扩散光顺比弹簧光顺方法计算量更大，但获得的网格质量更高，能够允许更大的网格变形量。本例中簧片的大变形更适合这种方法。将 Diffusion Function 设置为 Boundary Distance。Boundary Distance 函数根据网格与壁面的距离为网格赋予不同的刚度系数，距离壁面近的网格刚度大，倾向于刚体运动，距离远的网格刚性小，变形大，大部分边界运动被这些网格吸收。扩散系数的范围为 0～2，系数越大，壁面附近网格刚度越大。该参数需结合网格运动速度、时间步长、网格疏密程度进行设置，最佳数值可能需要经过数次尝试后确定，本例将其设置为 0.5。

步骤 12 切换到网格重构选项页，勾选"局部单元""局部面"和"区域面"选项。单击"网格尺度信息"按钮，对话框显示了当前网格尺寸、单元及面扭曲度的统计值。结合这些统计值设置网格重构的容差，数值如图 8.147 所示。每个迭代时间步内，网格尺寸超过最大最小值范围或扭曲度超过设定值的网格将被标记出来。按尺寸重构间隔设定的重绘频率进行网格重绘，该值通常范围为 1～5，值越小，网格重绘越频繁。局部单元可以根据单元体积尺寸标记需要重绘的网格，局部面则根据扭曲度标记需要重绘的网格。区域面可以根据网格面尺寸标记与流固耦合面相邻的面域内需要重绘的网格，在本例中为 symmetry-fluid-deforming。

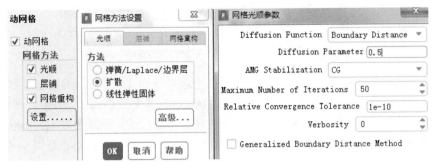

图 8.146　设置动网格

图 8.147　设置网格重构参数

步骤 13　单击"创建/编辑"按钮，弹出动网格区域对话框。如图 8.148 所示，在区域名称下拉列表中选择 symmetry-fluid_deforming，将类型修改为变形。切换到几何定义选项卡，由于 Fluent 求解器只能根据流动参数计算网格的相关参数，无法像结构仿真一样约束流动区域的变形，因此需要用户指定几何约束条件。由于 symmetry-fluid_deforming 为流场的对称面，因此在定义中将该对称面设置为 plane 约束，并让其法线方向为（1,0,0），即 X 方向，设定变形区域内的一点（0.1574091，0.1，−0.03），确保网格变形被约束在该平面内。切换到网格划分选项页，如图 8.149 所示。前面设置的重绘容差针对全部动网格区域，这里的设置仅针对 symmetry-fluid_deforming，将最大长度尺寸设置为 0.00035m，覆盖全局参数。单击"创建"按钮，创建 symmetry-fluid_deforming 动网格区域。

图 8.148　设置变形约束

图 8.149　设置局部面域重绘条件

步骤 14　如图 8.150 所示，继续在该对话框中选择 wall_fsi 并将其类型修改为系统耦合。在网格划分选项页中，将 Cell Height 设置为 0.0003m。单击"Create"按钮，创建 wall_fsi 动网格面域。该动网格面域的设置是流固耦合仿真的关键，通过该面域与 Mechanical 进行交互，设置的网格尺寸是希望该处在运动过程中保持的尺寸，系统会在网格重绘时调整该区域，让网格动态地维持在该尺寸附近。

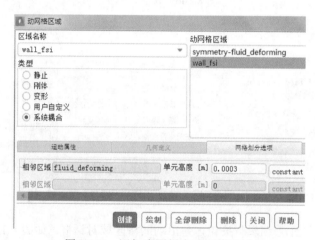

图 8.150　添加流固耦合动网格区域

步骤 15　如图 8.151 所示，双击"参考值"，确保压力值为 0。在流固耦合仿真中，传递给结构场的压力为表压值与参考压力的差值，为确保传递正确压力值，需将参考压力值设置为 0。

步骤 16　在 Methods 中，确保压力速度耦合的方案为 Coupling 算法，并勾选"伪瞬态"和"高阶项松弛"，如图 8.152 所示。将初始化方法设置为混合初始化算法，单击"更多设置"按钮，由于本例默认的 10 次迭代无法满足初始化收敛条件，故须将迭代次数修改为 15，单击"初始化"按钮进行初始化，如图 8.153 所示。

步骤 17　双击"计算设置"，在自动保存中设置每 20 次迭代保存一次，如图 8.154 所示。在运行计算中，将迭代次数设置为 20。在双向耦合仿真中，这里的迭代为内循环迭代，即每个耦合迭代步内，每次结构场将数据传递给流场，流场内部进行的迭代次数。由于流场求解器每 20 次迭代保存一次数据文件，因此保存的数据文件数量和双向耦合迭代次数相等。

步骤 18　在界面最上方选择"用户自定义"菜单，单击"场函数"中的"自定义"，打开如图 8.155 所示的自定义场量计算器。在下拉列表中分别选择 Pressure 和 Static Pressure，单击"选择"按钮。在符号中选择"X"后在下拉列表中选择"Mesh"和"z-face-area"。在下方"新函数名称"中输入自定义名称 force-z 后单击"定义"按钮。

图 8.151　参考压力值　　　　　　图 8.152　设置 Methods 选项

图 8.153　设置混合初始化选项

图 8.154　设置保存频率及迭代次数

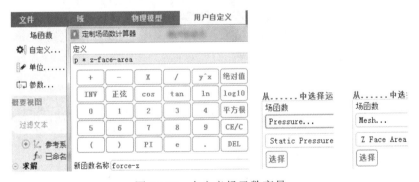

图 8.155　自定义场函数变量

步骤 19　在"报告定义"上单击鼠标右键，选择"创建"→"表面报告"→"总计"。在弹出的对话框的下拉列表中将场变量设置为 Custom Field Functions，并选择 wall_fsi 作为定义面。勾选"报告文件"和"报告图"，如图 8.156 所示。依次单击"OK"退出定义界面，完成监控面的定义。

步骤 20　保持 Fluent 界面为打开状态，返回到 Workbench 主界面。双击 Engineering Data 进入材料定义界面，如图 8.157 所示，结构仿真中定义了 3 种材料。双击 Model 进入 Mechanical 界面。再单击 Component1 查看簧片的材料定义，该材料为 Rubber 类型，并通过插入 APDL

命令的方式定义材料属性，如图 8.158 所示。从 APDL 命令可以看到，材料定义了 mixed u-P 方程，它非常适合超弹性材料的定义，感兴趣的读者可以查阅相关资料进一步了解 APDL 的用法及 mixed u-P 方程。

图 8.156　添加监控面

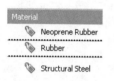

图 8.157　材料定义

图 8.158　零件的材料设置

步骤 21　选中如图 8.159 所示的两个面，在环境菜单中选择添加固定约束。选中如图 8.160 所示的对称面，为其添加无摩擦，保证该面符合对称约束条件。

图 8.159　添加固定约束　　　　　　　图 8.160　对称面添加无摩擦支撑

步骤 22　如图 8.161 所示，选中剩余的 8 个面，在"载荷"中选择"流体固体界面"，为其添加流固耦合约束，该约束是双向流固耦合的关键约束。通过该约束，将流体压力作用在这些面上，反之将这些面的变形传递给流场。

步骤 23　如图 8.162 所示，在 Mesh 中，添加了多种局部网格类型，目的是生成纯六面体网格。采用切片功能进行模型分块，可以用更直观、更简洁的方式生成六面体网格，读者可以自行尝试。

图 8.161　添加流固耦合约束

图 8.162　局部网格的设置

步骤 24　如图 8.163 所示，在 Analysis Settings 中，将"自动时步"设置为"程序控制"，让系统根据耦合迭代的收敛情况自动调整步长或子步。将"大挠曲"选项设置为"开启"，保证阀片的大变形能够得到正确处理。

步骤 25　如图 8.164 所示，选中"Solution Information"，在工具栏中选择结果跟踪器中的变形，将范围限定方法设置为命名选择并选择 point，将方向设置为 Z 方向。添加 Z 方向变形结果跟踪的目的是为后续调整收敛性提供依据。

步骤 26　由于结构场调用的 CPU 核数与流场调用的 CPU 核数之和不能超过可调用的总核数，因此需要设置结构场的调用核数。单击"Solution"，可以在要使用的内核数量中设置，如图 8.165 所示。该功能需开启 Beta 选项且此处调用的核数不得超过主菜单中设置的 CPU 核数。

图 8.163　添加分析设置

图 8.164　添加结果跟踪

图 8.165　设置 CPU 调用核数

步骤 27　返回到 Workbench 主界面，保存工程文件。双击工具箱中系统耦合模块，将其添加到主界面。分别将 Fluent 的 Setup 和 Static Structure 的 Setup 拖动到系统耦合的设置上。分别右击"Setup"，选择"更新"，如图 8.166 所示。

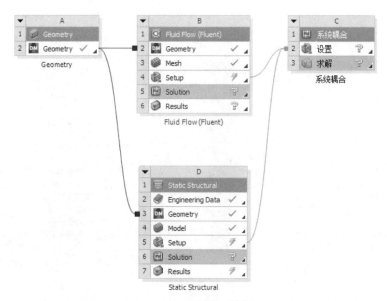

图 8.166　添加耦合模块

步骤 28　双击"系统耦合"的"设置"，在弹出的对话框中选择"是"，打开系统耦合设置界面。如图 8.167 所示，在分析设置中，将步骤数设置为 50，最小迭代数和最大迭代次数均设置为 1。在耦合设置中，可以设置多个分析步，也可以设置多个迭代步。这里建议将迭代次数分配给分析步骤数，因为结构仿真中载荷不是一次性加载全部幅值，而是按分析步逐步增加载荷，分析步越多，载荷变化越平稳，越有利于结构场的收敛。

步骤 29　按住 Ctrl 键，分别选中 Fluent 和 Static Structure 中的 wall_fsi 和流体固体界面两个耦合相关的面，右击，选中"创建数据传输"，如图 8.168 所示。分别选择 wall_fsi 和 Fluid_Solid_Interface，在下方视图中会详细显示各自的输入输出变量。如图 8.169 所示，从这里可以清晰地看出 Fluent 接收来自结构场的位移，并将力、温度、对流换热系数、热流量及近壁面温度传递给结构场。结构场接收来自流场的载荷并将位移传递给流场。

图 8.167　添加分析设置

图 8.168　添加数据交互对

步骤 30　如图 8.170 所示，选择数据传输，将流场的亚松弛因子设置为 0.5。由于结构场中的载荷在多步仿真中逐步增加，因此不需要为结构场设置亚松弛因子。由于双向耦合仿真过程中存在大量的数据交互，会产生许多中间过程文件，如图 8.171 所示，选择中间"重启数据输出"，将其设置为"无"，不保存中间过程文件。

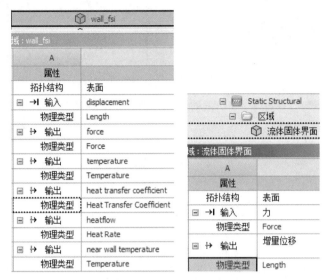

图 8.169　查看输入输出

步骤 31　在求解前可以先清除缓存文件，如图 8.172 所示，右击"求解"，选择"清除生成的数据"。由于系统耦合不太稳定，有时求解失败时可以通过清除缓存或使用重置多尝试几次。

图 8.170　添加数据交互对　　图 8.171　查看输入输出

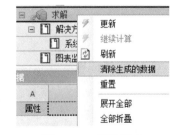

图 8.172　清除缓存

步骤 32　单击工具栏中的"更新"，迭代开始前系统先进行自检，在自检信息中找到如图 8.173 所示的耦合面之间的映射信息，确保结构场和流场耦合面节点之间映射面积为100%，否则应对各自网格进行加密。

步骤 33　如图 8.174 所示，迭代过程中会实时显示 RMS 曲线，默认的收敛准则为 RMS< 0.01，即满足 $\log_{10}RMS<-2$。

```
--------------------------------------------------------------
                         MAPPING SUMMARY
- - - - - - - - - - - - - - - - |
interface-1                     |
  Force                         |
    Mapped Area [%]             |              100            100
    Mapped Elements [%]         |              100            100
    Mapped Nodes [%]            |              100            100
interface-1                     |
  Incremental Displacement      |
    Mapped Area [%]             |              100            100
    Mapped Elements [%]         |              100            100
    Mapped Nodes [%]            |              100            100
```

图 8.173　查看映射面

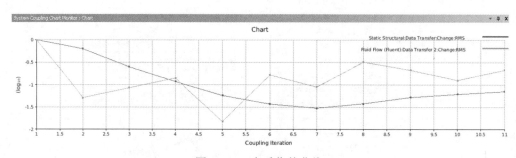

图 8.174　查看收敛曲线

步骤 34　仿真结束后才查看位移曲线，如图 8.175 所示。由于结构场中的载荷在多步仿真中是逐步增加的，直到耦合步的最后一步，载荷才会加载到 100%，因此仿真结束时，载荷并不是按 100%进行耦合迭代的。为了解决上述问题，通常在首次耦合仿真结束后，再通过 Restart 功能增加若干耦合步，此时结构场加载的载荷将保持在 100%状态。

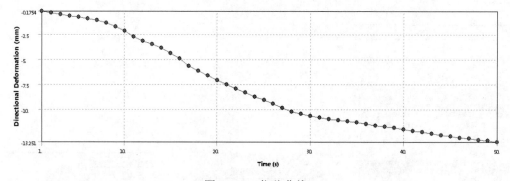

图 8.175　位移曲线

步骤 35　修改系统耦合的分析设置参数，将步骤数设置为 51，最大迭代次数设置为 30，如图 8.176 所示。将数据传输 2 的亚松弛因子设置为 0.25，如图 8.177 所示。当弹出警告信息时，单击"OK"忽略即可。

步骤 36　单击"更新"继续进行求解，如图 8.178 所示，在第 51 个子步迭代过程中，RMS 继续减小。在迭代过程中，载荷始终保持 100%加载状态，降低松弛因子的目的是防止在单一子步迭代过程中出现发散。

步骤 37　返回到 Mechanical，位移曲线及在第 51 子步不同迭代过程中的位置值如图 8.179所示。

步骤 38　在 Solution 上添加总变形和等效应力，单击鼠标右键选择评估所有结果，总变形及等效应力云图如图 8.180 所示。

	设置	
	分析设置	
设置		
	A	
	属性	
分析类型	一般	
初始化控件		
耦合初始化	程序控制的	
持续时间控制		
持续时间由……定义	步骤数	
步骤数	51	
步骤控制		
最小迭代数	1	
最大迭代次数	30	

图 8.176　增加分析步

	数据传输 2	
ransfer：数据传输 2		
	A	
	属性	
源		
目标		
数据传输控制		
传输	开始迭代	
亚松弛因子	0.25	
RMSI收敛目标	0.01	
斜坡	无	

图 8.177　减小亚松弛因子

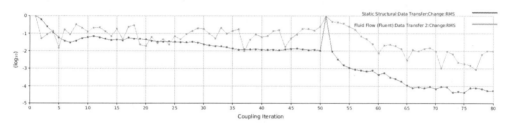

图 8.178　RMS 曲线

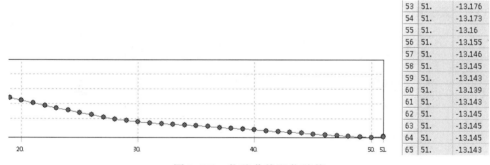

53	51.	-13.176
54	51.	-13.173
55	51.	-13.16
56	51.	-13.155
57	51.	-13.146
58	51.	-13.145
59	51.	-13.143
60	51.	-13.139
61	51.	-13.143
62	51.	-13.145
63	51.	-13.145
64	51.	-13.145
65	51.	-13.143

图 8.179　位移曲线及位移值

步骤 39　返回 Workbench 主界面，双击 Fluent 的 Results 单元格，打开 CFD-Post 模块。如图 8.181 所示，勾选所有流体面。双击 symmetry fluid，切换到 Render 选项页，勾选"Show Mesh Lines"，单击"Apply"按钮。对 symmetry fluid_deforming 进行同样的设置，使得流体区域显示网格，如图 8.182 所示。

步骤 40　在工具栏中选择 Vector 工具，添加速度矢量图。如图 8.183 所示，选择 Locations 旁的按钮，按住 Ctrl 键选择 symmetry fluid、symmetry fluid_deforming 两个面后单击"OK"，将 Sampling 设置为 Equally Spaced，# of Points 设置为 5000，单击"Apply"按钮，速度矢量图如图 8.184 所示。

步骤 41　取消勾选"Vector1"，在工具栏中选择 Contour，同理将 Locations 设置为 symmetry fluid、symmetry fluid_deforming，将# of Contours 设置为 33，对应的压力云图如图 8.185 所示。

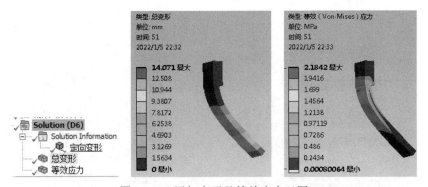

图 8.180　添加变形及等效应力云图

图 8.181　显示流体面　　　图 8.182　显示网格线　　　图 8.183　添加矢量图设置

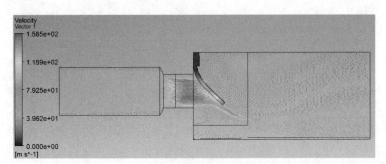

图 8.184　速度矢量图

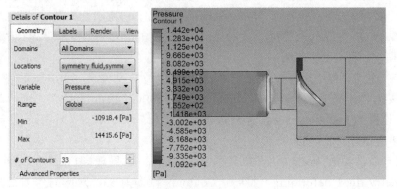

图 8.185　显示压力云图

ANSYS
Fluent

第 9 章

DPM 及多相流仿真

9.1 DPM 模型

DPM（discrete phase model）模型即离散相模型，当主流体中混入了其他颗粒，且占比小于 10%时，可以忽略混入颗粒的实际体积及颗粒之间的相互作用。主流体称为连续相，混入的颗粒称为离散相。Fluent 中 DPM 模型使用欧拉法计算连续相的流动，使用拉格朗日法计算颗粒的运动轨迹。仿真时可以仅考虑流体对颗粒的单向作用，当开启双向模拟选项时也可以模拟颗粒与流体之间的相互作用并考虑颗粒对壁面的侵蚀作用。

在模型中双击"离散相"，可以打开如图 9.1 所示的离散相模型设置对话框。默认仅考虑连续相对离散相的作用，勾选"与连续相的交互"后可以考虑二者之间的相互作用。通过设置更新 DPM 源的迭代间隔可以控制离散相的更新频率。在 DPM 模型中连续相与离散相的定常与非定常过程需要独立设置，连续相在求解器类型中进行设置，离散相则通过设置非定常颗粒跟踪选项进行设置，不勾选则将离散颗粒当作稳态仿真处理。

在下方选项页中，可以进行更详细的设置。图 9.2 为跟踪选项页，其中"最大步数"用于设置对颗粒的最大跟踪步数，当颗粒进入旋涡无法逃逸时，系统则利用最大跟踪步数强制终止对颗粒的跟踪并在命令窗口中将其显示为 incomplete。长度尺寸及步长因子用于设置离散相积分时间步长，长度尺寸越小，积分步越多，颗粒跟踪轨迹越精确，反之步长因子越大，则颗粒跟踪轨迹越精确。

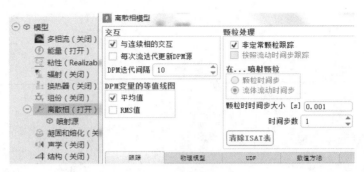

图 9.1　离散相模型选项

图 9.3 为 DPM 中提供的物理模型，可以根据需要设置对应的模型，例如需要考虑颗粒对壁面的侵蚀与冲刷时，需勾选"侵蚀/堆积"选项；可以设置 DEM 碰撞、随机碰撞、破碎等选项进行雾化的模拟。

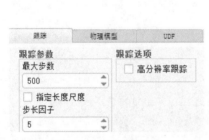

图 9.2　跟踪选项页

图 9.3　设置物理模型

在喷射源上双击，可以打开喷射源设置对话框。单击"创建"按钮可以打开如图 9.4 所示的喷射源属性设置对话框。粒子类型不同，颗粒参与的计算也不同。无质量粒子仅模拟粒子随主相流体流动的轨迹。惰性粒子可以计算粒子受到的拽力、阻力与温度，但粒子不参与化学反应，也不考虑相变过程。液滴则可以考虑相变过程。燃烧与多组分则可以考虑粒子的燃烧与化学反应。喷射源类型可以设置喷射源形状与源的位置，当粒子随主相流体从入口处一同进入时，可以将喷射源类型设置为 surface 并选择入口面。

图 9.4　设置喷射源

如图 9.5 所示，DPM 需要对颗粒设置材料及直径分布形式。在点选项页中，则可以设置颗粒的运动属性及温度和流量参数。当已知粒子的直径分布及不同直径所占的百分比时，可以选择 rosin-rammler 类型。

在边界条件中，可以对颗粒与边界的相互作用进行定义。DPM 中有 escape、trap、reflect、

wall-jet、wall-film 及用户自定义类型。如图 9.6 所示，escape 表示碰到壁面后颗粒可以穿过壁面离开计算域；trap 和 reflect 分别表示被壁面捕获及被壁面反弹；颗粒遇到 wall-jet 和 wall-film 类型壁面则会贴壁运动，对壁面进行冲刷，二者的区别在于后者考虑液膜。默认情况下，进出口为 escape 类型，壁面为 reflect 类型。对于 reflect 类型，可以设置法向、切向反射系数及摩擦系数。

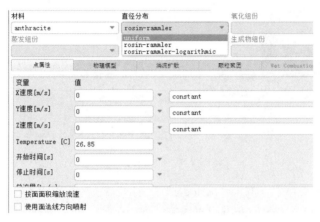

图 9.5　喷射源材料与运动参数

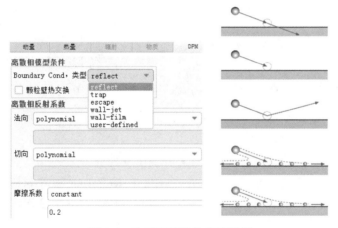

图 9.6　边界对颗粒的作用类型

在壁面边界条件中，还可以为壁面设置粗糙度。如图 9.7 所示，设置壁面粗糙度需先在喷射源物理模型选项页中勾选"粗糙壁面模型"，确定后即可在壁面边界条件中设置粗糙度值。

图 9.7　设置壁面粗糙度

【例 9.1】空气雾化器仿真

步骤 1 新建一个 Workbench 工程，在工具箱中双击"Fluent"，添加一个 Fluent 仿真流程。如图 9.8 所示，在设置单元格上单击鼠标右键，选择"导入 Fluent 案例"。将文件类型设置为 Fluent msh 类型，加载素材文件 eg9.1.msh。双击"设置"后弹出启动界面，将求解器核数设置为 2 后启动 Fluent。

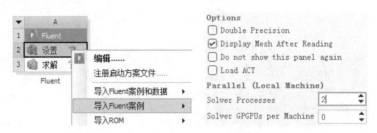

图 9.8　启动 Fluent

步骤 2 在边界条件中，双击"periodic-a"，打开如图 9.9 所示的对话框。将其设置为旋转周期类型。同样地，将 periodic-b 设置为旋转周期类型。在"模型"中双击"能量"，开启能量方程选项，如图 9.10 所示。

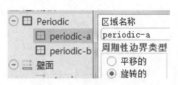

图 9.9　修改周期边界类型

图 9.10　开启能量方程

步骤 3 双击"粘性"，将湍流模型修改为 Realizable k-epsilon 类型，并将壁面函数设置为标准类型，如图 9.11 所示。

步骤 4 在"模型"→"组分"上双击，打开如图 9.12 所示的对话框。选择"组分传递"，在混合材料列表中选择甲醇与空气的混合物"methyl-alcohol-air"。在材料中双击混合物，打开材料编辑对话框。单击混合物组分的"编辑"按钮，打开如图 9.13 所示的混合物边界对话框。依次选中二氧化碳和水蒸气，将它们从选定的组分中移除，仅保留氮气、氧气和甲醇。

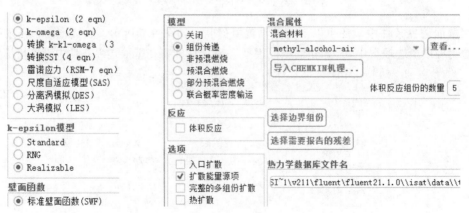

图 9.11　设置湍流模型

图 9.12　设置组分模型

图 9.13　编辑混合物

步骤 5　如图 9.14 所示，在命令窗口中输入"mesh>reorder/reorder-domain"命令，对网格重新排列，降低其带宽，有利于加速仿真进程及内存访问效率。

图 9.14　整理网格

步骤 6　在边界条件中的质量入口 central_air 上双击，打开如图 9.15 所示的对话框。将质量流率设置为"9.167e-5kg/s"，方向向量设置为 Z 方向，将湍流类型设置为湍流强度和水力直径，数值为 10% 和 0.0037m。切换到热量及物质选项页，分别将温度和氧气的质量分数设置为 293K 和 0.23。

步骤 7　在速度入口边界 co-flow-air 上双击，打开如图 9.16 所示的对话框。将速度设置为 1m/s，湍流强度和水力半径分别设置为 5% 和 0.0726m。同样地，将热量和氧气的质量分数设置为 293K 和 0.23。

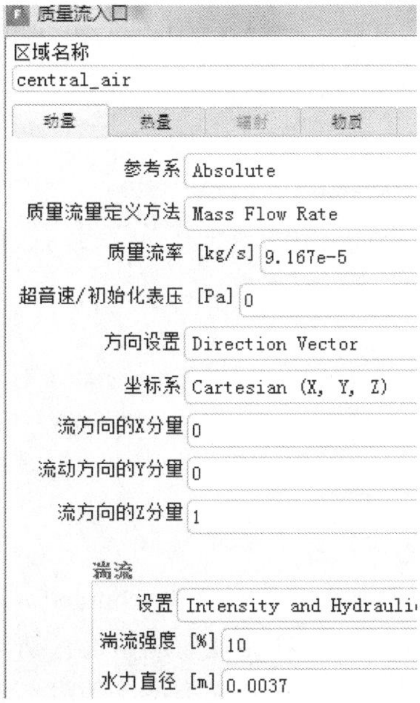

图 9.15　设置质量入口边界 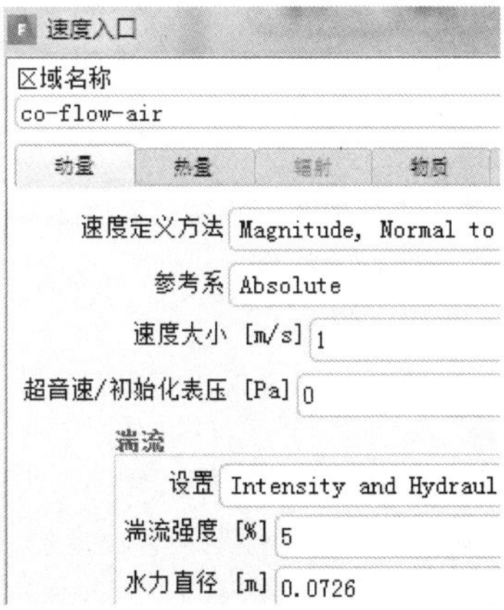　　　　图 9.16　设置速度入口边界

步骤 8 在速度入口 swirl_air 上双击，打开如图 9.17 所示的对话框。将速度设置为 19m/s，坐标系设置为圆柱坐标系，方向向量分别为 1、0.7071、0.707。将湍流强度和水力直径设置为 5% 和 0.0043m。切换到热量和物质选项页，将热量和氧气的质量分数设置为 293K 和 0.23。

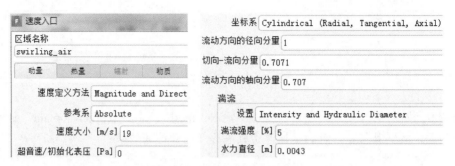

图 9.17　设置速度入口边界

步骤 9 在压力出口 outlet 上双击，打开如图 9.18 所示的对话框。将回流方向设置为相邻网格，湍流强度和湍流黏度比均设置为 5%。切换到热量和物质选项页，将热量和氧气的质量分数设置为 293K 和 0.23。

步骤 10 在壁面边界 outer-wall 上双击，打开如图 9.19 所示的壁面边界条件设置对话框。勾选"指定剪切"，将粗糙度设置为标准类型并将粗糙度常数设置为 0.5，其余参数均保持默认值。

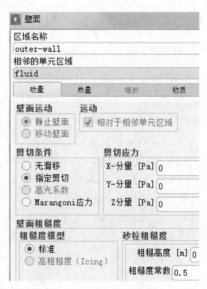

图 9.18　设置压力出口边界　　　图 9.19　设置壁面边界条件

步骤 11 如图 9.20 所示，在方法中，将压力速度耦合方案设置为 Coupled，勾选"伪瞬态"选项，其余参数保持默认值。选择混合初始化后单击"初始化"按钮进行初始化。

步骤 12 双击"运行计算"，将时间步方法设置为用户自定义类型，伪瞬态时间步长置为 1，如图 9.21 所示。将迭代次数设置为 150，单击"开始计算"。

图 9.20 设置求解选项及初始化

图 9.21 设置壁面边界条件

步骤 13 在"结果"→"表面"上单击鼠标右键,选择"创建"→"等值面",打开如图 9.22 所示的对话框。将常数表面类型设置为 Mesh-Angular Coordinate,单击"计算"按钮,计算角度范围。设置等值为 15°,将等值面命名为 angular=15,单击"创建"按钮。

图 9.22 创建等值面

步骤 14 在"结果"→"云图"上双击,在列表中选择速度作为云图变量,选中刚创建的等值面,单击"保存"按钮创建如图 9.23 所示的速度云图。

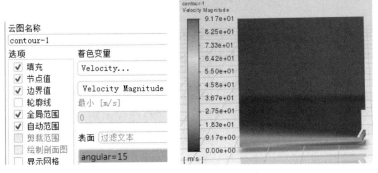

图 9.23 创建速度云图

步骤 15 在查看菜单中选择视图选项，打开如图 9.24 所示的对话框，在"周期性重复"下选择"定义"按钮。在单元区域中选择"fluid"，将类型设置为旋转类型，轴线为 Z 轴，角度为 30°，重复次数为 12，单击"设置"按钮完成对周期性视图的设置。

图 9.24 设置周期性视图

步骤 16 单击通用视图中的"显示"按钮，打开如图 9.25 所示的对话框。勾选"边"和"面"选项，选中 atomizer-wall、central_air、swirl_air 三个面。单击下方"颜色"按钮，在网格"颜色"对话框中，选择 wall 类型，将颜色设置为 pink。返回网格显示对话框，单击"显示"按钮。

图 9.25 设置网格显示

步骤 17 在"图形"→"迹线"上双击，打开如图 9.26 所示的对话框。勾选"显示网格"，保持当前状态后将网格显示对话框关闭。选择 swirl_air 作为释放表面，将路径跳过设置为 5，单击"保持/显示"按钮，显示如图 9.27 所示的迹线图。

步骤 18 在离散相上双击，打开如图 9.28 所示的对话框。因雾化仿真需要考虑离散相对主相的影响，因此需勾选"与连续相的交互"，并将迭代间隔设置为 10。勾选"非定常颗粒跟踪"，将时间步长设置为 0.0001，步数设置为 1。如图 9.29 所示，切换到物理模型选项页，勾选"破碎"选项，其余选项保持默认值。切换到跟踪选项页，为跟踪设置最大步长 500 步，将步长因子设置为 5。

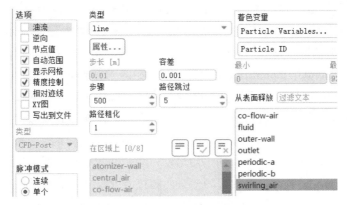

图 9.26 设置迹线

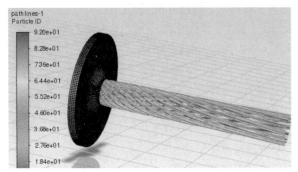

图 9.27 显示迹线

图 9.28 设置离散相模型

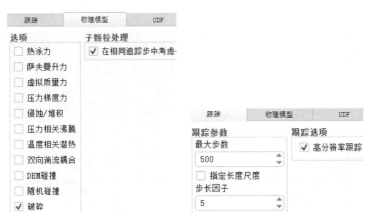

图 9.29 设置离散相选项

图 9.30 设置喷射源

步骤 19 在对话框下方单击"喷射源"按钮，在喷射源对话框中单击"创建"按钮，打开如图 9.30 所示的喷射源属性设置对话框。将喷射源类型设置为 air-blast-atomizer，将粒子类型设置为液滴，流的数量设置为 60。流的数量用于控制每个时间步内进入计算域的粒子数量。将材料设置为 methyl-alcohol-liquid 甲醇蒸气。如图 9.31 所示，在点属性选项页中，将 X 与 Y 的位置设置为 0，Z 的位置设置为 0.0015。将 X、Y、Z 三个方向向量设置为 0、0、1。将温度设置为 263K，流速设置为 $8.5×10^{-5}$kg/s，注意此处流速为 1/12 模型对应的流速，完整模型流速为其 12 倍。保持默认的开始及停止时间，100s 为停止时间，一般远大于仿真时间，可以保证喷射源产生的粒子不会因时间过短自动停止运动。将喷射器内径设置为 0.0035m，外径设置为 0.0045m。将喷雾半角设置为-45°，颗粒与液膜之间的相对速度设置为 82.6m/s，将方位起始角及停止角设置为 0°和 30°，将喷射限制在 30°范围内。其余参数保持默认值。

图 9.31　设置点属性

步骤 20 切换到物理模型选项页，如图 9.32 所示，将曳力准则设置为 dynamic-drag，勾选"启用破碎"选项，破碎模型设置为泰勒类比破碎 TAB 类型，模型参数保持默认值。

步骤 21 切换到湍流扩散选项页，如图 9.33 所示，在"随机跟踪"中勾选"离散随机轨迹模型"及"随机涡寿命"选项，时间常数保持默认值。单击"OK"按钮，当弹出对话框时单击"确认"按钮，完成喷射源的设置。

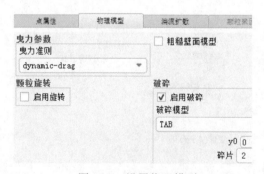

图 9.32　设置物理模型

图 9.33　设置湍流扩散模型

步骤 22 在"材料"中双击"液滴颗粒"下的"methyl-alcohol-liquid"，打开如图 9.34 所示的对话框。确保将该材料的类型设置为 droplet-particle，将其黏度修改为 0.0056，将饱和蒸气压设置为 piecewise-linear，并单击右侧"编辑"按钮，打开如图 9.35 所示的分段线型曲线编辑窗口。通过该编辑窗口可以设置曲线形状及坐标值的范围，本例中保持默认值即可，关闭该窗口后单击材料设置对话框中的"更改/创建"按钮，完成对材料的编辑。

图 9.34 设置材料属性

图 9.35 分段线型曲线编辑

步骤 23 在"求解"→"控制"上双击,将伪瞬态显式松弛因子中的离散相源项值由默认的 0.5 降低到 0.1,如图 9.36 所示。在"计算监控"→"残差"上双击,打开如图 9.37 所示的残差监控器对话框。勾选"显示高级选项",将收敛标准设置为 none,确保后续的求解迭代不会因达到默认残差值而停止。

步骤 24 如图 9.38 所示,在"报告定义"上单击鼠标右键,选择"创建"→"表面报告"→"质量加权平均",打开表面报告定义对话框。将报告类型设置为 Mass-Weighted Average,场变量设置为 Species Mass fraction of ch3oh,选择 outlet 作为监控表面,勾选"报告图"选项。类似地,在"报告定义"上单击鼠标右键,选择"创建"→"体积报告"→"总计",勾选"报告图"选项,将类型设置为 Sum,场变量设置为 Discrete Phase Sources,选择 fluid 单元区域,创建 DPM Mass Source 监控。在"计算监控"→"报告绘图"中双击"report-def-1-rplot",在打开的对话框中单击"轴"按钮,将坐标轴设置为 Y 轴,精度设置为 2。

步骤 25 在"运行计算"上双击,将迭代次数修改为 1500,如图 9.39 所示,单击"开始计算"按钮。

图 9.36　设置松弛因子　　　　　　　　　　图 9.37　设置残差监控选项

图 9.38　设置监控曲线

步骤 26　在"结果"→"图形"→"颗粒轨迹"上双击，打开如图 9.40 所示的对话框。勾选"显示网格"，将弹出的对话框关闭。在着色变量中将类型修改为 Particle Diameter，选择 injection-0 作为释放源，单击"保存/显示"按钮。单击顶部"查看"菜单，选择"视图"，单击"周期性重复"下方的"定义"按钮。在打开的对话框中选择"重置"按钮，将视图恢复成 1/12 模型。此时的颗粒轨迹图如图 9.41 所示。

图 9.39　迭代求解　　　　　　　　　　图 9.40　创建颗粒轨迹图

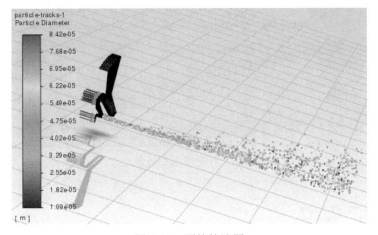

图 9.41　颗粒轨迹图

步骤 27　在"结果"→"表面"上单击鼠标右键，选择创建等值面，打开如图 9.42 所示的对话框。将常数表面设置为 Species Mass fraction of ch3oh，单击"计算"按钮，计算质量分数范围。将等值设置为 0.002 后单击"保存"按钮，创建该等值面。

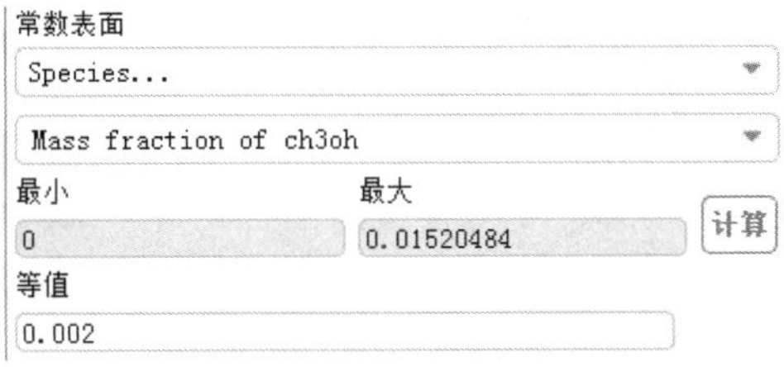

图 9.42　设置等值面

步骤 28　在通用面板上单击"显示"按钮，打开如图 9.43 所示的网格显示对话框。仅勾选"面"选项，表面列表中仅选中 atomizer-wall 和 mass-fraction-of-ch3oh-10，单击下方的"显示"按钮。在窗口上方选中"查看"菜单，单击"视图"按钮，单击"周期性重复"下的"定义"按钮。将重复次数设置为 6，单击"设置"按钮，显示如图 9.44 所示的质量分数等值面。

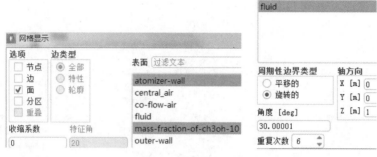

图 9.43　设置网格显示

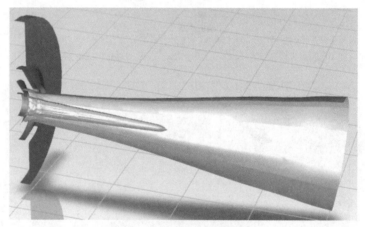

图 9.44　显示质量分数等值面

9.2　VOF 模型

9.2.1　VOF 理论基础及选项设置

物质有气相、液相和固相，当流动区域存在两种及两种以上的相时称该流动为多相流。在 CFD 计算中多相流具有更广的含义，物质属性有明显差异的混合流动均可看作多相流，例如两种不相容液体的分层流动，二者虽然均属液相，但在 CFD 仿真中仍被视为多相流。当两种或多种非互相浸润流体存在清晰交界面且需关注交界面形状时，需要使用 VOF 模型进行仿真。典型的 VOF 应用场景包括气泡流动、液体晃动、明渠流动、溃坝仿真、波浪仿真等。VOF 模型不针对具体各相进行求解，仅将各相的混合物进行求解，获得的结果被各相共享，通过体积分数在具体网格单元赋予相应属性，相界面的追踪是通过求解界面网格内体积分数方程实现的，故 VOF 无法捕捉比网格尺度更小的界面。

VOF 选项设置如图 9.45 所示。VOF 模型仅适用于压力基求解器，通常需要使用瞬态求解器。当求解结果与初始条件无关且各相有独立入口边界时，也可以使用稳态求解器。耦合水平集选项对网格精度要求较高，只能使用 Geo-reconstruct 体积分数离散算法，对于表面张力主导的自由液面有更好的模拟精度。VOF 有显式和隐式两种算法，显式算法不支持稳态求解器，采用 1st order time 算法，不支持 2nd order time 算法。通过解耦不需要在每个时间步内求解 VOF 方程，在处理表面张力和可压缩流动时仿真比较稳定。获得的相界面很清晰，可以获得中间过程和最终形态，可以使用可变步长仿真，不会有数值扩散稳态，但其对网格要求较高，时间步长受到科朗数限制，计算耗时较长。

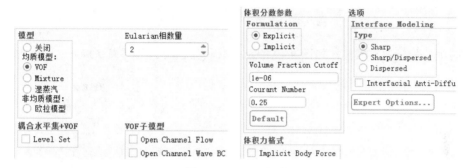

图 9.45　VOF 选项

与显示算法相反，隐式算法将动量、压力与相连续方程耦合求解，既可以使用瞬态求解器，也可以使用稳态求解器。1st order time 精度差，2nd order time 精度较高，针对表面张力与可压缩流体仿真时容易出现迭代不稳定等情况。相界面不清晰，对网格质量要求不高，时间步长不受科朗数限制，可以取较大的时间步长，求解时间短。

当流动中质量力（浮力、离心力等）为主要作用力时，勾选"Implicit Body Force"选项可以改善收敛性，常用气泡流动仿真、旋转机械等。

当需要进行明渠流动、波浪仿真时，需勾选"Open Channel Flow"和"Open Channel Wave BC"，则可以在速度入口边界条件中对明渠及波浪的参数进行详细设置，如图 9.46 所示。

图 9.46　明渠流动及波浪边界条件

VOF 中可以对表面张力进行设置，如图 9.47 所示，在这里可以开启表面张力及壁面附着力等选项。后续即可在壁面边界条件中进行详细参数设置，如图 9.48 所示。

图 9.47　表面张力及壁面附着选项

VOF 中体积分数离散算法如图 9.49 所示，其具体选用原则见表 9.1。

图 9.48　壁面边界条件　　　　　　　　图 9.49　体积分数离散算法

表 9.1　体积分数离散算法比较

体积分数离散算法	Implicit	Explicit	精度	速度
First order	√	×	不推荐	不推荐
Second order	√	×	不推荐	不推荐
QUICK	√	√	低	高
Modified HRIC	√	√	中等	高
CICSAM	×	√	高	中等
Compressive	√	√	高	中等到高
Georeconstruct	×	√	非常高	低到中等
BGM	√	×	非常高	低到中等

9.2.2　VOF 实例讲解

【例 9.2】齿轮箱稀油润滑仿真

齿轮箱内稀油润滑仿真中涉及齿轮转动及甩油过程，需要考虑润滑油和空气流动及混合，因此既涉及动网格又涉及多相流问题，如果考虑摩擦及热量的传递还需要考虑共轭传热。本例为了演示动网格和多相流设置方法，暂不考虑传热过程且将 3D 模型简化为 2D，减小计算量的同时便于初学者理解及操作。

步骤 1　新建一个 Workbench 工程，双击工具箱中"流体流动（Fluent）"，添加一个流体仿真流程。

步骤 2　右击"几何结构"，选择"导入几何模型"，导入 eg9.2.x_t 素材文件。在"几何结构"上单击鼠标右键，使用 DM 打开模型。如图 9.50 所示，大小齿轮之间有明显的缝隙。该处预留缝隙的目的是防止后续齿轮转动过程中齿轮完全啮合时导致啮合处网格体积为零。放大齿轮箱外壁面，发现圆弧与直边连接处有一窄边，尺寸只有 2.5×10^{-5}m，须将它处理掉，否则将影响后续网格质量。如图 9.51 所示，在工具菜单中选择"修复"下的"修复边"，在"是否立即查找故障"中双击鼠标左键，将默认的"否"设置为"是"后 Generate 重新生成模型，即可将该处去除。

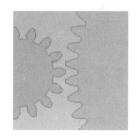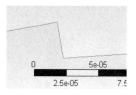

图 9.50　模型检查

图 9.51　修复窄边

步骤 3　双击网格单元格，打开网格设置界面。修改模型名称，并将 oil 设置为 Fluid 类型，如图 9.52 所示。检查接触设置，将接触对重新命名，如图 9.53 所示，注意到系统自动检测的接触对为面与面的接触，我们需要的是边-边的接触。单击"接触"，在选项中将"面/面"及"面/边"设置为否，将"边/边"设置为是，如图 9.54 所示。在"接触"上单击鼠标右键，选择"创建自动连接"，重新生成接触，并对接触对重命名，如图 9.55 所示。新生成的接触对此时已为边-边接触，如图 9.56 所示。

步骤 4　按图 9.57 参数设置网格，将单元尺寸设置为 1mm，开启"捕获曲率"和"捕获邻近度"选项，其余选项保持默认值。由于后续动网格中设置弹簧光顺法时需要网格为三角形网格，因此右击"网格"，插入"方法"，按图 9.58 所示，将 3 个零件全部设置为三角形网格。

步骤 5　分别为 3 个零件设置命名选择，如图 9.59 所示。返回到 Workbench 主界面，双击"设置"，在 Fluent 启动界面中为了保证多相流计算的精度，开启"Double Precision"选项，2D 仿真对计算资源要求不高，使用默认的串行计算即可，如图 9.60 所示。

步骤 6　由于后续涉及动网格及重力场中的流动问题，我们需要将求解器设置为瞬态类型，并勾选"重力"选项，将重力加速度设置为 Y 方向，大小为 -9.81m/s^2，如图 9.61 所示。

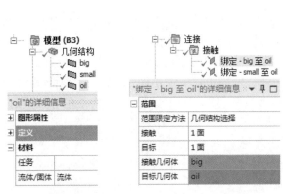

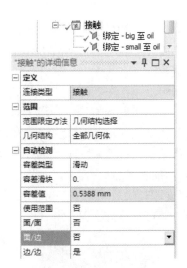

图 9.52　设置模型属性　　　　图 9.53　检测接触　　　　图 9.54　设置接触选项

图 9.55　重新生成接触对　　　　　　　图 9.56　检测新生成的接触

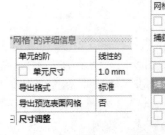

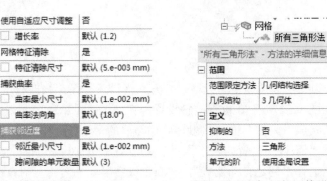

图 9.57　设置全局网格参数　　　　　　图 9.58　添加局部网格设置

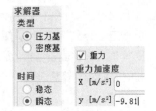

图 9.59　添加命名选择　　　图 9.60　设置启动参数　　　图 9.61　设置求解器及重力加速度

步骤 7 单击"Scale"按钮，查看模型坐标范围，如图 9.62 所示，后续初始化时会用到该尺寸。在"单位"上双击，设置角速度单位为 rev/min，如图 9.63 所示。

图 9.62 查看模型尺寸

图 9.63 设置单位

步骤 8 双击"多相流"，选择 VOF 多相流模型。齿轮箱内的搅油过程为油气两相流，因此将 Eulerian 相数量设置为 2。由于流动发生在重力场中，因此勾选"Implicit Body Force"选项，如图 9.64 所示，其余选项保持默认值。

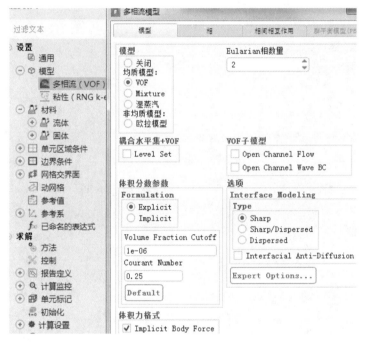

图 9.64 设置多相流模型

步骤 9 双击"黏性"，选择 k-epsilon 湍流模型，由于齿轮附近流场流线曲率半径很大，因此选择更适合旋转流动及高应变率的 RNG 模型，选择标准壁面函数，如图 9.65 所示。

步骤 10 如图 9.66 所示，添加新材料 oil，将其密度设置为 960，黏度设置为 0.048。

步骤 11 如图 9.67 所示，双击"多相流"，切换到相选项页，单击"phase-1"，确保其材料为 air，选择"phase-2"，将其材料设置为 oil。

步骤 12 双击"动网格"，勾选"光顺"和"网格重构"，如图 9.68 所示。这两种动网格更新方法通常搭配使用，光顺法通过调整网格节点位置维持网格质量，网格重构则根据设定的网格尺寸及质量准则进行网格重绘。单击"设置"按钮，打开如图 9.69 所示的光顺及网格重构参数设置对话框。在光顺选项页中，可以使用弹簧光顺或扩散光顺调整网格节点位置，扩散光顺比弹簧光顺消耗的计算资源更多，但得到的网格质量更好，由于 2D 仿真计算量不大，这里使用扩散光顺法。较大的扩散系数可以让远处网格变形吸收边界运动造成的网格扭曲，单击"高级"按钮，将类型设置为 Boundary Distance 并将扩散系数设置为 2。切换到网格重构选项页，单击"网格尺度信息"，打开网格统计对话框，根据当前网格尺寸信息，设置网格重构中的相关参数。通常将网格最小尺寸设置成略大于当前最小网格尺寸，最大尺寸略小于当前最大网格尺寸。当系统在网格变形时达到设定值会标记需要重绘的网格，按尺寸重构间隔中设置的频率进行重绘，默认值为 5，即每隔 5 次进行网格重绘，这里将该值设置为 1，可以让流场中的网格质量保持在较高的水平。

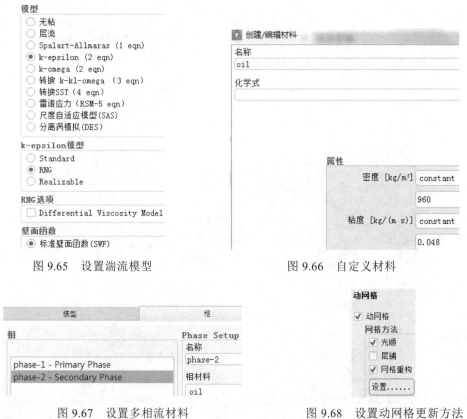

图 9.65　设置湍流模型　　　　　　图 9.66　自定义材料

图 9.67　设置多相流材料　　　　　　图 9.68　设置动网格更新方法

步骤 13　打开随书提供的素材文件 rotation_profile.txt，该文件用于定义动网格运动边界的平动及转动参数。如图 9.70 所示，big_rotation 2 point 通过 2 个关键点信息来设置大齿轮运动，分别是时间和转速，注意 Profile 中的单位均为国际单位，即时间单位为 s，转速单位为 rad/s。0s 时，沿着 Z 轴的转速为 40rad/s；1s 时，沿着 Z 轴的转速为 40rad/s。0～1s 之间线性插值，因此 Profile 中定义的为匀速转动。同理，小齿轮根据传动比 3.67，方向与大齿轮相反，因此其转速为-146.8rad/s。Profile 需按固定的书写格式编写，相关格式要求可以参阅动网格章节相关内容。

步骤 14　如图 9.71 所示，在 File 菜单中选择读取 Profile 文件，弹出如图 9.72 所示的文件选择对话框，将类型设置为 All File，选择素材文件 rotation_profile.txt，加载 Profile 文件。

图 9.69　设置动网格参数

图 9.70　查看 Profile 文件　　　图 9.71　加载 Profile 文件　　　图 9.72　选择 Profile 文件

步骤 15　单击动网格区域下的"创建/编辑"按钮，打开如图 9.73 所示的定义动网格区域对话框。对于大齿轮，Profile 应选择 big_rotation，重心是几何建模时确定的，位置为（0.01985,0.08），大齿轮的运动边界应为流体域和大齿轮之间的接触对，因此分别选择 bonded-big_to_oil-src 和 bonded-big_to_oil-trg。切换到网格划分选项页，设置网格平均尺寸为 0.0012。Fluent 中设置了流体边界运动后，流体内部网格通过光顺及重绘自动调整，但固体域需用户指定。因此需对固体域 big 进行同样的重心及平均网格尺寸等相关设置，如图 9.74 所示。

图 9.73　动网格区域设置参数

步骤 16　同样道理，设置小齿轮相关参数，需设置的边界和区域分别为 bonded-small_to_oil-src 和 bonded-small_to_oil-trg 及 small，重心为（−0.054,0.08），平均网格同样为 0.0012。所有需要设置动网格的区域如图 9.75 所示。

步骤 17　图 9.76 为动网格预览按钮，"显示区域运动"可以显示运动区域位置及边界，"预览网格运动"可以通过预览网格的运动查看参数设置是否正确。如图 9.77 所示，将时间步长设置为 0.0001，步数设置为 100，由于预览后的时间无法退回到初始时刻，因此在单击"预览"按钮前一定要先保存 Workbench 工程文件。预览确保运动是正确的情况下，关闭工程文件后重新打开 Fluent 继续进行其他设置。

图 9.74　固体域动网格设置

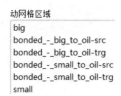

图 9.75　全部动网格区域

图 9.76　预览动网格

图 9.77　设置预览参数

步骤 18　如图 9.78 所示，右击"单元标记"，新建区域。按图 9.79 设置区域参数，该区域后续用于多相流初始化时填充 oil。

图 9.78　添加区域

图 9.79　设置区域寄存器参数

步骤 19　如图 9.80 所示，使用默认参数进行标准初始化。其中 phase-2 在初始化时将其体积分数设置为 0，表示使用 phase-1 材料 air 填充全部求解域。初始化后原来灰色的局部初始按钮变成可用状态，单击"局部初始化"，打开如图 9.81 所示的多相流设置对话框。在 Phase 中选择 phase-2，选择 Volume Fraction，将值设置为 1，在局部初始化好的寄存器中选择刚创建的 region_0。通过这些设置，将 region_0 区域用 phase-2 中的材料 oil 填充。单击"局部初始化"按钮，完成多相流初始化。

图 9.80　标准初始化　　　　　　　　图 9.81　多相流初始化

步骤 20　双击"结果"下的"云图"选项，按图 9.82 设置云图，显示初始化后 phase-2 相的体积分数。如图 9.83 所示，初始条件下，phase-2 于油箱底部的体积占比 100%，上方占比 0%，表明 oil 和 air 已经完成正确的初始化。

图 9.82　设置相体积分数云图

步骤 21　如图 9.84 所示，双击"计算设置"下的"自动保存"选项，在弹出的对话框中将自动保存选项设置为"保存数据文件间隔"50 Time Steps，即每 50 个时间步自动保存一次数据文件，其余选项保持默认值。

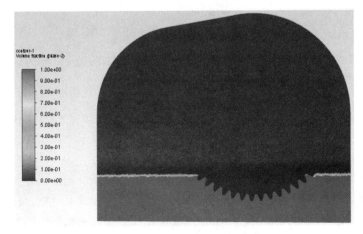

图 9.83　显示初始化后的相体积分数云图　　　　图 9.84　添加保存选项

步骤 22 如图 9.85 所示，双击"解决方案动画"，在弹出的对话框下方选择"动画对象"中的"云图"。在弹出的云图对话框中，保持之前的云图选项不变，确定后返回解决方案动画对话框。选中 contour-1，按图 9.86 选项设置动画相关选项，保存动画图片的时间间隔越短，动画越流畅，占用的硬盘空间越大。

图 9.85　添加动画对象

图 9.86　设置动画选项

步骤 23 双击"运行计算"，按图 9.87 设置时间步长和迭代步数，其余选项保持默认值。参数设置好后单击"开始计算"按钮。

步骤 24 单击"Calculate"按钮，开始进行迭代运算。运算过程中除了会显示残差曲线，还会显示云图动画，形式如图 9.88 所示。

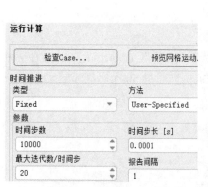

图 9.87　设置动画选项

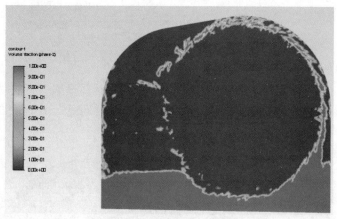

图 9.88　计算过程中的云图动画

步骤 25 当运算结束后，双击"结果"下的"迹线"，打开如图 9.89 所示的对话框。按图设置迹线相关选项，并在"从表面释放"列表选中 oil，单击下方"保存/显示"按钮对其绘制迹线。相应的迹线如图 9.90 所示。

步骤 26 关闭当前 Fluent 窗口，返回到 Workbench 主界面，双击结果单元格，打开 CFD-POST 模块。按图 9.91 设置云图选项，并双击"Animation"，打开动画设置对话框，按图设置动画保存选项，可以将动画保存成视频格式。在保存位置可以找到生成的视频，用视频软件打开，可以查看视频显示效果，如图 9.92 所示。

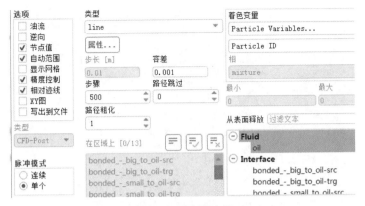

图 9.89　设置迹线

图 9.90　显示迹线

图 9.91　设置云图和动画选项

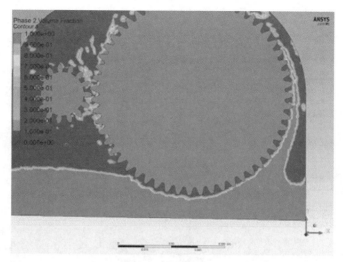

图 9.92　查看视频

9.3　欧拉模型

9.3.1　混合模型理论基础

欧拉模型是 Fluent 应用范围最广泛的多相流模型，可以适用于最复杂的多相流工况，可考虑气泡、颗粒的各种受力（曳力、阻力、浮力、壁面润滑力、虚拟质量力、湍流分散力等），其选项包括 Dense Discrete Phase Model、Boiling Model、Multi-Fluid VOF Model，可以进行稠流仿真、蒸发冷凝相变仿真、三相及以上的多相流仿真。

这里注意区分欧拉模型与欧拉方法，欧拉方法是流体力学理论中研究流体运动的方法，与之相对应的是拉格朗日方法。二者的区别在于欧拉方法以流场的观点描述流体运动，将流体运动参数以流场坐标表示，通过监控流场坐标参数的变化描述流体运动。拉格朗日方法则是通过追踪流体质点的运动轨迹描述流体运动参数。在欧拉模型中，主相通常使用欧拉方法，次相则根据欧拉模型所使用的具体选项及算法采用拉格朗日方法或欧拉方法。各模型区别及特点如表 9.2 所示。

表 9.2　多相流模型及特点

模型	数值算法	颗粒-流体	颗粒-颗粒	颗粒尺寸分布
DPM	主相：欧拉方法 次相：拉格朗日方法	颗粒无实际体积，使用经验模型	不考虑	容易获得
DDPM	主相：欧拉方法 次相：拉格朗日方法	颗粒无实际体积，使用经验模型	通过 granular 估算颗粒之间的作用力，次相为 DPM 颗粒	容易获得
DEM	主相：欧拉方法 次相：拉格朗日方法	颗粒无实际体积，使用经验模型	可准确获得颗粒之间的作用	容易获得
Macroscopic Particle Model	主相：欧拉方法 次相：拉格朗日方法	相互作用为求解的一部分，一个颗粒可以跨多个流体网格	可准确获得颗粒之间的作用	容易获得
Eulerian granular	主相：欧拉方法 次相：欧拉方法	颗粒无实际体积，使用经验模型	通过 granular 估算颗粒之间的作用力，次相为流体介质颗粒	难获得

9.3.2　欧拉模型的选项设置

如图 9.93 为欧拉模型选项，选择"多相流"→"欧拉模型"后，可以通过勾选 Eulerian 参数选择稠流模型、沸腾模型及多流体 VOF 子模型。切换到相选项页，当勾选"颗粒"选项后，可以通过 granular 估算颗粒之间的作用力，设置颗粒温度模型可以考虑颗粒温度。

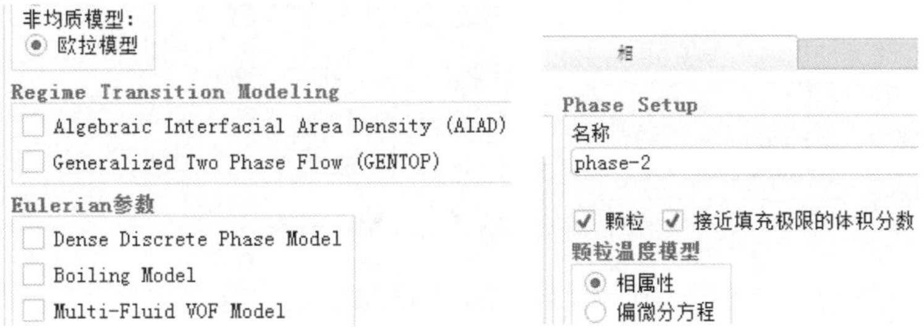

图 9.93　模型选项

切换到相间相互作用选项页，可以对作用力、热量、质量、反应和界面比表面积进行设置。图 9.94 为热量、质量、反应选项页，可以在机理中选择不同的传质机理，在力作用选项页中可以为升力、阻力、壁面润滑力、湍流作用力、虚拟质量力及表面张力进行设置。

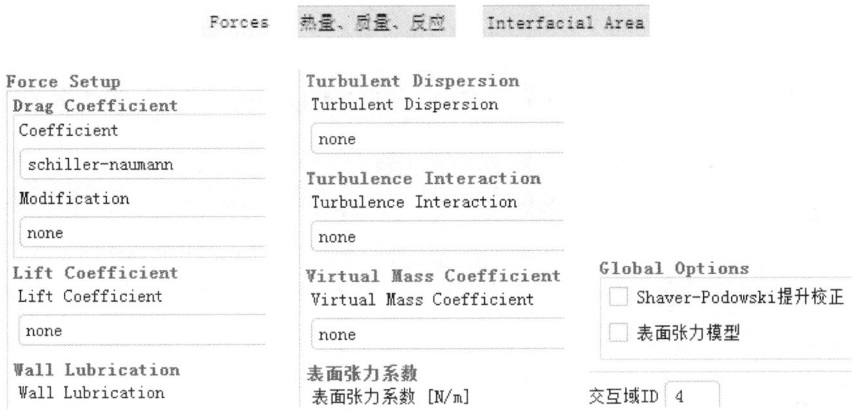

图 9.94　力作用选项

图 9.95 为空化及蒸发、冷凝传质机理模型及相关选项，利用它们可以对空化、蒸发、冷凝等相变过程进行模拟，图 9.96 为空化、蒸发、冷凝模型及相关选项。切换到传热选项页，可以在传热系数下拉列表中选择不同的传热模型，如图 9.97 所示。

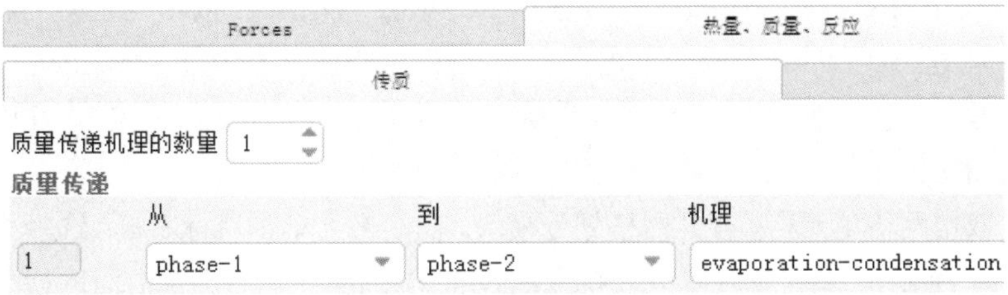

图 9.95　质量传递机理

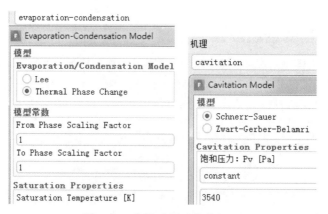

图 9.96　蒸发冷凝及空化机理

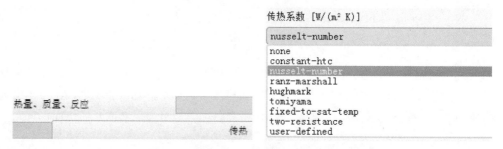

图 9.97　传热选项

图 9.98 为界面比表面积设置选项页，在下拉列表中可以为两相之间设置不同的比表面积。

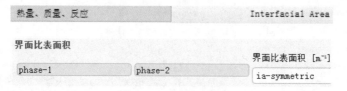

图 9.98　界面比表面积

9.3.3　欧拉模型实例讲解

【例 9.3】弯管稠密流体仿真

DDPM 常用于流化床工况的仿真，同样是针对离散颗粒的仿真，它与 DPM 主要区别在于二者离散相的占比。DPM 一般用于体积分数小于 10%的工况，当体积分数大于 10%时，颗粒之间的相互作用变得比较重要，需要使用 DDPM 或 DEM 模拟颗粒之间的相互作用。

步骤 1　新建一个 Workbench 工程，在工具箱中双击"流体流动（Fluent）"，添加一个 Fluent 仿真流程，在"几何结构"上单击鼠标右键，选择"导入几何模型"，在弹出的对话框中选择素材文件 eg9.3.x_t。

步骤 2　双击网格单元格，打开网格划分模块。在网格上单击鼠标右键，选择"插入"→"方法"。如图 9.99 所示，选中几何模型，将方法设置为多区类型，将自由面网格类型设置为全四边形方法。在网格上单击，将全局单元尺寸设置为 8mm。

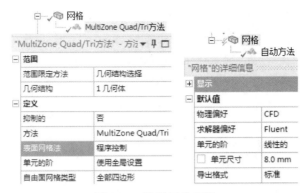

图 9.99　设置网格参数

步骤 3　在窗口中单击鼠标右键，将光标模式切换为边选择模式。选中底部边线，单击鼠标右键，选择"创建命名选择"，如图 9.100 所示。在弹出的对话框中将下边线命名为 inlet，类似地将上边线命名为 p-outlet。

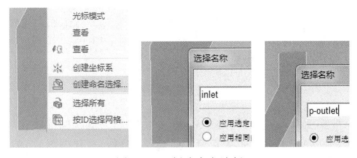

图 9.100　创建命名选择

步骤 4　返回到 Workbench 主界面，在网格单元格上单击鼠标右键，选择"更新"，将网格及命名选择传递到 Fluent 中。在设置单元格上双击，打开 Fluent 启动界面，勾选"双精度"选项并将求解器设置为 4 核，如图 9.101 所示。单击"Start"按钮，进入 Fluent 界面。

步骤 5　在通用设置中，将求解器类型修改为"瞬态"，勾选"重力"选项，将 Y 方向设置为重力方向，如图 9.102 所示。

步骤 6　在多相流上双击，打开如图 9.103 所示的对话框。选择"欧拉模型"，勾选 DDPM 选项，单击下方"应用"按钮，系统弹出提示对话框，关闭该对话框。

图 9.101　设置启动参数　　图 9.102　设置求解器及重力加速度　　图 9.103　设置欧拉多相流

步骤 7　切换到相选项页，如图 9.104 所示，选中主相，将其名称修改为 air。选中离散相，如图 9.105 所示，将名称修改为 keli，勾选 "Granular"，在 Granular 属性中，将黏性模型修改为 gidaspow，该类型适合稠密流化床的模拟，体积黏性模型修改为 lun-et-al 类型，其余参数保持默认值，单击 "应用" 按钮后关闭该对话框。

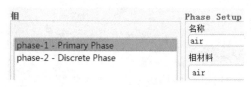

图 9.104　设置主相

Phase Setup
Name
keli

☑ Granular　☑ 接近填充极限的体积分数
Granular Temperature Model
　◉ Phase Property
　○ Partial Differential Equation
Transition Factor
constant
0.75

Granular Properties
Granular Viscosity [kg/(m s)]　gidaspow
Granular Bulk Viscosity [kg/(m s)]　lun-et-al
Solids Pressure [Pa]　lun-et-al
Granular Temperature [m²/s²]　algebraic

图 9.105　设置颗粒相

步骤 8　在离散相上双击，打开如图 9.106 所示的对话框。保持默认参数值，单击下方的 "喷射源" 按钮，在弹出的对话框中选择 "创建" 按钮，打开如图 9.107 所示的对话框。将喷射源类型设置为 group 类型，该类型允许将喷射源设置在流体域中特定坐标范围内，本例为一个点喷射源，故其起始及终值坐标相同。将跟踪的轨迹数量设置为 20，直径分布设置为 rosin-rammler 类型，该类型可以为颗粒设置不同直径及占比，将离散相域设置为 keli。按图 9.108 所示参数设置点属性，其中停止时间设置为较大的数值，仿真因终值之间过短而出现轨迹中断等情况。

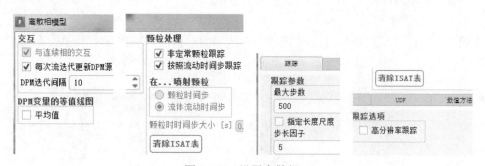

图 9.106　设置离散相

步骤 9　保持默认的 SST k-omega 湍流模型，在 "材料" → "惰性颗粒" 上双击，打开如图 9.109 所示的对话框。将惰性颗粒密度设置为 2800。

步骤 10　在入口边界条件中，双击 "air" 相，打开如图 9.110 所示的对话框。将速度设置为 2.1m/s，其余参数保持默认值。

图 9.107　设置喷射源

图 9.108　设置点属性

图 9.109　设置颗粒材料属性

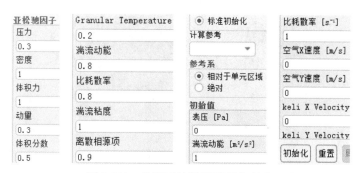

图 9.110　设置颗粒材料属性

步骤 11　如图 9.111 所示，在"求解"→"控制"上双击，将动量的亚松弛因子减小到 0.3，防止在迭代过程中出现发散。在"初始化"上双击，使用默认的标准初始化参数进行初始化。

图 9.111　设置亚松弛因子及初始化

步骤 12　在"图形"→"颗粒轨迹"上双击，打开如图 9.112 所示的对话框。将着色变量设置为粒子直径，选择喷射源列表中的喷射源。勾选"显示网格"，打开如图 9.113 所示的对话框。选择"边"，将类型设置为全部，选择右侧全部表面。设置好后在颗粒轨迹对话框中选择"保持/显示"按钮。

　　步骤 13　在"解决方案动画"上双击，打开如图 9.114 所示的对话框。选择颗粒轨迹，记录间隔设置为每个时间步保存一次。在"运行计算"上双击，打开如图 9.115 所示的对话框。将时间步数设置为 300，时间步长设置为 0.01s，单击"开始计算"，启动求解器。

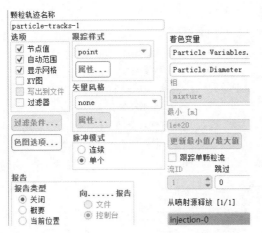

图 9.112　设置颗粒材料属性

图 9.113　设置网格显示

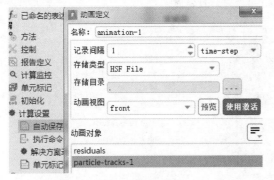

图 9.114　设置动画

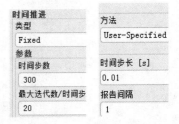

图 9.115　设置运行参数

　　步骤 14　播放动画，窗口中将显示如图 9.116 所示的动画。

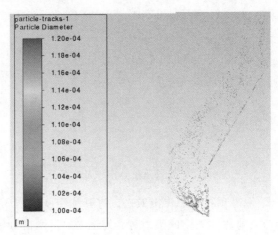

图 9.116　显示动画

【例 9.4】欧拉颗粒流仿真

欧拉颗粒流用于模拟主相和次相均为液相的颗粒流动，因此主相与次相均使用欧拉方法，无须设置 DPM 参数。颗粒相无实际体积，用经验模型表示，颗粒与颗粒之间的相互作用通过 Granular 方法估算，若要获取颗粒不同粒径在流场中的分布，需激活 PBM（群平衡模型）。

步骤 1　新建一个 Workbench 工程，在工具箱中双击"Fluent"，添加一个 Fluent 仿真流程。双击设置单元格，在启动界面上选择 2D，双精度，将求解器核数设置为 2，单击"Start"按钮启动 Fluent。在文件菜单中选择"导入"→"网格"，加载素材网格 eg9.4.msh，如图 9.117 所示。

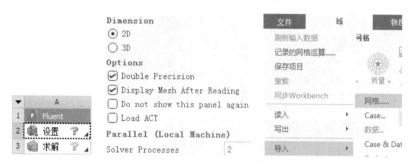

图 9.117　设置启动选项、加载网格

步骤 2　将求解器设置为瞬态，2D 空间设置为轴对称类型。勾选"重力"选项，将 X 方向重力加速度设置为 -9.81m/s^2，如图 9.118 所示。单击"显示"按钮，打开如图 9.119 所示的网格显示对话框。勾选"边"，将边类型设置为全部。单击下方的"颜色"按钮，将"选项"设置为"根据 ID 上色"，单击"显示"按钮，此时网格将根据区域 ID 重新赋予不同的颜色。

图 9.118　设置求解器及重力加速度

图 9.119　设置区域颜色

步骤 3　在上方工具栏中选择"查看"，在"显示"中单击视图，打开如图 9.120 所示的视图对话框。选择"镜像平面"中的 axis，单击下方的"应用"按钮，显示另一半模型。在"显示"中单击"镜头"，打开如图 9.121 所示的对话框。拉动旋钮，将视图放正后松开按钮。

步骤 4　在材料上双击，选择下方"创建/编辑"按钮。单击右侧 Fluent 数据库按钮，选择 water-liquid，单击下方"复制"按钮加载 water 到当前工程文件中。将名称修改为 sand，删除化学式，将密度修改为2500，单击下方的"更改/创建"按钮，显示如图9.122所示的提示框，单击"No"，保留water并添加sand材料。修改后的材料列表如图9.123所示。

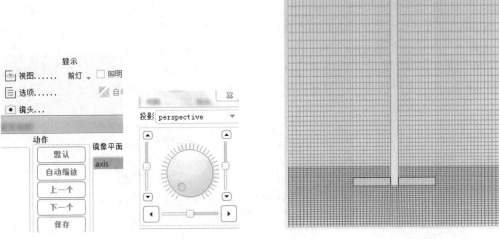

图9.120　显示镜像区域　　　　　　　　　　图9.121　设置视图方向

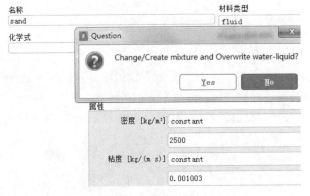

图9.122　添加材料　　　　　　　　　　图9.123　材料列表

　　步骤 5　在黏性模型上双击，打开如图 9.124 所示的对话框。将湍流模型设置为标准的k-epsilon 模型，壁面函数为标准壁面函数。由于颗粒相占比不高且与主相比重差别不大，因此可以将湍流多相模型设置为分散类型。

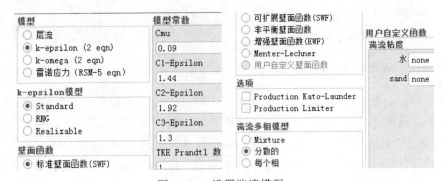

图9.124　设置湍流模型

步骤6 双击"多相流",打开如图9.125所示的对话框。选择欧拉模型,保持默认参数值,单击下方"应用"按钮。切换到相选项页,选择次相,按图9.126设置次相参数。将其名称修改为sand,材料选择sand,勾选"颗粒"复选框。将直径设置为0.000111m,颗粒黏度设置为syamlal-obrien,颗粒体积黏度设置为lun-et-al,填充极限设置为0.6。选择主相,将名称修改为water,材料设置为water-liquid,如图9.127所示。

图9.125 材料列表 　　　　图9.126 颗粒相参数

步骤7 切换到相间相互作用选项页,如图9.128所示,将Drag Coefficient设置为gidaspow类型。如图9.129所示,将Turbulence Interaction设置为simonin-et-al,当弹出对话框时保持默认值,确认后关闭。其余参数保持默认值,单击"应用"后关闭多相流设置对话框。

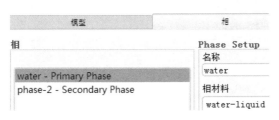

图9.127 设置主相参数 　　　　

图9.128 设置相间相互作用

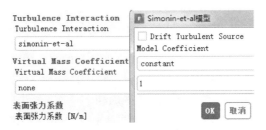

图9.129 设置相间相互作用

步骤 8 本例中搅拌器的模型为简化模型，其搅拌产生的效果是通过实验获得的，将实验数据拟合成多项式的形式，编写为 UDF 函数，通过 DEFINE_PROFILE 宏调用这些多项式。本例中包含 4 个 DEFINE_PROFILE 宏，分别用于定义两个方向的速度、紊动能和湍流耗散率，如图 9.130 所示。

```
DEFINE_PROFILE(fixed_u, thread, np)                    DEFINE_PROFILE(fixed_v, thread, np)
{                                                      {
  cell_t c;                                              cell_t c;
  real x[ND_ND];                                         real x[ND_ND];
  real r;                                                real r;

  begin_c_loop (c,thread)                                begin_c_loop (c,thread)
    {                                                      {
/* centroid is defined to specify position dependent   /* centroid is defined to specify position dependent
    C_CENTROID(x, c, thread);                               C_CENTROID(x, c, thread);
    r =x[1];                                                r =x[1];
    F_PROFILE(c,thread,np) =                                F_PROFILE(c,thread,np) =
ua1+(ua2*r)+(ua3*r*r)+(ua4*r*r*r)+(ua5*r*r*r*r);       va1+(va2*r)+(va3*r*r)+(va4*r*r*r)+(va5*r*r*r*r);
}                                                      }
  end_c_loop (c,thread)                                  end_c_loop (c,thread)
}|                                                      }
```

⊞DEFINE_PROFILE(fixed_ke, thread, np) { ... }　⊞**DEFINE_PROFILE**(fixed_diss, thread, np) { ... }

图 9.130　UDF 函数定义

步骤 9 在用户自定义菜单中，选择函数中的解释命令，打开如图 9.131 所示对话框。加载素材文件 eg9.4.c 源文件，勾选"显示组件列表"，这样解释器可以将相关过程输出到命令窗口中。单击"解释"按钮，这里选择解释方式运行可以将源文件嵌入 cas 文件中。

步骤 10 在单元区域条件中双击 fix-zone 下的 water 相，打开如图 9.132 所示的对话框。勾选"固定值"，将轴向、径向速度、湍流动能、湍流耗散率分别设置为对应的 UDF 函数。类似地，双击 sand 相，勾选"固定值"，如图 9.133 所示，为轴向与径向设置 UDF 函数。

步骤 11 在"求解"→"控制"上双击，按图 9.134 所示参数修改亚松弛因子。

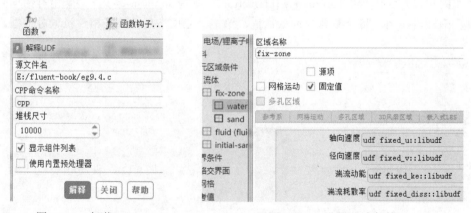

图 9.131　加载 UDF　　　　　　　图 9.132　设置区域条件

步骤 12 在"初始化"上双击，使用默认值进行初始化。单击"局部初始化"按钮，打开如图 9.135 所示的对话框。将相设置为 sand，选择体积分数，将值设置为 0.3，在待修补区域中选择 initial-sand，单击下方"局部初始化"按钮。

步骤 13 在"结果"→"图形"→"云图"上双击，打开如图 9.136 所示的云图设置对话框。将着色变量设置为 Phases，Volume fraction，单击下方"保存/显示"按钮，创建云图。

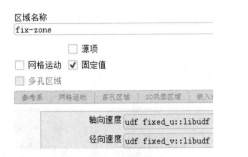

图 9.133　设置区域条件

图 9.134　设置亚松弛因子

图 9.135　设置初始化及局部初始化

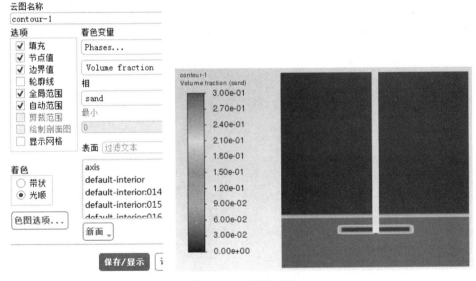

图 9.136　设置云图

步骤 14　在"求解"→"运行计算上"双击，将时间步长设置为 0.005，步数设置为 200，最大迭代步/时间步设置为 40，如图 9.137 所示。单击"开始计算"按钮，启动求解器。显示云图如图 9.138 所示。

步骤 15　在"结果"→"矢量"上双击，打开如图 9.139 所示的对话框。将着色相设置为 water，类型设置为 arrow，比例设置为 0.02。勾选"显示网格"，将选项设置为面类型，选择 wall 类型表面。单击"保存显示"按钮，显示如图 9.140 所示的速度矢量图。从图中可以看出，上方的水基本未受到搅拌叶轮的影响，表明运行时间不足，需增加迭代的时间步数。将时间步数增加到 20000，继续单击"开始计算"按钮。求解的结果如图 9.141～图 9.143。

图 9.137　设置求解参数

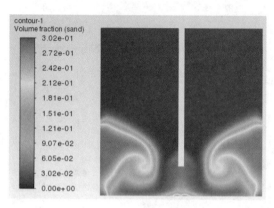

图 9.138　显示云图

图 9.139　设置矢量图

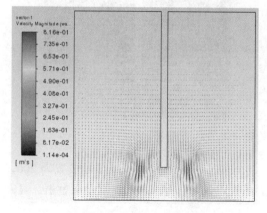

图 9.140　显示矢量图

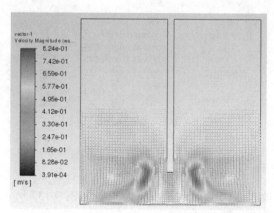

图 9.141　显示矢量图

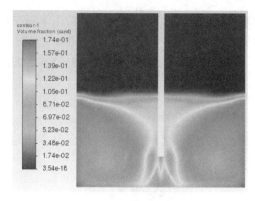

图 9.142　显示相云图

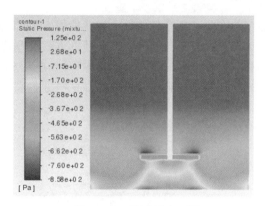

图 9.143　显示压力云图

9.4　混合模型

9.4.1　混合模型理论基础

　　混合模型可以看作欧拉模型的一种简化，欧拉模型针对多相流中每个相均独立求解动量方程和连续方程，而混合模型只求解一组动量方程和连续方程，方程中速度取的是各相的平均速度。混合模型常用于空化仿真。

　　空化：当压力降低至饱和蒸气压时，形成气体空穴，进而空穴发展及溃灭。空化常出现在流体机械中，会导致流体机械效率降低、材料剥蚀、产生振动和噪声等。Fluent 中的空化模型包括 Schnerr-Sauer、Zwart-Gerber-Belamri、Singhal et al.三种。其中 Singhal et al.为全空化模型，它可以考虑空化过程中的所有效应，如相变、气泡动力学、湍流压力波动和不可压缩气体的影响。它求解精度高，但计算量大，收敛性差。使用时需通过命令行方式调用，如图 9.144 所示，该模型适合高级用户使用。Zwart-Gerber-Belamri 是 Singhal et al.的简化模型，它假设系统中所有气泡大小相同，用气泡数密度计算单位体积的总相间传质率。其参数设置如图 9.145 所示，通常保持默认值。Schnerr-Sauer 是默认的空化模型，它是 Zwart 的简化模型。它用简化公式表示气液质量传输之间的关系，用公式将气体体积分数和气泡个数联系起来。空化的参数设置如图 9.146 所示。

```
> /solve/set/expert Singhal et al. model
Please answer y[es] or n[o].
Please answer y[es] or n[o].
Please answer y[es] or n[o].
Please answer y[es] or n[o].
Linearized Mass Transfer UDF? [yes] yes
```

模型常数		蒸发系数
气泡直径 [m]		50
1e-06		
成核基体体积分数		冷凝系数
0.0005		0.01

图 9.144　调用 Singhal et al.模型　　　　图 9.145　调用 Zwart-Gerber-Belamri 模型

9.4.2　混合模型选项设置

　　使用空化模型时，可以根据求解精度、收敛性及求解速度等要求选择对应的模型。对于压力速度耦合算法，Singhal 推荐使用分离格式；Zwart、Schnerr 模型用于旋转机械仿真时，推荐使用 Coupled 格式，用于喷射器仿真时推荐用分离格式。选择压力差分格式时，优先使用 PRESTO 算法或 Body Force Weighted 算法。由于 Zwart、Schner 不适用于不可压缩气体，故当存在不可压缩气体时，只能使用 Singhal 模型。Singhal 模型收敛性差，且常用于瞬态仿真中，故设置亚松弛因子时，动量方程推荐使用小的松弛因子，通常在 0.05～0.4 之间；压力修正方程一般应该大于动量方程，如在 0.2～0.7 之间；密度松弛因子设置在 0.3～1.0 之间，而汽化质量的松弛因子设置在 0.1～1.0 之间。

图 9.146　空化模型设置

9.4.3　混合模型实例讲解

【例 9.5】离心泵空化仿真

步骤 1　新建一个 Workbench 工程，在工具箱中双击"流体流动（Fluent）"，添加一个仿真流程。

步骤 2　在几何结构上单击鼠标右键，选择"导入几何模型"，选择素材文件 eg9.4.scdoc。在几何结构单元格上双击，打开 SCDM。

步骤 3　切换到群组选项页，选择如图 9.147 所示的入口面，单击"创建 NS 按钮"，将名称设置为 inlet。选择如图 9.148 所示的出口面，创建 p-outlet 命名选择。如图 9.149 所示，在任意叶片上双击，选中单个叶片，按住 Ctrl 键，依次选中其他叶片，创建 blade 命名选择。在如图 9.150 所示的面上双击，选中轮盘，添加 hub 命名选择。在如图 9.151 所示的面上双击，选中轮盖，添加 shroud 命名选择。

步骤 4　选择 SCDM 上方的 Workbench 菜单栏，在 Fluent 上单击"密闭几何工作流程"，进入如图 9.152 所示的 Fluent Meshing 启动界面。勾选"双精度"选项，将求解器设置为 4 核，单击下方"Start"按钮，启动 Fluent Meshing。以该方式进入 Fluent 将以英文界面显示，如图 9.153 所示。

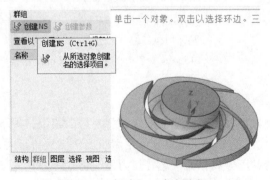

图 9.147　创建入口命名选择

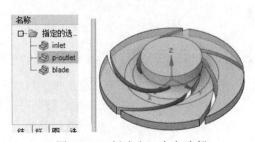

图 9.148　创建出口命名选择

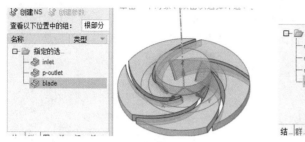

图 9.149　创建叶片命名选择

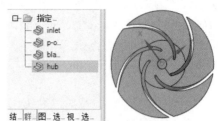

图 9.150　创建轮盘命名选择

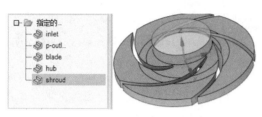

图 9.151　创建轮盖命名选择

图 9.152　启动 Fluent Meshing

步骤 5　如图 9.154 所示，Fluent Meshing 此时处于向导模式，按向导模板的顺序依次设置对应选项即可完成网格的划分。导入几何模型后，允许在 Import Geometry 中修改单位，这里保持默认，单击"Add Local Sizing"，不对局部参数进行修改，单击下方的"Update"按钮进行更新。

图 9.153　英文界面

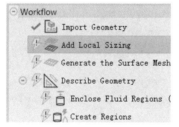

图 9.154　设置局部网格尺寸

步骤 6　在"Generate the Surface Mesh"流程中，按图 9.155 所示参数设置最大最小面网格尺寸及间隙处网格层数，单击下方"Update"按钮进行更新，命令窗口中将显示生成的面网格的质量。

Generate the Surface Mesh		Cells Per Gap	3
Use custom size field/control	No	Scope Proximity To	edges
Minimum Size	0.15	✓ Draw Size Boxes	
Maximum Size	3	⊞ Advanced Options	
Growth Rate	1.2		
Size Functions	Curvature & Proximity		
Curvature Normal Angle	18	Update Cancel Clear Preview	

图 9.155　设置面网格参数

步骤 7 为提高面网格质量，在"Generate the Surface Mesh"上单击鼠标右键，选择"Insert Next Task"→"Improve Surface Mesh"。如图 9.156 所示，将目标质量设置为 0.7，单击下方 "Improve Surface Mesh"按钮。

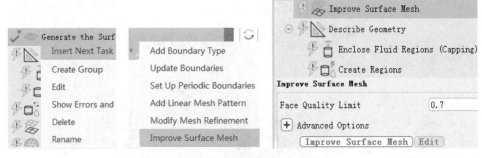

图 9.156 改善面网格质量

步骤 8 在"Describe Geometry"中，将几何类型设置为空白的全流体区域，如图 9.157 所示。单击"Describe Geometry"按钮，进入边界条件设置流程。

步骤 9 系统自动根据命名选择关键字识别边界条件类型，确保边界类型如图 9.158 所示，单击"Update Boundaries"按钮。

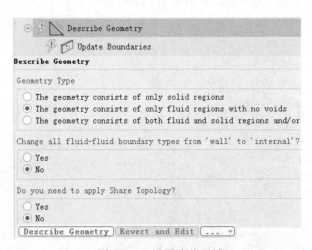

图 9.157 设置流体区域

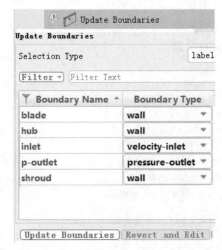

图 9.158 更新边界条件

步骤 10 进入"Update Regions"流程，确保区域类型为流体类型，如图 9.159 所示，单击"Update Regions"按钮。

步骤 11 如图 9.160 所示，在添加边界层流程中，保持默认参数，单击"Add Boundary Layers"按钮。

步骤 12 在生成体网格流程中，将体网格类型设置为 poly-hexcore 混合类型，如图 9.161 所示，单击"Generate the Volume Mesh"按钮。

步骤 13 在页面上方 Mesh 菜单中，选择"Tools"→"Auto Node Move"，打开如图 9.162 所示的对话框。将质量目标设置为 0.7，单击"Apply"按钮。此时已生成所需网格，单击界面上方的"Switch to Solution"按钮，确认弹出对话框的内容后进入 Fluent 求解器界面。

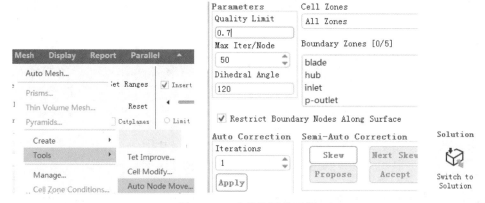

图 9.159　更新区域类型　　　　图 9.160　添加边界层　　　　图 9.161　生成体网格

图 9.162　改善体网格质量

步骤 14　单击"Display"按钮，打开如图 9.163 所示的界面，勾选"Edges"和"Faces"并选中所有面体，单击"Display"按钮。单击"Units"按钮，打开单位设置界面，将角速度单位设置为"rev/min"。

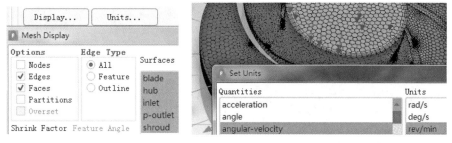

图 9.163　改善体网格质量

步骤 15　在"Material"上双击，在面板下方单击"Create/Edit"按钮，打开如图 9.164 所示的材料设置对话框，选择"Fluent Database"，加载系统材料列表，选中"water-liquid"和"water-vapor"两种材料，单击"Copy"按钮将材料拷贝到当前工程中。双击材料面板中的"water-vapor"，打开材料设置对话框，按图 9.165 所示参数修改密度及黏度。

步骤 16 在"Multiphase"上双击，打开如图 9.166 所示的对话框。单击"Mixture"模型，取消勾选"Slip Velocity"选项，单击下方"应用"按钮，切换到 Phases 选项页，如图 9.167 所示，将主相名称修改为 water，材料修改为水，次相名称修改为 vapor，材料设置为水蒸气。

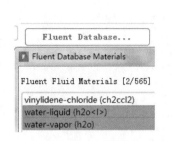

图 9.164　添加材料

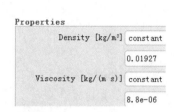

图 9.165　修改材料属性

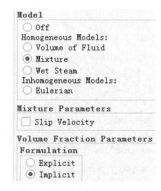

图 9.166　设置多相流模型

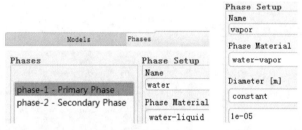

图 9.167　设置多相流模型

步骤 17 切换到 Phases Interaction 选项页，选择 Heat、Mass、Reaction 子选项页。如图 9.168 所示，将 Mass Transfer 数量设置为 1，从 water 传递到 vapor 相，机制为 cavitation，此时将弹出空化模型设置对话框。保持默认空化模型及默认参数，确认后关闭相关对话框。

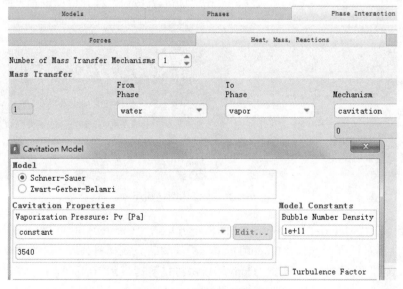

图 9.168　设置空化模型

步骤 18 在 Cell Zone Conditions 中的流体区域上双击，打开如图 9.169 所示的对话框。勾选"Frame Motion"，将转轴设置为-Z 方向，转速为 2160r/min。

步骤 19 在"Boundary Conditions"的"inlet"上双击，为混合相设置入口边界条件。如图 9.170 所示，将速度设置为 7.0455m/s，湍流条件设置为湍流强度和水力直径类型，将水力直径设置为 0.035m。

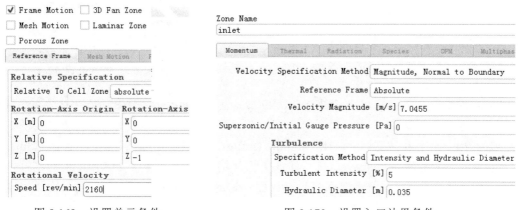

图 9.169 设置单元条件　　　　　　　　图 9.170 设置入口边界条件

步骤 20 在压力出口边界条件上双击，打开如图 9.171 所示的对话框。将表压设置为 450000Pa，其余参数保持默认值。

图 9.171 设置出口边界条件

步骤 21 选中所有壁面边界，单击鼠标右键，选择"Multi Edit"，打开如图 9.172 所示的对话框。将壁面设置为移动壁面，相对于绝对坐标系的转动速度为 0，确保所有壁面均为固定壁面。

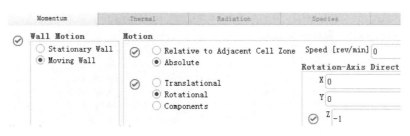

图 9.172 设置壁面边界条件

步骤 22 在"Boundary Conditions"上双击，在其右侧的选项面板中单击"Operating Conditions"，打开如图 9.173 所示的参考点条件设置对话框。将参考点压力设置为 0Pa，这样在出口边界条件中设置的压力即为绝对压力。

步骤 23 在"Method"上双击，按图9.174将压力-速度耦合算法设置为Coupled，将梯度的空间离散算法设置为Green-Gauss Cell Based。

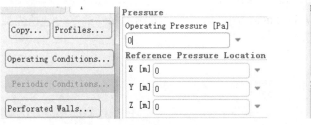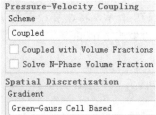

图 9.173　设置参考点条件　　　　　　　　图 9.174　设置求解算法

步骤 24 在"Controls"上双击，按图9.175设置松弛因子，将紊动能和耗散率均减小到0.5，其余保持默认值。

步骤 25 如图9.176所示，在"Report Definition"上单击鼠标右键，选择"Surface Report"→"Area-Weighted Average"面加权平均类型。打开如图9.177所示的对话框，将类型设置为静压类型，选择入口面作为监控面，勾选"Report Plot"，创建入口面压力监控曲线。

步骤 26 在"Monitors-Residual"上双击，打开如图9.178所示的监控图设置对话框。勾选显示高级选项，将收敛准则设置为none，关闭收敛准则，这样可以保证求解器按设定的迭代次数进行迭代。

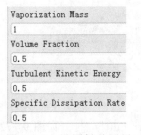

图 9.175　设置松弛因子　　　　　　　　图 9.176　添加面监控报告

图 9.177　设置监控面　　　　　　　　图 9.178　关闭残差收敛条件

步骤 27　在"Initialization"上双击，打开如图 9.179 所示的对话框，选择标准初始化及 inlet 入口面，单击下方"Initialize"进行初始化。

步骤 28　如图 9.180 所示，将求解器迭代次数设置为 200，单击开始求解按钮，启动求解器进行求解计算。

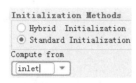

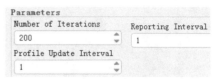

图 9.179　标准初始化　　　　　　　　　　图 9.180　设置迭代次数

步骤 29　在"Results-Contour"上双击，打开如图 9.181 所示的对话框，将类型设置为 Phases，选择 vapor 相，在面列表中选择 blade，单击下方的"Save/Display"按钮，可以看到在叶片靠近轮毂处有部分空化区域。

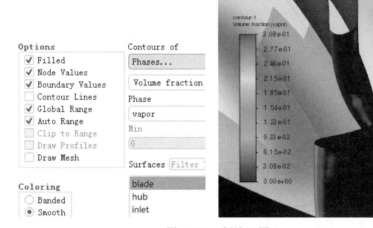

图 9.181　创建云图

ANSYS
Fluent

第 10 章

组分输运与燃烧

10.1　组分输运与化学反应

　　上一章中多相流模型可以解决宏观概念上的多种流体混合的输运问题，若各介质为分子水平上的混合，则无法应用多相流模型。此时，应使用组分输运模型。根据是否涉及化学反应，组分输运模型可以分为无化学反应组分输运模型和化学反应输运模型。

10.1.1　组分输运与化学反应参数设置

　　无化学反应组分输运模型：用于不涉及化学反应的组分输运过程的求解。该模型可以求解计算组分在对流扩散过程中各组分的时空分布，其理论基础为组分守恒定律，常用于污染物扩散模拟等仿真场景。在"模型"→"组分输运"上双击，可以打开如图 10.1 所示的组分输运模型对话框，可以通过"查看"按钮查看参数组分输运的物质，当需要修改时，可以在材料设置对话框中进行修改。

　　如图 10.2 所示，当激活组分输运模型后，材料列表中将出现 Mixture 混合物类型。该类型下为当前工程中可用的混合物及混合物组分。双击具体的混合物，可以打开如图 10.3 所示的混合物编辑对话框。单击混合物组分右侧的"编辑"按钮时，可以打开如图 10.4 所示的物质编辑对话框。左侧为可用材料，右侧为选定的组分，通过"添加"和"删除"按钮可以增加或减少混合物组分。注意，混合物组分需要进行排序，要将含量最多的组分设置为最后一种组分。在 Fluent 中，其他组分含量可以通过设置具体指定，最后一种组分无法手工指定，总含量为 100%。当激活了组分输运模型后，在材料类型中除 fluid 和 solid 外，还可以选择 mixture 类型，如图 10.5 所示，用户可以在其列表中选择常用的预置类型。

注：组份即组分。

图 10.1 无化学反应组分输运模型

图 10.2 材料列表

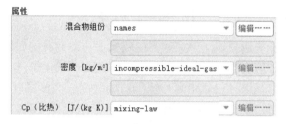

图 10.3 混合物编辑

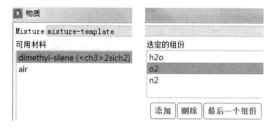

图 10.4 组分编辑

图 10.5 加载混合物

图 10.6 化学反应组分输运模型

化学反应输运模型：包括壁面化学反应及燃烧过程，可以考虑详细的化学反应机理。包括层流有限速率模型、涡耗散模型及涡耗散概念模型。如图 10.6 所示，勾选"体积反应"，此时将激活化学反应输运模型，可以在"湍流-化学反应相互作用"中选择不同的模型。注意，涡耗散模型只适用于湍流。单击煤粉计算器还可以设置煤粉成分及反应机理。

Fluent 中的有限速率模型包括：Finite-Rate/No TCI、Finite-Rate/Eddy-Dissipation、说明 Eddy-Dissipation 和 Eddy-Dissipation Concept。各模型说明见表 10.1。

表 10.1   有限速率模型

模型	说明
Finite-Rate/No TCI	通过计算阿累尼乌斯定律获得化学反应速率，该模型既可以用于层流，也可以用于湍流
Eddy-Dissipation	将湍流速率作为化学反应速率，不计算阿累尼乌斯公式。该模型仅适用于湍流
Finite-Rate/Eddy-Dissipation	同时利用阿累尼乌斯公式和湍流速率公式计算反应速率，取二者较小值作为化学反应速率。该模型仅适用于湍流
Eddy-Dissipation Concept	利用化学反应动力学计算详细的化学反应，用户可自定义化学反应机理，也可以通过导入 CHEMKIN 机理对话框，导入第三方化学反应机理。该模型也仅适用于湍流

【例 10.1】表面化学反应

在一些组分输运中，需要精确模拟传质和传热过程，如图 10.7 是利用化学气相沉积在晶圆上生成薄膜的过程，中间是一个旋转的盘状化学气相沉积反应器，圆盘以 80rad/s 的速度旋转，三甲基镓、三氢化砷与氢气构成的混合气体温度为 293K，以 0.02189m/s 速度从入口进入。其中三甲基镓质量分数为 0.15，三氢化砷质量分数为 0.4，其余为氢气。圆盘基座温度为 1023K，支柱为 303K，外部壁面上中下三段的温度分别为 473K、343K 和 303K。表面化学反应涉及一系列基元反应，需考虑完整的多组分扩散及热扩散效应。

步骤 1   新建一个 Workbench 工程，在工具箱中双击"Fluent"，双击"设置"，打开如图 10.8 所示的启动界面，设置为 3D 类型，勾选"双精度"，将核数设置为 1，单击"Start"，启动 Fluent。

步骤 2   如图 10.9 所示，在文件菜单中单击，选择"导入"→"网格"，选中素材文件 eg10.msh.h5，加载网格文件。

图 10.7   模型简图   图 10.8   启动参数   图 10.9   加载网格文件

步骤 3   在通用面板中选择"比例"按钮，打开如图 10.10 所示的对话框。将网格生成单位设置为 cm，单击"比例"按钮对网格进行缩放。单击"检查"按钮，确认缩放后网格质量未受影响且无负体积。

步骤 4   如图 10.11 所示，在"模型"→"能量"上双击，开启能量方程。在"黏性"上双击，将黏性模型设置为层流。

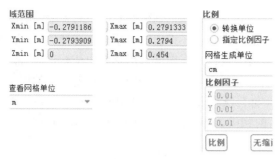

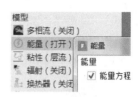

图 10.10　网格缩放　　　　　　　　　图 10.11　开启能量方程

步骤 5　在"组分"上双击，打开如图 10.12 所示的对话框。勾选"扩散能量源项"，该选项将在能量方程中计入因组分输运导致的焓输运效应，以保证热扩散和质量扩散能力相差较大时的能量守恒。勾选"完整的多组分扩散"将激活 stefan-maxwell 方程对多组分扩散进行求解。勾选"热扩散"选项，针对不同比重分子使用不同扩散率。

步骤 6　在"材料"上双击，单击材料面板中的"创建/编辑"按钮，基于 air 创建基元反应的组分材料。依次创建名称为 as、as_s、ga、ga_s 的四种材料，材料属性与空气一致。单击"更改/创建"按钮弹出如图 10.13 所示的对话框时，选择"No"，保留 air 的同时创建新材料。

图 10.12　开启能量方程　　　　　　　图 10.13　创建基元反应材料

步骤 7　单击材料面板中的"创建/编辑"按钮，在弹出的对话框中单击 Fluent 数据库按钮。如图 10.14 所示，确保材料类型为 fluid，选择按化学式排列材料，在可选材料列表中选择 ash3、h2、ch3、game3，单击下方的"复制"按钮，将这些材料拷贝到当前项目材料列表中。

图 10.14　拷贝材料

步骤 8 在材料列表中双击 mixture-template，打开混合物编辑对话框。如图 10.15 所示，将名称修改为 ga_as，单击下方"更改/创建"按钮，在弹出的对话框中选择"Yes"，覆盖原混合物名称。单击混合物组分右侧的"编辑"按钮，在左侧可用材料中依次选择 ch3、h2、game3、ash3，单击"添加"按钮，将这四种材料添加到混合物中。在右侧选定的组分中依次选择 o2、n2、h2o，单击"删除"，将这些材料从列表中移除。选中 h2，单击最后一个组分按钮，将 h2 设置为混合物组分中含量最多的物质。最终混合物组分列表如图 10.16 所示。

图 10.15 编辑材料

图 10.16 编辑混合物

步骤 9 在组分输运上模型上双击，打开如图 10.17 所示的对话框。勾选"体积反应"与"表面化学反应"。取消默认的"表面反应热"选项，勾选"质量沉积源项"。

步骤 10 在材料列表中的混合物 ga_as 上双击，按图 10.18 所示为基体组分和固体组分列表添加材料。

步骤 11 本例涉及的基元反应如图 10.19 所示，需在混合材料的属性中添加对应的化学反应参数。在混合材料属性中，单击反应属性右侧的"编辑"按钮，打开如图 10.20 所示的对话框。将反应总数设置为 2，先设置第一条反应。将反应名称设置为 gallium-dep，确保此时 ID 为 1，将反应类型设置为表面化学反应。根据第一条反应方程式，设置反应物、生成物数量、材料及系数。根据材料特性为 Arrhenius 方程设置相应参数。类似地，设置第二条化学反应参数，将反应名称设置为 arsenic-dep，ID 设为 2。按图 10.21 设置相应参数。

$$AsH_3 + Ga\_s \rightarrow Ga + As\_s + 1.5H_2$$
$$Ga(CH_3)_3 + As\_s \rightarrow As + Ga\_s + 3CH_3$$

图 10.17 编辑参数   图 10.18 添加基元反应材料   图 10.19 基元反应

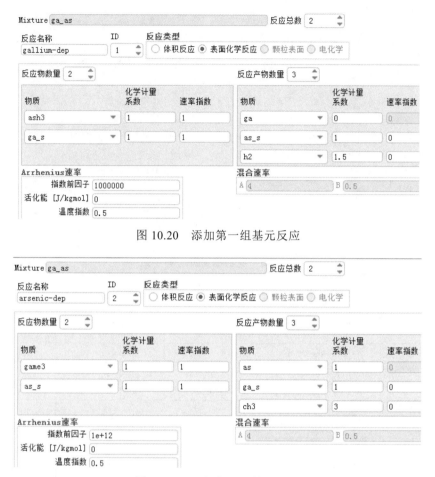

图 10.20 添加第一组基元反应

图 10.21 添加第二组基元反应

步骤 12 单击机理属性右侧的"编辑"按钮,打开如图 10.22 所示的对话框。将反应类型设置为表面化学反应,机理数量设置为 1。选中反应列表中的两条基元反应,将基体数量设置为 1。将密度设置为"1e-8",单击右侧的"定义"按钮,按图 10.22 所示设置对应的参数。

图 10.22 设置反应机理

步骤 13 按图 10.23 设置其余的混合物材料属性参数,单击下方的"更改/创建"按钮。

步骤 14 接下来按表 10.2 所示参数分别设置混合物中各组分材料属性。要确保材料类型中 Mixture 下为 ga_as 混合物类型,如图 10.24 所示。类似地,为 ga、as、ga_s、as_s 设置相应参数,参数值见表 10.3。

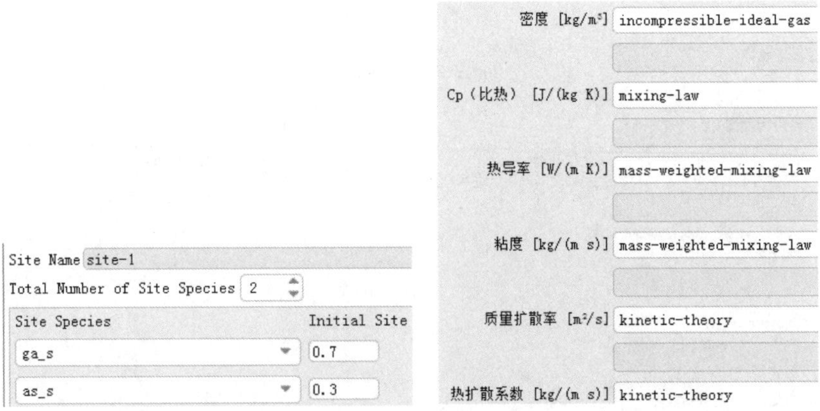

密度 [kg/m³]	incompressible-ideal-gas
Cp（比热）[J/(kg K)]	mixing-law
热导率 [W/(m K)]	mass-weighted-mixing-law
粘度 [kg/(m s)]	mass-weighted-mixing-law
质量扩散率 [m²/s]	kinetic-theory
热扩散系数 [kg/(m s)]	kinetic-theory

Site Name site-1
Total Number of Site Species 2

Site Species		Initial Site
ga_s	▼	0.7
as_s	▼	0.3

图 10.23 设置收敛参数

表 10.2 混合物组分材料参数

名称	arsenic-trihydride	trimethyl-gallium	methyl-radical	hydrogen
化学式	ash3	game3	ch3	h2
比热容	piecewise-polynomial	piecewise-polynomial	piecewise-polynomial	piecewise-polynomial
热导率	kinetic-theory	kinetic-theory	kinetic-theory	kinetic-theory
黏度	kinetic-theory	kinetic-theory	kinetic-theory	kinetic-theory
分子量	77.95	114.83	15	2.02
标准状态焓	0	0	2.044×10^7	0
标准态熵	130579.1	130579.1	257367.6	130579.1
参考温度	298.15	298.15	298.15	298.15
L-J 特征长度	4.145	5.68	3.758	2.827
L-J 能量参数	259.8	398	148.6	59.7

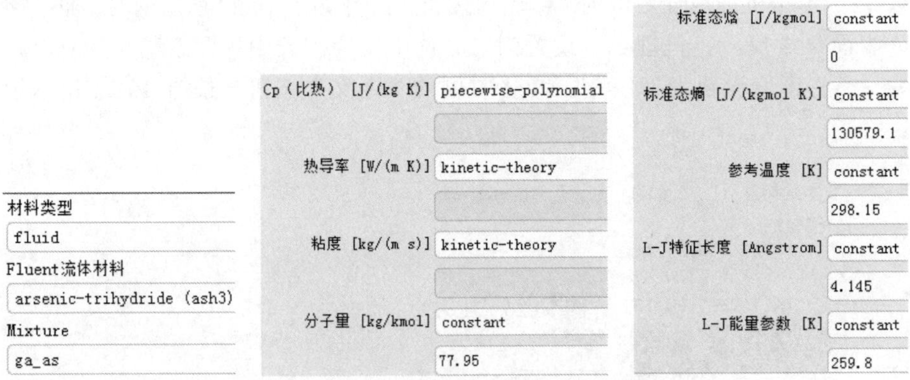

Cp（比热）[J/(kg K)]	piecewise-polynomial
热导率 [W/(m K)]	kinetic-theory
粘度 [kg/(m s)]	kinetic-theory
分子量 [kg/kmol]	constant
	77.95

材料类型
fluid
Fluent 流体材料
arsenic-trihydride (ash3)
Mixture
ga_as

标准态焓 [J/kgmol]	constant
	0
标准态熵 [J/(kgmol K)]	constant
	130579.1
参考温度 [K]	constant
	298.15
L-J特征长度 [Angstrom]	constant
	4.145
L-J能量参数 [K]	constant
	259.8

图 10.24 设置混合物组分材料

表 10.3 混合物组分材料参数

名称	ga_s	as_s	ga	as
化学式	ga_s	as_s	ga	as
比热容	520.64	520.64	1006.43	1006.43
热导率	0.0158	0.0158	kinetic-theory	kinetic-theory

名称	ga_s	as_s	ga	as
黏度	2.125×10^{-5}	2.125×10^{-5}	kinetic-theory	kinetic-theory
分子量	69.72	74.92	69.72	74.92
标准状态焓	-3117.71	-3117.71	0	0
标准态熵	154719.3	154719.3	257367.6	130579.1
参考温度	298.15	298.15	298.15	298.15
L-J 特征长度	0	0	0	0
L-J 能量参数	0	0	0	0

步骤 15　在"边界条件"→"速度入口"上双击，打开如图 10.25 所示的对话框。将速度设置为 0.02189。切换到热量选项页，将温度设置为 293K。切换到物质选项页，按图为各组分设置质量分数。

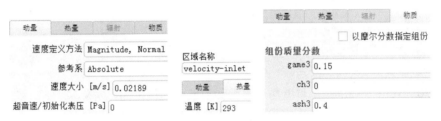

图 10.25　速度入口边界条件

步骤 16　在压力出口边界条件上双击，打开如图 10.26 所示的对话框。保持表压为 0Pa。切换到热量选项页，将温度设置为 400K。切换到物质选项页，按图为各组分设置质量分数。

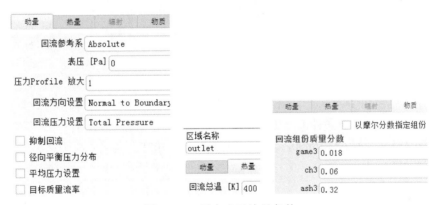

图 10.26　压力出口边界条件

步骤 17　双击"wall-1"，打开如图 10.27 所示的对话框。切换到热量选项页，将温度设置为 473K。

步骤 18　双击"wall-2"，打开如图 10.28 所示的对话框。切换到热量选项页，将温度设置为 343K。

步骤 19　双击"wall-4"，切换到热量选项页，将温度设置为 1023K。切换到动量选项页，将壁面设置为移动壁面，类型为绝对旋转形式，绕 Z 轴旋转，转速为 80rad/s，如图 10.29 所示。切换到物质选项页，勾选"反应"复选框，保证该面可以发生化学反应。

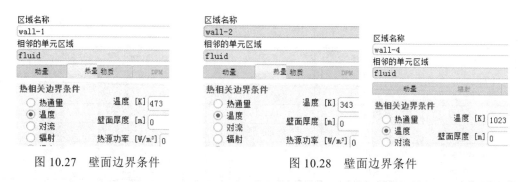

图 10.27　壁面边界条件　　　　　　　　　图 10.28　壁面边界条件

图 10.29　壁面边界条件

步骤 20　双击"wall-5"，将壁面设置为移动壁面，类型为绝对旋转形式，绕 Z 轴旋转，转速为 80rad/s。切换到热量选项页，将温度设置为 720K，如图 10.30 所示。

图 10.30　壁面边界条件

步骤 21　如图 10.31 所示，双击"wall-6"，切换到热量选项页，将温度设置为 303K。

步骤 22　在单元区域条件上双击，单击面板中的工作条件按钮，打开如图 10.32 所示的对话框。将工作压力设置为 10000Pa，工作温度设置为 303K。勾选"重力"选项，将 Z 方向加速度设置为 9.81。

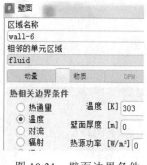

图 10.31　壁面边界条件

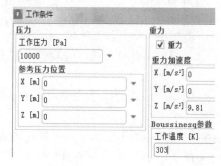

图 10.32　工作点条件

步骤 23　为保证求解的稳定性，需先进行无化学反应的仿真，收敛后再开启化学反应选项继续求解。双击"组分输运"，在打开的对话框中取消"体积反应"选项，关闭化学反应。

步骤 24　在"求解"→"方法"上双击，如图 10.33 所示，确保压力速度耦合算法为 Coupled 类型并勾选"伪瞬态"选项。

步骤 25　在"初始化"上双击，如图 10.34 所示，选择"混合初始化"类型，单击"初始化"按钮进行初始化。在"运行计算"上双击，将迭代次数设置为 200 次，如图 10.35 所示，单击下方的"开始计算"按钮。

图 10.33　工作点条件

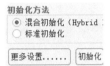

图 10.34　初始化

图 10.35　设置求解参数

步骤 26　求解完成后，在"组分输运"上双击，重新开启"体积反应"和"表面反应"选项，确保参数设置与图 10.36 一致。在"计算监控"→"残差"上双击，如图 10.37 所示，将 continuity 绝对残差限缩小至 $5×10^{-6}$。如图 10.38 所示，将迭代次数设置为 350，单击运行计算面板中的"开始计算"按钮，重启求解器。

图 10.36　组分输运参数设置

步骤 27　在"结果"→"报告"→"通量"上双击，打开如图 10.39 所示的对话框。选择入口、出口及 wall-4，计算质量通量。可以看到质量不平衡小于 0.1%，由于 wall-4 上有质量沉积，因此计算质量不平衡时除需计算入口和出口外，还需将 wall-4 包含进来。

图 10.37 设置残差

图 10.38 调整求解参数

步骤 28 在"结果"→"表面"上单击鼠标右键，创建等值面，打开如图 10.40 所示的对话框。将常数表面设置为 Mesh，值设置为 0.075438，将名称设置为 z=0.07。

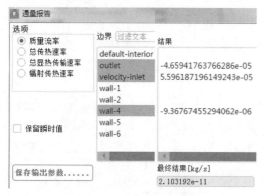

图 10.39 查看质量通量

图 10.40 查看温度云图

步骤 29 在云图上单击鼠标右键，选择"创建"，打开如图 10.41 所示的对话框。选中 z=0.07，在该面上创建温度云图。

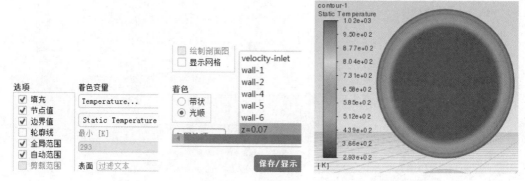

图 10.41 查看温度云图

步骤 30 在云图上单击鼠标右键，选择"创建"，打开如图 10.42 所示的对话框。选中 wall-4，将着色变量设置为 ga 的表面沉积速率，单击"保存/显示"按钮显示云图。

步骤 31 在云图上单击鼠标右键，选择"创建"，打开如图 10.43 所示的对话框。选中 wall-4，将着色变量设置为 ga_s 的收敛值，单击"保存/显示"按钮显示云图。

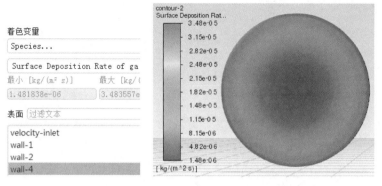

图 10.42　查看沉积速率

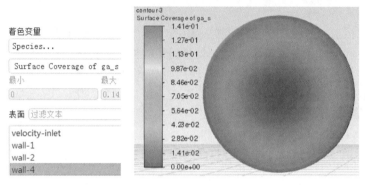

图 10.43　查看面收敛云图

10.1.2　污染物控制及扩散模拟

当在组分输运中设置了体积反应后，组分输运下可以开启如图 10.44、图 10.45 所示的污染物预测功能。通过双击相关选项可以对 NO_x、SO_x 和烟灰等污染物生成、扩散进行预测。Fluent 对污染物生成的求解提供了三种算法模型：完全耦合算法、解耦算法和反应网络模型。完全耦合算法需包含污染物生成所需的详细的化学机理模型，化学反应输运模型与流动模型同时求解。解耦模型使用有限速率模型在后处理中单独求解污染物生成，忽略污染物生成对流场及其他组分输运过程的影响，故可以与流动及其他组分输运模型分开求解，是应用最多的一种污染物生成模型。

由于反应路径极其复杂，污染物生成采用了半经验机理模型。最终结果对参数输入条件非常敏感，故 Fluent 的污染物生成模型通常仅用于趋势判断等定性分析场合。

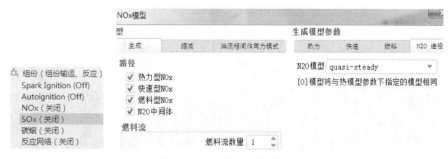

图 10.44　污染物预测模型

模型参数

限制核心生成速率 [1e+15-particles/m3-s]	1e-10
核分支-终止系数 [s⁻¹]	100
碳烟线性终止的核系数 [m³/s]	1e-15
成核前指常数 [1.e15 kg⁻¹ s⁻¹]	2.32e+17
成核速率的活化温度 [K]	90000
烟尘生成速率的Alpha [s⁻¹]	100000
碳烟生成率的Beta [m³/s]	8e-14
碳烟和核燃烧的Magnussen常数	4

设置

组份定义

燃料	h2o ▼
氧化剂	h2o ▼

过程参数

碳烟颗粒平均直径 [m]	2.2e-08
碳烟颗粒平均密度 [kg/m³]	2000
碳烟燃烧的化学计量	2.6667
燃料燃烧的化学计量	3.6363

图 10.45　烟尘预测模型

10.2　燃烧理论

燃烧是一种相当复杂的化学反应，实际中的气体燃烧过程是湍流和化学反应相互作用的结果，因此燃烧过程还伴随着流体流动、离散相颗粒扩散、传热、污染物产生等多种物理过程。燃烧问题根据达姆科勒数 Da 大小可以分为快速燃烧（快速化学反应）及慢速燃烧（有限速率化学反应）。达姆科勒数 Da 表征了湍流混合时间尺度与化学反应时间尺度的比值。其表达式如下：

$$Da = \frac{\text{湍流混合时间尺度}}{\text{化学反应时间尺度}} \sim \frac{L/U}{\rho_{ad}/R_{slow}} \sim \frac{k/\varepsilon}{\rho_{ad}/R_{slow}}$$

式中　ρ_{ad}——绝热火焰密度；

　　　R_{slow}——特定绝热温度、当量化学浓度条件下最慢反应速率；

　　　L——特征长度；

　　　U——流速；

　　　k——紊动能；

　　　ε——湍流耗散率。

当 $Da \gg 1$ 时为快速化学反应，化学反应时间尺度很小，过程时间尺度主要受湍流混合等流动因素影响，与流动相比可以将化学反应近似看作无限速率化学反应，不考虑化学反应与湍流之间的交互耦合作用；当 Da 接近 1 时，化学反应速率与湍流混合流动在时间尺度上相当，此时化学反应机理及与湍流流动过程的耦合作用均需考虑。典型的快速化学反应过程及慢速化学反应过程如图 10.46 及图 10.47 所示。

图 10.48 为 Fluent 中流动、化学反应与燃烧模型的对应关系表，其中 Closures 为封闭模型，求解迭代时不考虑流动与化学反应二者之间的交互，流动与化学反应解耦。

图 10.46　快速化学反应

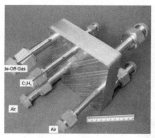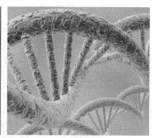

图 10.47　有限速率化学反应

项目	预混燃烧	非预混燃烧	部分预混燃烧
快速化学反应	有限速率/涡耗散模型		
	预混燃烧模型	非预混平衡模型	部分预混模型
		稳态层流火焰模型	
有限化学反应		火焰生成模型	
		非稳态层流火焰模型	
有限速率模型	层流有限速率模型		
	涡耗散理念模型		
	组分 PDF 输运模型		

图 10.48　模型与反应速率对应关系

根据氧化剂与燃料进入燃烧区域前是否预先混合，燃烧分非预混燃烧与预混燃烧，如图 10.49 所示。二者产生的火焰分别为扩散火焰和预混火焰，如图 10.50 所示。

图 10.49　非预混燃烧与预混燃烧

扩散火焰：由非预混燃料和氧化剂燃烧所形成的结果，在这种情形下，燃料和氧化剂分别从属于分离的流动状态，火焰锋面会受到各个方向的对流或扩散的影响。

预混火焰：燃烧前就已经进行了充分的混合，燃料和氧化剂在分子级别互相渗透，无法分开考虑。此时，火焰的传播通常是在"热"生成物和"冷"反应物之间进行的，传播的速率取决于内部的火焰结构。

燃烧的化学反应速率是强非线性和强刚性的。通常的化学反应机理包含了几十种组分和几百个基元反应，而且这些组分之间的反应时间尺度相差很大，无法直接求解。为了解决工程中不同类型的燃烧问题，Fluent 采用了如下几种燃烧模型：组分传递-通用有限速率模型、非预混燃烧模型、预混燃烧模型、部分预混燃烧模型、组分概率密度输运燃烧模型，如图 10.51 所示。其中通用有限速率模型既适用于层流工况又适用于湍流工况，其余模型仅适用于湍流工况。需注意的是非预混燃烧、预混燃烧、部分预混燃烧三种模型是从流动角度划分的燃烧模型，Fluent 中气相湍流燃烧模型中多数 $Da \gg 1$，为快速化学反应模型。

（1）通用有限速率模型

该模型求解反应物和生成物的输运组分方程，并由用户来定义化学反应机理。反应速率作为源项在组分输运方程中通过阿累尼乌斯（Arrhenius）方程或涡耗散模型得到。有限速率模型应用范围最为广泛，可以模拟组分混合、输运和化学反应问题，壁面或粒子表面反应问题，也适用于预混燃烧、部分预混燃烧和非预混燃烧。其应用领域包括模拟大多数气相燃烧问题，在航空航天领域的燃烧计算中有广泛的应用。

如图 10.52 所示，对于有限速率模型，Fluent 提供了 4 种计算反应速度的方法。

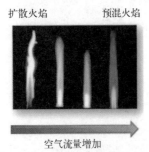

图 10.50　扩散火焰与预混火焰　　图 10.51　部分预混燃烧　　图 10.52　通用有限速率模型

① Finite-Rate/No TCI（有限速率/流动与化学反应非耦合模型）　该模型使用 Arrhenius 方程计算化学源项，忽略湍流脉动的影响。对于化学动力学控制的燃烧（如层流燃烧），或化学反应相对缓慢的湍流燃烧是准确的。但对一般湍流火焰中 Arrhenius 化学动力学的高度非线性一般不精确；对于化学反应相对缓慢、湍流脉动较小的燃烧（如超声速火焰）可能可以接受。

② Finite-Rate/Eddy-Dissipation（有限速率/涡耗散模型）　该模型简单结合了 Arrhenius 公式和涡耗散方程，避免了 Eddy-Dissipation 模型出现提前燃烧的问题。模型将 Arrhenius 速率作为化学动力学的开关，用来阻止反应发生在火焰之前。当然，点燃发生后，涡的速率一般就会小于化学反应的速率。该模型的优点是综合考虑了动力学因素和湍流因素；缺点是只能用于单步反应。

③ Eddy-Dissipation（EDM，涡耗散模型）　对于一些燃料的快速燃烧过程，其整体的反应速率由湍流混合的情况来控制。因此，该模型突出湍流混合对燃烧速率的控制作用，反而忽略复杂（且通常是细节未知的）化学反应速率。在本模型中，化学反应速率由大尺度涡混合时间尺度 k/ε 控制。只要 $k/\varepsilon > 0$，即湍流出现，燃烧即可进行，不需要点火源来启动燃烧。由于该模型未考虑分子输运和化学动力学因素的影响，因此仅能用于非预混的火焰燃烧问题；在预混火焰中，由于反应物一进入计算域就开始燃烧，则该模型计算会出现超前性，故一般不建议使用。

④ Eddy-Dissipation Concept（EDC，涡耗散概念模型）　该模型是最为精确和细致的燃烧模型，它假定化学反应都发生在小涡（精细涡）中，反应时间由小涡生存时间和化学反应本身需要的时间共同控制。该模型能够在湍流反应中考虑详细的化学反应机理。但是从数值计算的角度，则需要的计算量很大。因此对于 EDC 模型，通常只有在快速化学反应假定无效的情况下才能使用（如快速熄灭火焰中缓慢的 CO 烧尽、选择性非催化还原中的 NO 转化问题等）。同时推荐在该模型中使用双精度求解器，可以有效避免反应速率中产生的误差。

（2）非预混燃烧模型

该模型不求解单个组分的质量分数输运方程，而是求解混合分数输运方程和一个（或两个）守恒标量的方程，然后从预测的混合分数分布中推导出每一个组分的浓度。该模型通过概率密度函数来考虑湍流的影响，燃烧的反应机理则是使用 Flame Sheet 方法或者化学平衡来计算。该模型中还包含一个层流火焰面（Flamelet）的扩展模型，可以考虑到在化学平衡状态下的空气动力学分离情况。

非预混燃烧模型一般应用于模拟湍流扩散火焰的反应问题，要求整个系统接近化学平衡，为了表征非预混的特性，要求氧化物和燃料以两个（或以上的）进口进入计算区域。

（3）预混燃烧模型

主要用于单一、完全预先混合好的燃烧系统。反应物和燃烧产物被一个不连续的火焰锋面分开，且该面按照特征（湍流火焰）速度进行传播，如图 10.53 所示。

在预混燃烧系统中，湍流会引发火焰锋面的褶皱变形，如图 10.54 所示，变形后的火焰锋面仍按照各个部位的法线方向进行传播。当湍流强度过大时，火焰结构将会发生巨大的变形，甚至可以引发火焰的熄灭。

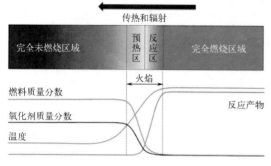

图 10.53　预混燃烧分区

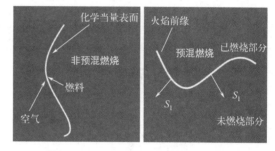

图 10.54　非预混与预混燃烧火焰锋面

（4）部分预混燃烧模型

该模型属于非预混燃烧和完全预混燃烧相结合的情况，主要用来模拟带有不均匀燃料与氧化剂混合的燃烧系统，如图 10.55 所示。通过同时求解混合方程和反应物推进方程来确定组分浓度和火焰锋面位置。

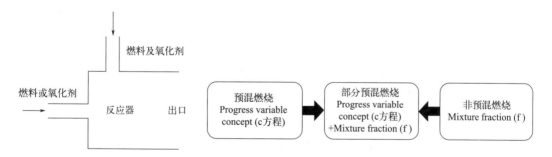

图 10.55　部分预混燃烧模型

（5）组分概率密度输运燃烧模型

该模型可以结合 CHEMKIN 的求解结果，考虑更加详细的多步化学反应机理；同时还可以精确模拟高度非线性的化学反应，且无须封闭模型。因此可以合理地模拟湍流和详细化学反应动力学之间的相互作用，是模拟湍流燃烧精度最高的仿真方法，但计算规模过于庞大。该模型可以计算中间组分，考虑分裂带来的影响，同时也可以考虑湍流-化学反应之间的作用，并且无须求解组分输运方程。但使用该模型时，仿真系统要满足（或接近）局部平衡。此外该模型目前还不能用于可压缩气体或非湍流流动，也不能用于预混燃烧。图 10.56 为非预混燃烧的甲烷气体使用组分概率密度输运燃烧模型求解得到的湍流扩散火焰的后处理结果。

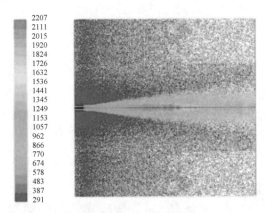

图 10.56　基于组分概率密度输运燃烧模型的后处理

10.3　燃烧仿真案例

10.3.1　Fluent 中的燃烧模型

【例 10.2】涡耗散模型实例

步骤 1　新建一个 Workbench 工程，在工具箱中双击网格，在"几何结构"上单击鼠标右键，选择"导入几何模型"，选择素材文件 eg10.2.agdb。双击"几何结构"，显示如图 10.57 所示的几何模型。该模型为一个燃烧器模型，左侧为一个压缩空气入口和 6 个甲烷燃料喷射口，空气和甲烷分别以 10m/s 和 40m/s 的速度入射，空气通过导叶与甲烷充分混合。侧壁有 6 个辅助氧化剂入口，空气以 6m/s 速度入射。燃料和氧化剂温度均为 300K，最右侧为压力出口。

图 10.57　几何模型结构

步骤 2　本例使用 Fluent Meshing 作为网格划分工具，读者可根据使用习惯使用 ANSYS Mesh 进行网格划分或直接进入 Fluent 求解器，导入划分好的网格素材文件。返回 Workbench 主界面，在工具箱中双击"Fluent"（带 Fluent 网格剖分），添加一个 Fluent 网格划分模块。

在网格上双击，打开如图 10.58 所示的启动界面，勾选"双精度"选项并将处理器核数设置为 4。单击"Start"按钮，打开 Fluent Meshing 界面。

步骤 3　在工作流程中选择 Watertight Geometry 流程模板。如图 10.59 所示，展开高级选项，将按分隔区域设置为 region 类型，使用该选项可确保 Fluent Meshing 正确识别分区及命名选择。勾选"使用自定义小平面"并将容差设置为 0.1。加载素材文件 eg10.2.pmdb，pmdb文件为 Fluent Meshing 模块生成的中间格式文件，常见 CAD 文件首次导入 Fluent Meshing 后会生成对应的 pmdb 文件，再次使用 CAD 文件时，可以选择对应的 pmdb 文件，该文件可以提升加载速度。

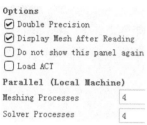

图 10.58　启动参数

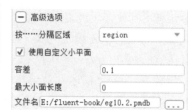

图 10.59　加载几何模型

步骤 4　如图 10.60 所示，将"添加局部尺寸"选项改为 yes，尺寸函数类型为 Face Size。将目标网格尺寸调整为 1，根据 label 类型选中三个入口。单击下方的"添加局部尺寸"按钮，为三个入口设置局部面网格尺寸。

步骤 5　将尺寸函数类型设置为 Proximity，局部最小尺寸调整为 0.5，最大尺寸设置为 2。将每个间隙的单元设置为 16，作用于 faces 类型。选择 label 为 fuelinlet 的面，如图 10.61 所示。单击下方的"添加局部尺寸"按钮。

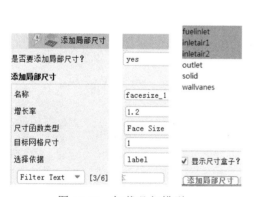

图 10.60　加载几何模型　　　　　　图 10.61　加载几何模型

步骤 6　将尺寸函数类型设置为 Face Size，目标网格尺寸设置为 1，选择依据设置为 zone，选中如图 10.62 所示的 5 个区域。

步骤 7　将尺寸函数类型设置为 Proximity，局部最小尺寸调整为 0.2，最大尺寸设置为 2。每个间隙的单元设置为 1，作用于 faces 类型。选择依据设置为 zone，选中如图 10.63 所示的5 个区域。

图 10.62　设置局部面网格尺寸　　　　　　图 10.63　设置局部邻近网格尺寸

步骤 8　单击生成表面网格，按图 10.64 所示参数将最小尺寸设置为 1，最大尺寸设置为 15，每个间隙的单元设置为 4。在"生成表面网格"上单击鼠标右键，选择"更新"，生成表面网格。

步骤 9　单击"描述几何结构"，将类型修改为"几何图形仅由没有空隙的流体区域组成"。另外两个选项均设置为"没有"，如图 10.65 所示，单击右键进行更新。

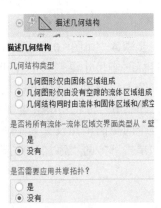

图 10.64　生成表面网格　　　　　　　　图 10.65　描述几何结构

步骤 10　选择"更新边界"，将 wallvane 边界条件修改为 wall 类型，如图 10.66 所示，单击右键进行更新。选择"更新区域"，单击右键进行更新。如图 10.67 所示，保持边界层的默认参数值，在"添加边界层"上单击鼠标右键进行更新。

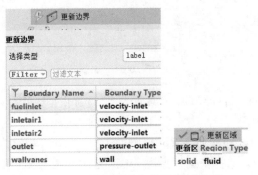

图 10.66　设置边界条件及区域类型　　　　图 10.67　添加边界层

步骤 11 选择"生成体网格",将最大单元长度设为 7.5,单击右键更新,如图 10.68 所示。

步骤 12 在网格菜单上依次选择"检查"及"检查质量",分别查看网格尺寸、数量、区域范围及网格质量等信息,如图 10.69 所示。

步骤 13 如图 10.70 所示,单击"切换到求解模式"按钮,在弹出的对话框上单击"确定",进入 Fluent 求解模式。

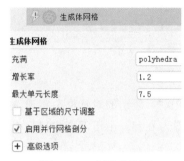

图 10.68 创建体网格　　　　图 10.69 检查网格　　　　图 10.70 进入求解模式

步骤 14 如图 10.71 所示,将求解器设置为压力基稳态类型。在"模型"中双击"能量",开启能量方程。将黏性模型设置为 SST k-omega 类型。

图 10.71 设置能量方程及黏性模型

步骤 15 在"组分"上双击,打开如图 10.72 所示的对话框。选择组分传递模型,勾选"体积反应"。将缓和材料设为甲烷与空气的混合气体 methane-air。本例中燃料在入口处预混合,在腔体内进行快速燃烧,因此其燃烧速率由湍流混合速率决定。将"湍流-化学反应相互作用"设置为 Eddy-Dissipation 类型,其余选项保持默认值。

图 10.72 设置燃烧模型

步骤16 在边界条件"fuelinlet"上双击，打开如图10.73所示的对话框。将速度设置为40m/s，温度设置为300K，甲烷质量分数设置为1。

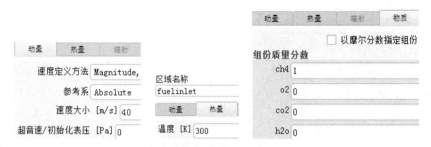

图10.73 设置fuelinlet速度入口参数

步骤17 在边界条件"inletair1"上双击，打开如图10.74所示的对话框。将速度设为10m/s，温度设置为300K，在质量分数中，将氧气含量设置为0.23。由于混合物材料中氮气为最后一个组分，因此氮气含量为0.77。

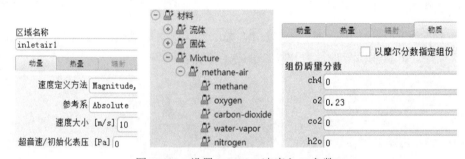

图10.74 设置inletair1速度入口参数

步骤18 在边界条件"inletair2"上双击，打开如图10.75所示的对话框。将速度设为6m/s，温度设置为300K，在质量分数中，将氧气含量设置为0.23。

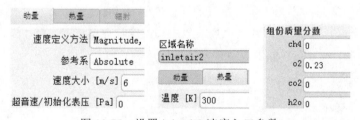

图10.75 设置inletair2速度入口参数

步骤19 在压力出口"outlet"上双击，打开如图10.76所示的对话框。将表压设置为0Pa，出口为标准大气压，勾选"平均压力设置"选项，该选项允许出口面上压力值偏离0Pa，但出口面平均值为0Pa。温度为300K环境温度，回流质量分数中各组分均设置为0，代表出口若存在回流时，流入的均为不影响化学反应过程的纯氮气。

步骤20 在"报告定义"上双击，打开如图10.77所示的对话框。在"创建"下选择"表面报告"→"质量加权平均"。在弹出的对话框中，将场变量设置为Species Mass fraction of co2。选择outlet作为监控面。将名称设置为co2-out，勾选"报告文件"和"报告图"。

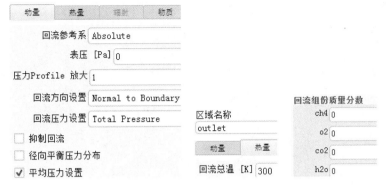

图 10.76　设置 outlet 压力出口参数

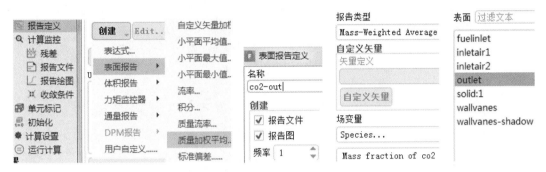

图 10.77　设置压力出口组分监控

步骤 21　如图 10.78 所示，在"求解方法"上双击，勾选"伪瞬态""梯度校正"和"高阶项松弛"选项。

步骤 22　如图 10.79 所示，在"初始化"上双击，选择混合初始化进行初始化。

步骤 23　在"运行计算"上双击，在如图 10.80 所示的面板上，将时间比例因子调大到5，以加速求解进程。将迭代次数设置为 500，单击"开始计算"按钮启动求解器。

图 10.78　求解参数设置　　　图 10.79　初始化　　　图 10.80　设置求解参数

步骤 24　求解结束后，在"结果"→"报告"→"通量"上双击，打开如图 10.81 所示的对话框。选择"质量流率"和入口及出口，单击"计算"。质量不平衡量小于 0.1%，符合质量守恒条件。如图 10.82 所示，选择"总显热传输速率"，选中全部边界面，单击"计算"。总显热不平衡量与热源比，小于 0.1%，符合热平衡条件。

步骤 25　在"结果"→"表面"上单击鼠标右键，选择创建平面。通过一点与过该点的法向方向创建平面，如图 10.83 所示。

步骤 26　在"结果"→"表面"上单击鼠标右键，选择创建 Iso-Clip 剪切面，如图 10.84

所示。将类型设置为 Mesh，Y-Coordinate。选中"solid:1"，单击下方的"计算"按钮，自动填入最大最小值。将最小值修改为 0，创建剪切面。

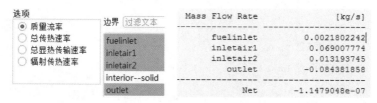

图 10.81　查看质量通量

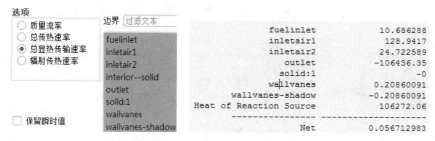

图 10.82　查看化学反应显热通量

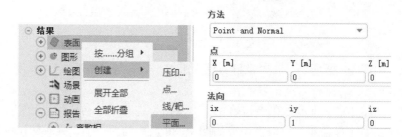

图 10.83　创建平面

图 10.84　创建剪切面

步骤 27　在"结果"→"云图"上双击，在平面上创建 co2 的质量分数云图，如图 10.85 所示。

步骤 28　在"结果"→"云图"上双击，在剪切面和 wallvanes 上创建温度云图，如图 10.86 所示。

步骤 29　保存 Workbench 工程文件。

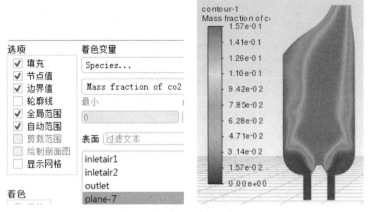

图 10.85　创建质量分数云图

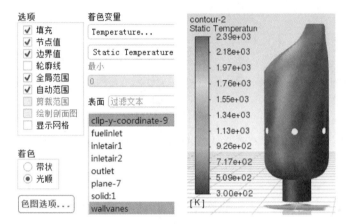

图 10.86　创建温度云图

10.3.2　非预混燃烧模型实例

【例 10.3】稳态扩散小火焰模型实例

步骤 1　将上一实例的工程文件另存为 eg10.3.wbpj。在求解单元格上双击，打开 Fluent 求解器。

步骤 2　双击组分模型，打开如图 10.87 所示的对话框。将模型修改为非预混燃烧，状态关系选择稳态扩散小火焰模型。选择创建小火焰模型，此时需要导入 CHEMKIN 格式的反应机理文件。单击"导入 CHEMKIN 机理"按钮，打开如图 10.88 所示的对话框。单击"动力学输入文件"右侧的"浏览"按钮，导航到软件安装目录下的\KINetics\data\grimech30_50spec_mech.inp 文件，其余选项保持默认值，单击"导入"按钮。

步骤 3　切换到边界选项页，在这里可以设置燃料和氧化物的比例。当二者含量均为 0 时，该组分将被忽略。在氧化物列中，系统已默认氧气和氮气含量分别为 0.233 和 0.767。在燃料列中，将甲烷质量分数设置为 1，温度均保持默认的 300K，如图 10.89 所示。

步骤 4　切换到小火焰选项页，如图 10.90 所示。保持默认值，单击"计算小火焰模型"。当弹出对话框询问"是否保持为文件"时，选择"No"。

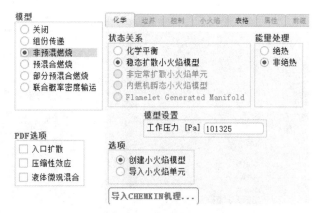

图 10.87　设置燃烧模型

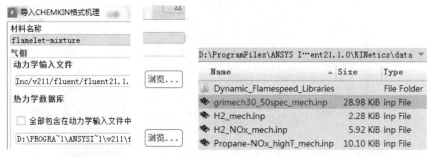

图 10.88　导入反应机理文件

图 10.89　导入反应机理文件

步骤 5　切换到表格选项页，如图 10.91 所示，保持默认参数，单击"计算 PDF 表"。单击"显示 PDF 表"，打开如图 10.92 所示的对话框。保持默认参数，确认绘图变量为 Mean Temperature，绘图类型为 3D 面，单击"显示"按钮，显示如图 10.93 所示的 3D 查询表。求解器在计算湍流混合模型时会实时查询此处生成的概率密度表。

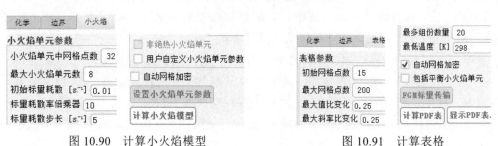

图 10.90　计算小火焰模型　　　　　　　　　图 10.91　计算表格

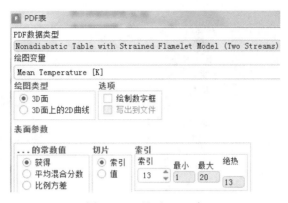

图 10.92　显示 PDF 表

步骤 6　如图 10.94 所示，在文件菜单中选择"导出"→"PDF"，将文件保存为 eg10.3.pdf.gz 文件。文件以文本格式保存，若需保存为二进制文件，需勾选左侧的"二进制"复选框。

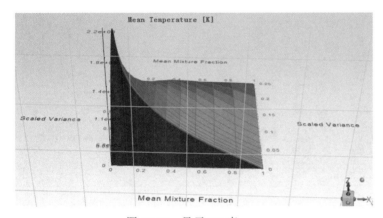

图 10.93　显示 3D 表

图 10.94　保持 PDF 文件

步骤 7　在边界条件入口"fuelinlet"上双击，打开如图 10.95 所示的速度入口对话框。将平均混合分数修改为 1，代表从该入口流入的组分为纯甲烷。

步骤 8　双击"报告文件"下的"co2-out-rfile"，将其名称修改为 co2-out-f1-rfile，如图 10.96 所示。

图 10.95　设置速度入口边界条件　　　　图 10.96　修改监控报告文件

步骤 9　重新进行初始化后，单击"开始计算"按钮，启动求解器。求解结束后查看云图，如图 10.97 所示。与涡耗散模型计算结果对比，可以看出 CO_2 在靠近入口的中心区域的分布有明显的区别，涡耗散模型中未考虑到化学反应动力学的影响，混合完全由湍流决定，实际燃烧中该处火焰温度较低，因此混合速率将明显低于火焰上方所在的高温位置。

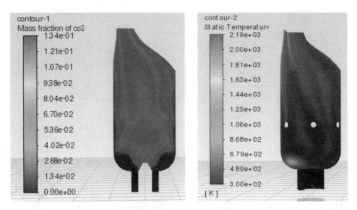

图 10.97　查看云图

步骤 10　在"绘图"→"数据源"上双击，打开如图 10.98 所示的对话框。单击"加载文件"，分别加载本例和上例保存的.out 文件。单击下方的"绘图"按钮，显示如图 10.99 所示的曲线图。

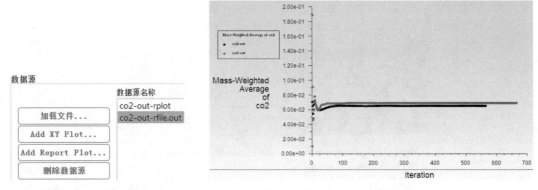

图 10.98　添加曲线图　　　　　　　　　　　图 10.99　查看曲线图

步骤 11　在"组分"→"NOx"上双击，打开如图 10.100 所示的对话框。选择"热力型NOx"，将 O 模型设置为 instantaneous，切换到湍流相互作用力模式，将 PDF 类型设置为 mixture fraction。通过这些选项的设置可以对污染物生成进行预测。

图 10.100　开启 NOx 选项

步骤 12　双击"求解方法"，在设置面板中将 Pollutant no 设置为 First Order Upwind，取消勾选"伪瞬态"选项，如图 10.101 所示。在"控制"上双击，由于污染物生成速度较慢，故可将其松弛因子调大到 1，以提升迭代速度。单击"方程"按钮，仅选中 Pollutant no 作为求解量。

步骤 13　在"运行计算"上双击，单击"开始计算"按钮，由于污染物预测属于后处理仿真，因此仅迭代几次即可得出结果。

图 10.101　求解选项设置

步骤 14　双击"云图"，将着色变量设置为 NOx，选中创建的截面。依次创建质量分数和生成率云图，如图 10.102 和图 10.103 所示。

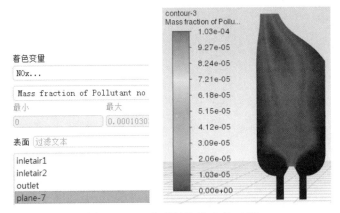

图 10.102　查看污染物含量云图

步骤 15　如图 10.104 所示，在组分 NOx 上双击，将污染物生成路径修改为快速型，对比一下不同生成路径对污染物预测的影响。选择燃料组分为 ch4，将燃料数设置为 1，当量比设置为 0.3，再次进行求解迭代。

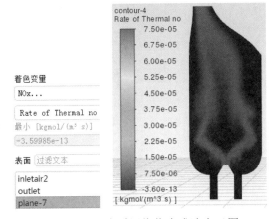

图 10.103　查看污染物生成速率云图

图 10.104　切换污染生成途径

步骤 16　在"云图"中双击，创建并对比快速型 NOx 的质量分数云图和生成速率云图，如图 10.105 所示。

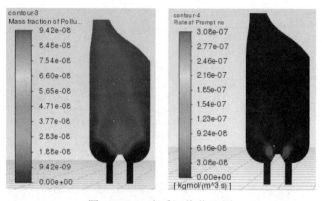

图 10.105　查看污染物云图

ANSYS
Fluent

第 11 章

凝固、熔化及多孔介质仿真

本章内容是第 6 章热仿真内容的延续。实际工程中存在着一些复杂换热过程,除了传导、对流、辐射等基本换热外,有些还存在热源移动、伴随着化学反应及相变等过程。在仿真时还会涉及瞬态、多相流、组分输运、介质为多孔隙网状结构等问题。

11.1　凝固与熔化模型介绍

物质在液态、固态和气体之间相互转换的过程称为相变过程,包括升华、凝华、汽化(含蒸发与沸腾)、液化、凝固和熔化。

当温度降低或压强升高,达到特定压力下的凝固点时,物质由液态转变为固态的过程称为凝固。对于晶体,压力不变时,有固定的凝固温度;非晶体则没有特定凝固温度,凝固过程是在一定温度范围内发生。典型应用便是铸造。

当温度升高时,物质由固体转变为液态的过程称为熔化,通常熔化过程对压力不敏感。对于大多数晶体物质,熔化和凝固点温度相同。典型应用是除霜。

在 Fluent 模型中双击"凝固和熔化",可以打开如图 11.1 所示的凝固和熔化设置对话框。糊状区域为固液转变区域,通常使用默认值。对于连续铸造等工况,需要开启拉坯速度选项,拉坯的速度可以通过用户指定,也可以通过勾选"计算拉坯速度"复选框由求解器求解。开启凝固和熔化模型将自动激活能量方程选项。同时流体类型的材料将增加纯熔化热、固相线温度和融化温度等属性。由于材料在固相和液相密度会发生变化，通常需要将密度修改为关于温度变化的可变密度形式，如图 11.2 所示。

图 11.1　凝固和熔化模型

图 11.2　新增材料属性

11.2　实例详解

【例 11.1】模型实例

步骤 1　新建一个 Workbench 工程，在工具箱中双击"流体流动（Fluent）"，在"几何结构"上单击鼠标右键，选择"新的 DesignModeler 几何结构"。选择 XY 平面，创建如图 11.3 所示的草图，在圆心处绘制两个圆，直径分别为 50mm 和 52mm。以该圆为截面，创建拉伸几何实体，注意将操作类型设置为添加冻结，拉伸长度 1000mm，如图 11.4 所示。

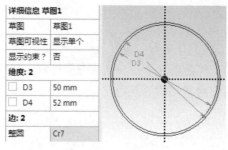

图 11.3　创建草图

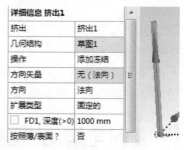

图 11.4　创建外部管道

步骤 2　如图 11.5 所示，在"工具"中选择"填充"，将提取类型设置为按空腔，选择管道内部空腔面，应用后单击工具栏中的"更新"按钮，生成内部流体。

步骤 3　再次选择 XY 面添加一个新草图，在该草图圆心处创建两个同心圆，直径分别为 25mm 和 27mm，如图 11.6 所示。以添加冻结的方式拉伸该草图，拉伸方向及长度不变，如图 11.7 所示。

步骤 4　在创建菜单中选择 Boolean，将类型设置为提取，目标几何体为抽取的流体，工具几何体为后创建的内部管道，将"是否保存工具几何体"选项设置为是。单击工具栏中的"更新"按钮，生成如图 11.8 所示的 4 个几何体，并将几何体进行重命名。

步骤 5　在模型树中选中 4 个几何体，单击鼠标右键，选中形式新部件，创建如图 11.9 所示的多体零件。

步骤 6　关闭 DM，返回到 Workbench 主界面，在网格单元格上双击，打开网格划分模块。

图 11.5　抽取流体

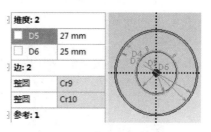
图 11.6　创建内部管道草图

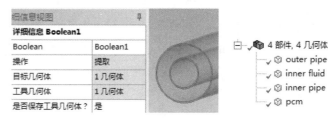
图 11.7　创建内部管道实体　　　　　图 11.8　分割实体

步骤 7　在窗口中单击鼠标右键，将光标模式修改为边类型。在网格上单击鼠标右键，选择"插入"→"尺寸调整"选项，如图 11.10 所示。

图 11.9　创建多体零件

图 11.10　切换选择模式

步骤 8　在窗口中单击鼠标右键，单击"选择所有"选项。如图 11.11 所示，确认选中的 8 条边线，将类型设置为分区数量，数量修改为 40，行为设为硬。

步骤 9　选择网格，在全局尺寸设置中，将自适应尺寸设置为是，分辨率设置为 7，其余参数保持默认值。生成如图 11.12 所示的网格。

图 11.11　设置边线网格

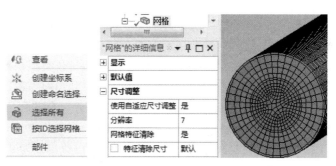
图 11.12　设置全局网格

步骤 10 在窗口中单击鼠标右键，将光标切换为面选择模式，按图 11.13 依次选择各面，创建命名选择。并为 inlet 和 pcm inlet 对面的两个面创建名称为 outlet 和 pcm outlet 的命名选择。在创建 inner pipe 时，为方便选择，可以将其他零件先隐藏再操作。

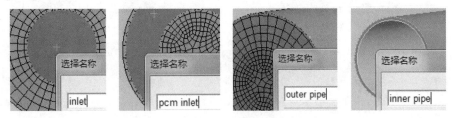

图 11.13 创建命名选择

步骤 11 关闭网格划分窗口，返回 Workbench 主界面。在网格上单击鼠标右键，选择"更新"，将网格传递到 Fluent 中。在设置单元格上双击，打开如图 11.14 所示的对话框。勾选"双精度"选项，将求解器核心数设置为 4，单击"Start"按钮启动 Fluent。

步骤 12 如图 11.15 所示，将求解器设置为压力基瞬态类型。在"模型"中，将黏性修改为层流类型，如图 11.16 所示。

图 11.14 设置启动参数　　图 11.15 设置求解器参数　　图 11.16 设置层流

步骤 13 在"凝固和熔化"上双击，开启凝固/熔化选项，其余参数保持默认值，如图 11.17 所示。

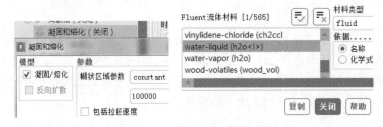

图 11.17 设置凝固和熔化参数

步骤 14 双击材料，在材料面板中单击"创建/编辑"按钮。在弹出的对话框中单击"Fluent 数据库"按钮。将材料类型设置为 fluid。依次选择 water-liquid 和 methyl-silylidine，单击下方"复制"按钮，将材料拷贝到当前工程。将材料类型切换为 solid，选择 copper 和 steel，再次单击下方"复制"按钮，将所选材料拷贝到当前工程，如图 11.18 所示。

步骤 15 基于 methyl-silylidine 修改其属性，创建所需的 pcm 自定义材料。双击材料面板中的 methyl-silylidine，将名称修改为 pcm，删除化学式。将密度属性修改为分段线性，如图 11.19 所示。弹出分段线性对话框，将温度点数修改为 9，依次设置点 1～点 9 的温度和密度值，如图 11.20 所示。设置好密度后返回主设置界面。

图 11.18　添加材料

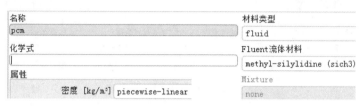

图 11.19　创建新材料

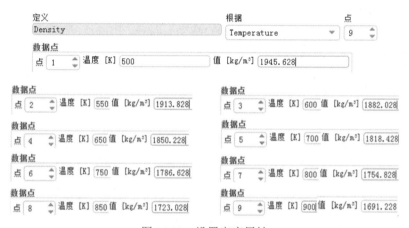

图 11.20　设置密度属性

步骤 16　类似地，将比热容属性修改为分段线性，在弹出的对话框中，将点数修改为 9，按表 11.1 依次设置各点温度与比热容。同样的方法，将热导率属性修改为分段线性，在弹出的对话框中，将点数修改为 6，按表 11.2 依次设置各点温度与热导率。

表 11.1　设置比热容参数

500	550	600	650	700	750	800	850	900
1486.499	1495.089	1503.679	1512.269	1520.859	1529.499	1538.039	1546.629	1555.219

表 11.2　设置热导率参数

500	550	600	650	700	750
0.4863	0.496126	0.505896	0.51566	0.525436	0.535206

步骤 17　将其余属性按图 11.21 所示数据进行修改。单击"更改/创建"按钮，在弹出的对话框中单击"Yes"，修改并覆盖当前材料。

步骤 18　如图 11.22、图 11.23 所示，为各单元区域赋予材料，将内外管道两个固体零件的材料设置为 copper。将外层流体的材料设置为 pcm，内层流体材料设置为 water-liquid，其余参数保持默认值即可。

图 11.21　设置其他属性

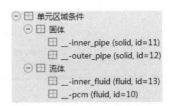

图 11.22　设置单元材料属性

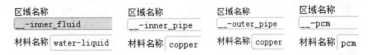

图 11.23　设置单元材料属性

步骤 19　在边界条件中，双击内管道外壁面 inner_pipe，打开如图 11.24 所示的边界条件设置对话框，该壁面与 pcm 流体区域相接触。切换到热量选项页，勾选"薄壳传热"，单击"编辑"按钮，将厚度设置为 0.001，材料设置为 copper。类似地，将内管道与内部流体的接触面进行同样的设置，如图 11.25 所示。

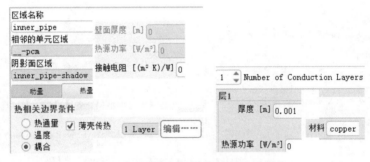

图 11.24　设置内管道外壁面边界条件

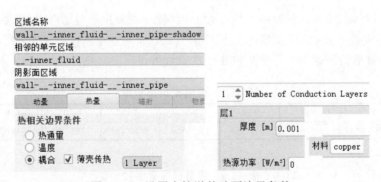

图 11.25　设置内管道外壁面边界条件

步骤 20　在外管道外壁面上双击，打开如图 11.26 所示的对话框。切换到热量选项页，将类型设置为温度，温度数值设置为 550K。勾选"薄壳传热"，单击"编辑"按钮，将厚度设置为 0.001，材料设置为 copper。

步骤 21　在入口 inlet 上单击鼠标右键，将其类型修改为质量流入口，如图 11.27 所示。将质量流速设置为 0.05kg/s。

步骤 22　在 outlet 上单击鼠标右键，将其类型修改为出流边界，如图 11.28 所示。

图 11.26　设置外管道外壁面边界条件

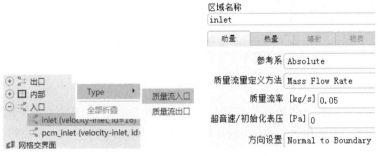

图 11.27　设置入口类型及边界条件

图 11.28　设置出口类型及边界条件

步骤 23　如图 11.29 所示的两个环面，选中对应的两个边界，单击鼠标右键，选中"多边界编辑"。在弹出的对话框中将热边界类型修改为"通过系统耦合"，材料修改为 copper。

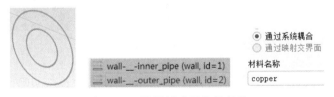

图 11.29　设置侧壁面边界条件

步骤 24　选中 pcm 的入口和出口面所在的两个边界，单击鼠标右键，将其类型修改为壁面，如图 11.30 所示。在弹出的对话框中将热边界类型修改为"通过系统耦合"，材料修改为 copper。

图 11.30　设置 pcm 进出口边界条件

步骤 25 求解方法、控制选项和监控参数等保持为默认值，双击"初始化"，单击"初始化"按钮进行初始化。

步骤 26 在"报告"中选择"体积积分"，将类型设置为"体积-平均"，如图 11.31 所示。将场变量设置为 Solidification/Melting，Liquid Fraction，选择 pcm 和内流体两个流体区域。单击"计算"，在命令窗口中可以看到初始状态时，pcm 液相占比为 0，pcm 初始为纯固态。

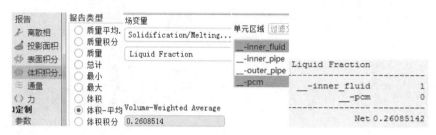

图 11.31 查看初始液相占比

步骤 27 在"结果"→"云图"上双击，打开如图 11.32 所示的对话框。选择 pcm 区域，将着色变量设置为 Solidification/Melting，Liquid Fraction，单击"显示"按钮。

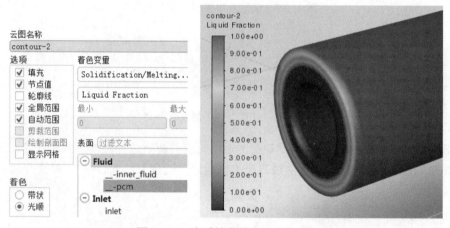

图 11.32 查看熔化液相占比云图

步骤 28 在"解决方案动画"上双击，打开如图 11.33 所示的动画设置对话框。将记录间隔设置为 1time-step，选择刚创建的云图，单击"使用激活"按钮，使用当前视角保存动画帧。

步骤 29 在"运行计算"上双击，由于流动参数变化平稳，容易收敛，故将时间步长设置为 1，设置时间步数 500，最大迭代数/时间步减小到 1，如图 11.34 所示。单击"开始计算"，启动 Fluent 进行求解。

步骤 30 求解结束后，在"报告"→"体积积分"上双击，再次查看液相占比。如图 11.35 所示，可以看到 pcm 中液相比已增加到 0.3748，表面 pcm 中部分固态已熔化为液态。

步骤 31 在"结果"→"播放"上双击，打开如图 11.36 所示的播放器，单击"播放"按钮可以播放动画，可以看到 pcm 由固相逐渐熔化为液相的过程。

图 11.33　创建动画

图 11.34　设置求解迭代参数

图 11.35　查看液相占比

图 11.36　播放动画

11.3　多孔介质理论基础

多孔介质是指内部含有空隙的固体材料，如土壤、煤炭、木材等。固体部分是骨架，空隙由气体、液体或气液混合相占据。多孔介质可以应用于很多问题，如过滤器、管道堆、渗透性材料、流量分配器等。对于多孔介质，Fluent 总是将该区域当作流体处理，而区域中的固体结构的作用看作是附加在流体上的分布阻力。因此，本质上，Fluent 在处理多孔介质时，只是在动量方程中增加了一个代表动量消耗的源项。其中流动阻力的计算采用的是经验模型，可分为两部分：黏性损失项和惯性损失项。因此多孔介质模型存在如下限制条件：

① 由于多孔介质的体积在模型中没有体现，默认情况下，Fluent 在多孔介质内部使用基于体积流量的名义速度来保证矢量在通过多孔介质时的连续性，也可以使用多孔介质内部的真实速度来获取流场更精确的解。

② 只能近似模拟多孔介质对湍流的影响。

③ 为保证获得正确的源项，当用移动坐标系处理多孔介质模型时，应使用相对坐标系。

11.3.1　多孔介质动量方程

多孔介质的动量方程仅是在通用流体动量方程中增加了一个用经验公式定义的源项。其表达式为

$$S_i = \left(\sum_{j=1}^{3} \boldsymbol{D}_{ij} \mu v_j + \sum_{j=1}^{3} \boldsymbol{D}_{ij} \frac{1}{2} \rho v_{\mathrm{mag}} v_j \right) \tag{11.1}$$

式中，S_i 是第 i 个动量方程中的源项；$\boldsymbol{D}_{ij}$ 是与渗透介质相关的对角矩阵；v_{mag} 为速度；

v_j 为 j 向速度分量。

在简单、均匀的多孔介质中，其数学模型为

$$S_i = -\left(\frac{\mu}{\alpha}v_i + C_2\frac{1}{2}\rho v_{\text{mag}}v_i\right)\tag{11.2}$$

式中，α 是多孔介质的渗透率；C_2 是惯性阻力因子。

11.3.2　Darcy 黏性阻力

当多孔介质内的流动可以当作层流处理时，其压降正比于速度，常数 $C_2=0$，忽略对流加速和扩散项，多孔介质可以简化为 Darcy 定律

$$\nabla p = -\frac{\mu}{\alpha}v\tag{11.3}$$

11.3.3　惯性损失项

当流速很高时，式（11.2）中的常数 C_2 可以对惯性损失做出修正，将 C_2 看作流动方向上的单位长度的损失系数，此时压降为动压头的函数。若计算的是多孔板或管道阵列，特定情况下可以忽略黏性阻力，只保留惯性损失项，获得如下简化方程：

$$\nabla p = -\sum_{j=1}^{3}C_{ij}(\frac{1}{2}\rho v_{\text{mag}}v_j)\tag{11.4}$$

11.3.4　多孔介质能量方程

多孔介质对能量方程的影响体现在对流项和时间导数项中。对流项中采用了有效对流函数，时间导数项中则计入了固体区域对多孔介质的热惯性效应。其方程如下

$$\frac{\partial}{\partial t}[\gamma\rho_f E_f + (1-\gamma)\rho_s E_s] + \nabla[v(\rho_f E_f + \rho)] = \nabla\left[k_{\text{eff}}\nabla T - \sum_i h_i J_i + \tau v\right] + S_f^h\tag{11.5}$$

式中，E_f 为液体总能；E_s 为固体介质总能；γ 为介质的孔隙率；k_{eff} 为介质的有效热导率；J_i 为介质扩散通量；S_f^h 为流体焓的源项；h_i 为显焓。

11.4　多孔介质仿真实例

【例 11.2】催化转化器实例

步骤 1　新建一个 Workbench 工程，在工具箱中单击"Fluent"（带 Fluent 网格剖分），添加一个 Fluent 仿真流程。如图 11.37 所示，在网格单元格上双击，显示 Fluent 启动器，勾选"双精度"选项，将核心数设置为 4，单击"Start"启动按钮。

步骤 2　在工作流程选项页下拉列表中选择 Watertight Geometry，在"工作流程"中单击"导入几何模型"，单击文件名右侧按钮，选择素材文件 11.2.scdm，如图 11.38 所示。

步骤 3　在工作流程中单击"添加局部尺寸"，将名称设置为 sensor，按图 11.39 设置局部尺寸参数，选中对应的边界面，单击下方的"添加局部尺寸"按钮。

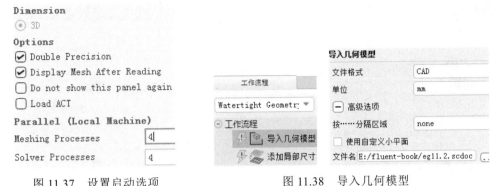

图 11.37　设置启动选项　　　　　　　图 11.38　导入几何模型

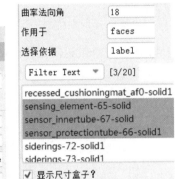

图 11.39　添加局部尺寸

步骤 4　如图 11.40 所示，在流程中单击"生成表面网格"，将最小尺寸设置为 1.5。单击"高级选项"按钮展开高级选项，将"是否按角度调用区域分离"设置为 no，将"质量优化的偏度限值"设置为 0.95。其余选项保持默认值，单击生成表面网格。

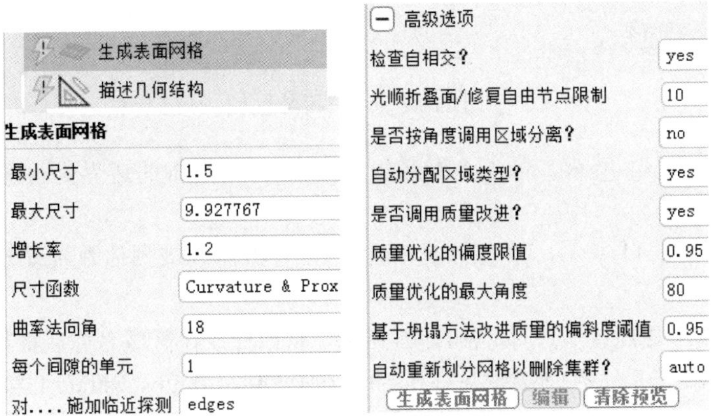

图 11.40　生成表面网格

步骤 5　单击"描述几何结构"流程，如图 11.41 所示。由于该模型由固体和流体共同组成，因此将几何结构类型选项设置为第三项。其中流体是通过封闭流道后抽取获得，因此将封口选项设置为是。流体需要能够在各流体类型区域内流动，需将各个流体区域交界面设置为内部类型。为实现不同区域划分不同尺寸的网格，需将共享拓扑选项设置为没有，单击下方"描述几何体"按钮。

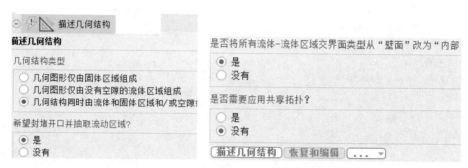

图 11.41　描述几何结构

步骤 6　如图 11.42 所示，单击封闭流体区域，选择单一表面，将名称设置为 inlet，类型为 velocity-inlet。在列表中选择 in1，单击"创建封堵面"，创建速度入口面。选择列表中的 out1，将名称设置为 outlet，类型设置为 pressure-outlet，单击"创建封堵面"，创建压力出口面。

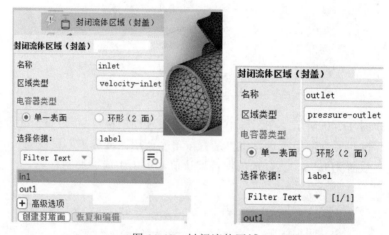

图 11.42　封闭流体区域

步骤 7　如图 11.43 所示，单击"更新边界"，确保列表中的边界为正确类型，单击"更新边界"按钮。

步骤 8　如图 11.44 所示，单击"创建区域"，将流体区域预估数量设置为 3，单击"创建区域"。

步骤 9　单击"更新区域"，如图 11.45 所示，将鼠标放在区域名称后将高亮显示预览。将三个流体域之间的部分设为流体类型并将其名称分别设置为 fluid:substrate:1 和 fluid:substrate:2。单击下方的"更新区域"按钮。

步骤 10　如图 11.46 所示，单击"添加边界层"，保持默认参数值，单击"添加边界层"按钮。

步骤 11　如图 11.47 所示，单击"生成体网格"，保持默认参数值，单击"生成体网格"按钮。

图 11.43　更新边界

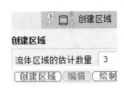

图 11.44　封闭流体区域

图 11.45　更新区域

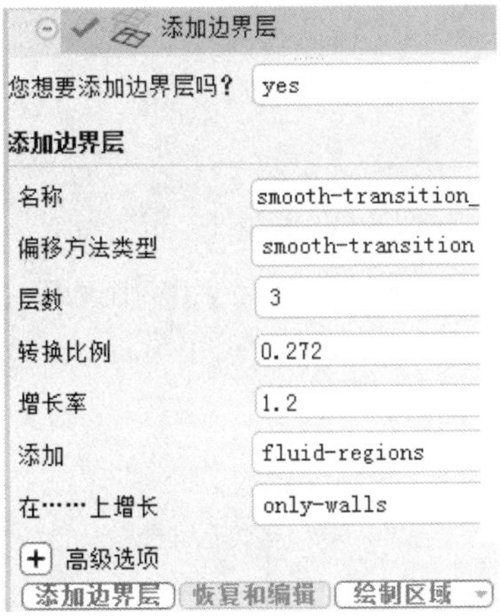

图 11.46　添加边界层

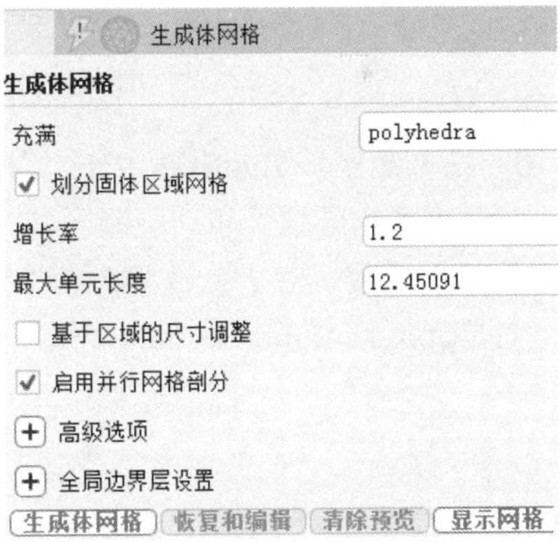

图 11.47　生成体网格

步骤 12　单击工具栏中的"切换到求解模式"按钮，在弹出的对话框中选择是，进入求解器。

步骤 13　如图 11.48 所示，单击"单位"按钮，将长度单位设置为 mm。如图 11.49 所示，确认求解器类型为压力基稳态求解器。如图 11.50 所示，在模型中开启能量方程，黏性模型为 SST k-omega 类型。

步骤 14　如图 11.51 所示，在"材料"上双击，单击材料设置面板下方的"创建/编辑"按钮。单击 Fluent 数据库，将材料类型设置为 fluid，在材料列表中选择氮气，将其复制到当前工程中。

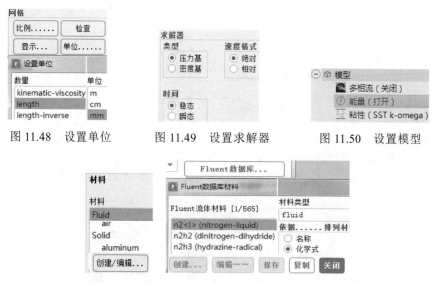

图 11.48　设置单位　　　图 11.49　设置求解器　　　图 11.50　设置模型

图 11.51　添加材料

步骤 15　在单元区域中，将 fluid:0、fluid:1、fluid:3 区域的材料设置为氮气，如图 11.52 所示。

图 11.52　设置区域材料

步骤 16　在单元区域 fluid:substrate:1 上双击，打开如图 11.53 所示的对话框。将材料设置为氮气，勾选"多孔区域"和"层流区域"。单击多孔区域选项页，按图中参数设置方向向量和各方向的阻力系数。对于黏性阻力，令方向 1 和方向 2 数值远大于方向 3，强迫流体沿轴向运动。对单元区域 fluid:substrate:2 采用相同的设置。

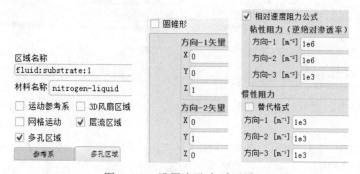

图 11.53　设置多孔介质区域

步骤 17　在边界条件入口中双击"inlet"，打开如图 11.54 所示的速度入口边界条件编辑对话框。将速度设置为 125m/s，湍流选项设为湍流强度和水力直径类型。将湍流强度设置为 5%，水力直径设置为 500mm。切换到热量选项页，将温度设置为 800K。

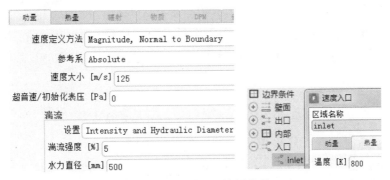

图 11.54 设置入口边界条件

步骤 18 在出口边界条件"outlet"上双击，打开如图 11.55 所示的对话框。将表压设置为 0Pa，湍流选项设为湍流强度和水力直径类型。将湍流强度设置为 5%，水力直径设置为 500mm。切换到热量选项页，将温度设置为 800K。

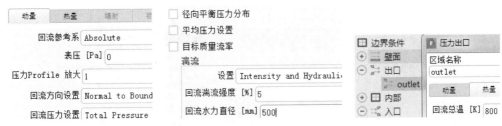

图 11.55 设置出口边界条件

步骤 19 在"求解"→"方法"上双击，确保压力速度耦合算法为 Coupled，勾选"伪瞬态"和"梯度校正"选项。双击"初始化"，将初始化方法设置为标准类型，计算参考选择 inlet，如图 11.56 所示。对于存在多孔介质区域的模型，由于使用混合初始化方法可能产生非物理解，通常不建议使用，若需使用混合初始化方法需在"更多设置"中勾选"保持恒定的速度大小"选项。

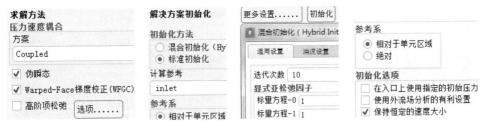

图 11.56 求解方案设置及初始化

步骤 20 双击"运行计算"，将迭代次数设置为 150，其余选项保持默认值，如图 11.57 所示。单击"开始计算"，启动求解器进行求解。

步骤 21 单击"显示"按钮，仅选择面类型。在面列表中选择所有 wall 类型的面，如图 11.58 所示，单击"显示"按钮。在工具栏中选择"查看"，单击"图形"下的"组合"按钮，选中列表中所有的面。单击"显示"按钮，弹出显示属性对话框。仅勾选如图 11.59 所示的选项，将红色、绿色、蓝色均设置为 255，透明度设置为 70，单击"应用"。

步骤 22 在"结果"→"表面"上单击鼠标右键，选择"创建平面"，打开如图 11.60 所示的对话框。选择 *ZX* 平面，令 *Y*=-425，创建名称为"y=-425"的平面。类似地选择 *XY* 平面，依次创建"z=185""z=230""z=280""z=330""z=375"五个平面。

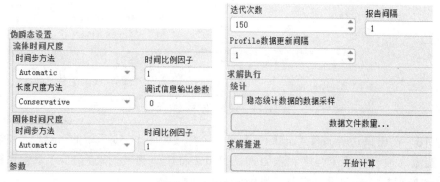

图 11.57　求解参数

图 11.58　设置显示选项

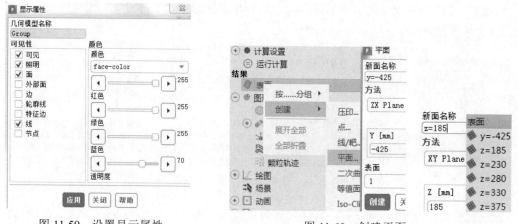

图 11.59　设置显示属性　　　　　　　　图 11.60　创建平面

步骤 23 在"结果"→"云图"上双击，打开如图 11.61 所示的云图设置对话框。将云图类型设置为压力类型，选择"y=-425"平面。单击"显示网格"复选框，在弹出的对话框中确保显示类型为面类型，单击"显示"按钮显示压力云图。从压力云图中可以看出经过多孔介质区域后，压力会明显降低。

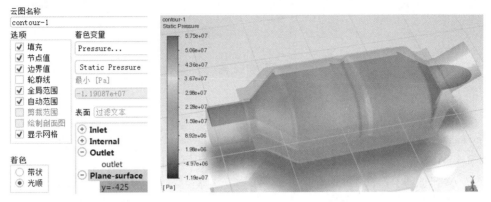

图 11.61　创建压力云图

步骤 24　在"结果"→"云图"上单击鼠标右键，创建新的云图，将类型设置为速度，如图 11.62 所示。选中 5 个 z 平面，勾选"显示网格"选项，确认后单击"显示"按钮显示速度云图。可以看到不同平面处速度逐渐降低，且经过多孔介质后截面上速度分布将趋于稳定。

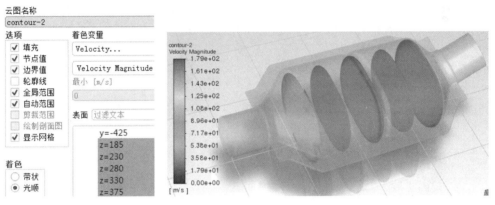

图 11.62　创建速度云图

步骤 25　在"结果"→"矢量"上双击，选择"y=-425"平面，取消全局选项，勾选"显示网格"，仅显示网格面。将比例设置为 0.5，单击"显示"按钮显示如图 11.63 所示的速度矢量图。

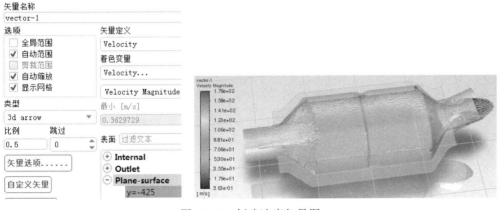

图 11.63　创建速度矢量图

参考文献

[1] Ferziger J H, Peric M. Computational Methods for Fluid Dynamics. 3rd Ed. Springer, 2001.

[2] 孙立军. ANSYS Fluent 2020 工程案例详解. 北京：北京大学出版社，2021.

[3] 胡坤. ANSYS CFD 网格划分技术指南. 北京：化学工业出版社，2019.

[4] 江帆，徐勇程，黄鹏. Fluent 高级应用与案例分析. 北京：清华大学出版社，2018.

[5] 周雪漪. 计算水力学. 北京：清华大学出版社，1995.

[6] 郭栋鹏. 计算流体力学及其应用. 北京：化学工业出版社，2020.